高等学校应用型本科创新人才培养计划指定教材

高等学校计算机类专业“十三五”课改规划教材

# Web编程基础

青岛英谷教育科技股份有限公司　编著

西安电子科技大学出版社

# 内 容 简 介

本书介绍了 HTML、CSS 和 JavaScript 的语法和作用，分为理论篇和实践篇。理论篇介绍了 HTML 基础，表格、表单和框架，CSS 样式，页面布局，JavaScript 基础，JavaScript 对象，DOM 编程，表单验证及特效，XML 概述，运用 XML DOM 处理 XML 等。实践篇通过综合运用 HTML、CSS 和 JavaScript 技术，完成了一个网站项目。

本书重点突出、偏重应用，结合理论篇的实例和实践篇的案例进行讲解、剖析，使读者能迅速理解并掌握 Web 编程的基本知识，全面提高动手能力。

本书适用面广，可作为本科计算机科学与技术、软件工程、网络工程、计算机软件、计算机信息管理、电子商务和经济管理等专业的程序设计课程的教材。

**图书在版编目(CIP)数据**

Web 编程基础/青岛英谷教育科技股份有限公司编著.
—西安：西安电子科技大学出版社，2016.1(2020.1 重印)
高等学校计算机类专业“十三五”课改规划教材
ISBN 978-7-5606-3974-1

Ⅰ. ① W… Ⅱ. ① 青… Ⅲ. ① 网页制作工具—程序设计 Ⅳ. ① TP393.092

**中国版本图书馆 CIP 数据核字(2016)第 002830 号**

策　　划　毛红兵
责任编辑　刘玉芳　毛红兵
出版发行　西安电子科技大学出版社(西安市太白南路 2 号)
电　　话　(029)88242885　88201467　　邮　　编　710071
网　　址　www.xduph.com　　电子邮箱　xdupfxb001@163.com
经　　销　新华书店
印刷单位　陕西天意印务有限责任公司
版　　次　2016 年 1 月第 1 版　2020 年 1 月第 4 次印刷
开　　本　787 毫米×1092 毫米　1/16　印　张　21.5
字　　数　508 千字
印　　数　9001～12 000 册
定　　价　54.00 元
ISBN 978-7-5606-3974-1/TP

**XDUP 4266001-4**

# 高等学校计算机类专业<br>“十三五”课改规划教材编委会

# ❖❖❖ 前　言 ❖❖❖

本科教育是我国高等教育的基础，而应用型本科教育是高等教育由精英教育向大众化教育转变的必然产物，是社会经济发展的要求，也是今后我国高等教育规模扩张的重点。应用型创新人才培养的重点在于训练学生将所学理论知识应用于解决实际问题，这主要依靠课程的优化设计以及教学内容和方法的更新。

另外，随着我国计算机技术的迅猛发展，社会对具备计算机基本能力的人才需求急剧增加，“全面贴近企业需求，无缝打造专业实用人才”是目前高校计算机专业教育的革新方向。为了适应高等教育体制改革的新形势，积极探索适应 21 世纪人才培养的教学模式，我们组织编写了高等院校计算机类专业系列课改教材。

该系列教材面向高校计算机类专业应用型本科人才的培养，强调产学研结合，经过了充分的调研和论证，并参照多所高校一线专家的意见，具有系统性、实用性等特点。旨在使读者在系统掌握软件开发知识的同时，着重培养其综合应用能力和解决问题的能力。

该系列教材具有如下几个特色。

### 1. 以培养应用型人才为目标

本系列教材以培养应用型软件人才为目标，在原有体制教育的基础上对课程进行了改革，强化“应用型”技术的学习，使读者在经过系统、完整的学习后能够掌握如下技能：

- ✧ 掌握软件开发所需的理论和技术体系以及软件开发过程规范体系；
- ✧ 能够熟练地进行设计和编码工作，并具备良好的自学能力；
- ✧ 具备一定的项目经验，包括代码的调试、文档编写、软件测试等内容；
- ✧ 达到软件企业的用人标准，做到学校学习与企业的无缝对接。

### 2. 以新颖的教材架构来引导学习

本系列教材采用的教材架构打破了传统的以知识为标准编写教材的方法，采用理论篇与实践篇相结合的组织模式，引导读者在学习理论知识的同时，加强实践动手能力的训练。

- ✧ 理论篇：学习内容的选取遵循“二八原则”，即，重点内容由企业中常用的20%的技术组成。每个章节设有本章目标，明确本章学习重点和难点，章节内容结合示例代码，引导读者循序渐进地理解和掌握这些知识和技能，培养学生的逻辑思维能力，掌握软件开发的必备知识和技巧。
- ✧ 实践篇：集多点于一线，任务驱动，以完整的具体案例贯穿始终，力求使学生在动手实践的过程中，加深对课程内容的理解，培养学生独立分析和解决问题的能力，并配备相关知识的拓展讲解和拓展练习，拓宽学生的知识面。

另外，本系列教材借鉴了软件开发中的“低耦合，高内聚”的设计理念，组织结构上遵循软件开发中的 MVC 理念，即在保证最小教学集的前提下可以根据自身的实际情况对整个课程体系进行横向或纵向裁剪。

### 3. 提供全面的教辅产品来辅助教学实施

为充分体现“实境耦合”的教学模式，方便教学实施，该系列教材配备可配套使用的项目实训教材和全套教辅产品。

✧ 实训教材：集多线于一面，以辅助教材的形式，提供适应当前课程(及先行课程)的综合项目，遵循软件开发过程，进行讲解、分析、设计、指导，注重工作过程的系统性，培养读者解决实际问题的能力，是实施“实境”教学的关键环节。

✧ 立体配套：为适应教学模式和教学方法的改革，本系列教材提供完备的教辅产品，主要包括教学指导、实验指导、电子课件、习题集、实践案例等内容，并配以相应的网络教学资源。教学实施方面，本系列教材提供全方位的解决方案(课程体系解决方案、实训解决方案、教师培训解决方案和就业指导解决方案等)，以适应软件开发教学过程的特殊性。

本书由青岛英谷教育科技股份有限公司编写，参与本书编写工作的有王燕、宁维巍、宋国强、何莉娟、杨敬熹、田波、侯方超、刘江林、方惠、莫太民、邵作伟、王千等。本书在编写期间得到了各合作院校专家及一线教师的大力支持与协作，在此，衷心感谢每一位老师与同事为本书出版所付出的努力。

由于水平有限，书中难免有不足之处，欢迎大家批评指正！读者在阅读过程中发现问题，可以通过邮箱(yujin@tech-yj.com)发给我们，以期进一步完善。

本书编委会

2015 年 10 月

# ❖❖❖ 目　　录 ❖❖❖

## 理　论　篇

## 实 践 篇

# 理论篇

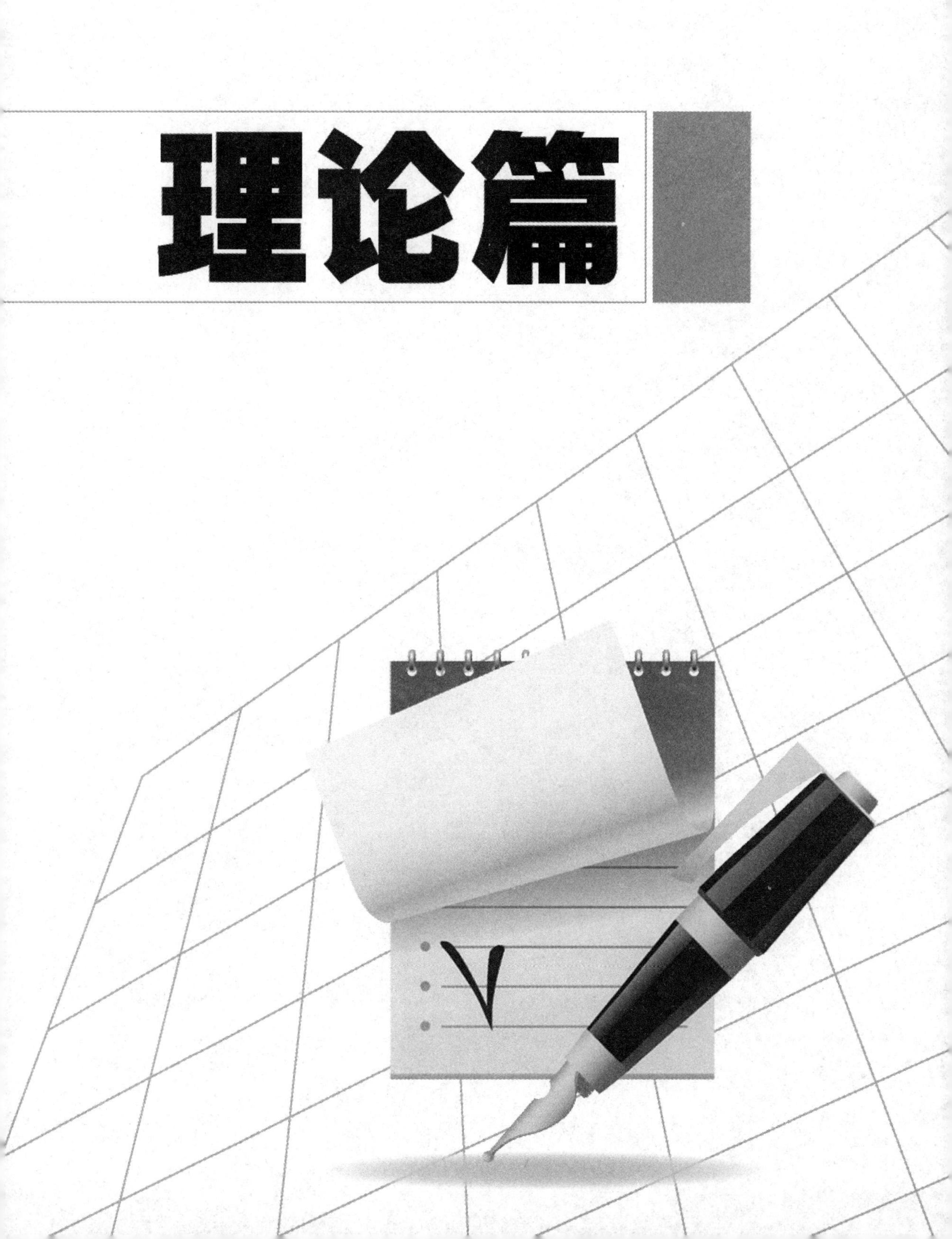

# 第1章　HTML基础

## 本章目标

- 了解 Web 发展史及 HTML 特点
- 掌握 HTML 文档结构的组成
- 掌握 HTML 的语法结构
- 掌握文本标签的使用
- 掌握分隔标签的使用
- 掌握各种列表标签的使用
- 掌握各种超链接的使用
- 掌握图像标签的使用

# 1.1 Web 概述

Web 出现于 1989 年 3 月，由欧洲粒子物理研究所(CERN，European Organization for Nuclear Research)的科学家 Tim Berners-Lee 发明。1990 年 11 月，第一个 Web 服务器开始运行。1991 年，CERN 正式发布了 Web 技术标准。1993 年，第一个图形界面的浏览器 Mosaic 开发成功。1995 年，著名的 Netscape Navigator 浏览器问世。随后，微软公司推出了 IE 浏览器(Internet Explorer)。目前，与 Web 相关的各种技术标准都由 W3C 组织(World Wide Web Consortium)管理和维护。

注 意

W3C 是英文 World Wide Web Consortium 的缩写，中文意思是 W3C 理事会或万维网联盟。W3C 是专门致力于创建 Web 相关技术标准并促进 Web 向更深、更广发展的国际组织，于 1994 年 10 月在麻省理工学院计算机科学实验室成立，其创建者就是万维网的发明者 Tim Berners-Lee。

Web 是一个分布式的超媒体(hypermedia)信息系统，它将大量的信息分布于整个 Internet 上。Web 的任务就是向人们提供多媒体网络信息服务。

从技术层面来看，Web 技术主要有三点，即超文本传输协议(HTTP)、统一资源定位符(URL)及超文本标签语言(HTML)。

## 1.1.1 超文本传输协议

超文本传输协议(HTTP，HyperText Transfer Protocol)是客户端浏览器或其他程序与 Web 服务器之间的应用层通信协议，用于实现客户端和服务器端的信息传输。在 Internet 上的 Web 服务器上存放的都是超文本信息，客户机需要通过 HTTP 协议传输所要访问的超文本信息。HTTP 包含命令和传输信息，不仅用于 Web 访问，也可以用于其他因特网或内联网应用系统之间的通信，从而实现各类应用资源超媒体访问的集成。

## 1.1.2 统一资源定位符

统一资源定位符(URL，Uniform/Universal Resource Locator)是用于完整地描述 Internet 上网页和其他资源地址的一种表示方法，实现互联网信息的定位统一标识。Internet 上的每一个网页都具有一个唯一的名称标识，通常称为 URL 地址，这种地址可以是本地磁盘，也可以是局域网上的某一台计算机，更多的是 Internet 上的站点。简单地说 URL 就是 Web 地址，俗称“网址”。

例如，当人们需要访问一个网站时，只需在浏览器的地址栏中输入网站的地址就可以访问该网站。例如在浏览器地址栏中输入：www.google.com，就可以访问 google 网站。细心的读者会发现，当所要访问的网站打开后，地址栏中的地址变成了：http://www.google. com，这个地址就是 URL。

URL 主要由三部分组成：协议类型、存放资源的域名或主机 IP 地址和资源文件名。

其语法格式如下：

```
protocol://hostname[:port]/path/[;parameters][?query]#fragment
```

其中：

- ✧ protocol(协议)：指定使用的传输协议，最常用的是 HTTP 协议，另外还有 File 协议(访问资源是本地计算机上的文件)、FTP 协议(File Transfer Protocol，文件传输协议，通过 FTP 协议可访问 FTP 服务器上的资源)等。
- ✧ hostname(主机名)：是指存放资源的服务器的域名或 IP 地址。
- ✧ port(端口号)：为可选项，省略时使用默认端口，各种常用传输协议都有默认的端口号，如 HTTP 协议的默认端口是 80。
- ✧ path(路径)：由 0 个或多个“/”符号隔开的字符串，一般用来表示主机上的一个目录或文件地址。
- ✧ parameters(参数)：为可选项，可以用于指定特殊参数。
- ✧ query(查询)：为可选项，用于给动态网页传递参数，可以有多个参数，用“&”符号隔开，每个参数的名和值用“=”符号隔开。
- ✧ fragment(字符串)：用于指定网络资源中的片断。例如，一个网页中有多个名词解释，可使用 fragment 直接定位到某一名词解释。

### 1.1.3　超文本标签语言

超文本标签语言(HTML，HyperText Mark-up Language)，即 HTML 语言，是目前网络上应用最为广泛的语言，也是构成网页文档的主要语言。该语言能够把存放在一台计算机中的文本或资源与另一台计算机中的文本或资源方便地联系在一起，从而形成有机的整体。例如，人们访问 Internet 时不用考虑具体信息所处的位置，只需使用鼠标在某一文档中单击一个图标或链接，Internet 就会马上转到与此图标或链接相关的页面上去，而这些信息可能存放在网络的任意一台计算机中。另外，HTML 是网络的通用语言，是一种简单、通用的标签语言。它允许网页制作人建立文本与图片相结合的复杂页面，无论使用什么类型的计算机或浏览器，这些页面都可以被浏览到。

HTML 文档制作简单，功能强大，支持不同数据格式的文件嵌入，这也是 HTML 盛行的原因之一，归纳其主要特点如下：

(1) 简易性。HTML 是包含标签的文本文件，可使用任何文本编辑工具进行编辑。

(2) 可扩展性。HTML 语言的广泛应用带来了加强功能、增加标识符等要求，HTML 采取扩展子类元素的方式，从而为系统扩展带来保证。

(3) 平台无关性。HTML 基于浏览器解释运行，目前几乎所有的 Web 浏览器都支持 HTML，而与操作系统无关。

## 1.2　HTML 文档结构

HTML 是以 .html(或.htm)为扩展名的纯文本文件，可以使用任意一种编辑软件来编

写，目前主流的集成开发工具是 Dreamweaver CS6。一个基本的 HTML 文档由 HTML、HEAD 和 BODY 三大要素组成。

### 1.2.1 HTML 部分

HTML 部分以<html>标签开始，以</html>标签结束。每一个 HTML 文档的开始必须用一个<html>标签，而结尾也要用一个</html>标签。Web 浏览器在收到一个 HTML 文件后，当遇到<html>标签时，就开始按 HTML 语法解释其后的内容，并按要求将这些内容显示出来，直到遇到</html>标签为止。HTML 文档的所有内容都在上述两个标签之间，其格式如下：

```
<html>
......
</html>
```

### 1.2.2 HEAD 部分

HEAD 部分以<head>标签开始，以</head>标签结束。HTML 的 HEAD 部分用于对页面中使用的字符集、标签的样式、窗口的标题、脚本语言等进行说明和设置。这些设置是通过在 HEAD 部分嵌入一些标签来实现的，如<title>、<base>、<script>、<style>、<meta>、<link>等。通常头部信息不显示在浏览器中，但位于<title>和</title>之间的内容，即窗口的标题则显示在窗口的标题栏中。HEAD 部分也可以省略不写，其格式如下：

```
<head>
    <title>页面的标题部分</title>
    ...
</head>
```

### 1.2.3 BODY 部分

BODY 部分以<body>标签开始，以</body>标签结束。该部分是 HTML 文档的主体，包含了绝大部分需要呈现给浏览者浏览的内容，如段落、列表、图像和其他元素等 HTML 页面元素，都通过一些标准的 HTML 标签来描述。在 BODY 中除了可以书写正文文字外，还可以嵌入许多由专用标签标识的内容，这些标签将在后续章节中陆续介绍。BODY 部分的格式如下：

```
<body>
    HTML 的主体部分
</body>
```

将上述三部分组合起来就是一个 HTML 文档的基本“骨架”，如图 1-1 所示。

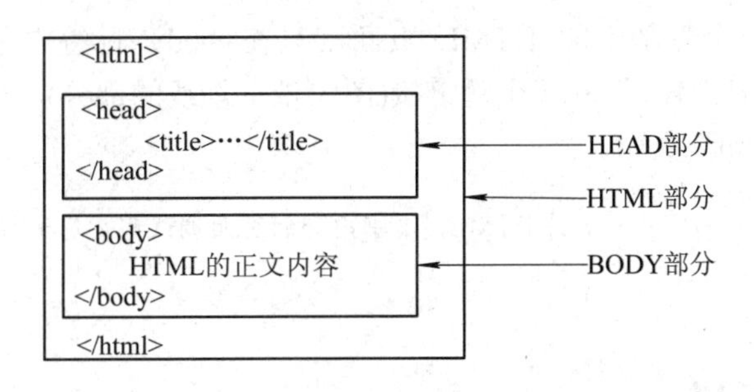


图 1-1　HTML 文档整体结构

【示例 1.1】编写 HTML 文档，在页面中输出“这是第一个 HTML 网页，Hello HTML！单击此处，打开一个新的 HTML 页面”。

创建一个名为 HelloHTML.html 的页面，其代码如下：

```
<!DOCTYPE html PUBLIC "-//W3C//DTD XHTML 1.0 Transitional//EN"
"http://www.w3.org/TR/xhtml1/DTD/xhtml1-transitional.dtd">
<html xmlns="http://www.w3.org/1999/xhtml">
	<head>
		<title>第一个 HTML</title>
	</head>
	<body >
		<p>这是第一个 HTML 网页，Hello HTML！
			<a href="BiaoTiEG.html">
				单击此处，打开一个新的 HTML 页面
			</a>
		</p>
	</body>
</html>
```

上述代码中“<!DOCTYPE html PUBLIC "-//W3C//DTD XH... -transitional.dtd">”代表文档类型，其大概含义是指：遵循严格的 XHTML 书写格式，读者只需按照此例中的样式书写即可。

关于文档类型的介绍可参考本书实践 1 中的知识拓展。另外，本书中的所有页面都是在 IE10 版本下运行的。

通过 IE 查看该 HTML，结果如图 1-2 所示。

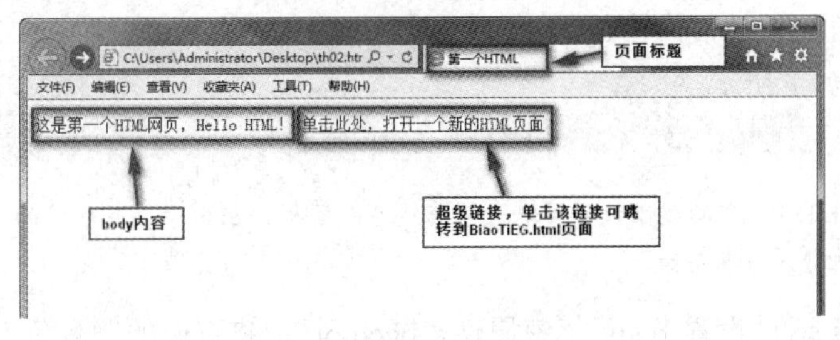


图 1-2　HelloHTML.html 显示效果

图 1-2 演示了一个最基本的 HTML 页面，只在<body>标签中包含了“这是第一个HTML 网页，Hello HTML！”和一个超链接(图中带下划线的部分)，单击超链接可使页面跳转到“BiaoTiEG.html”页面。

目前所有的 Web 浏览器都支持 HTML，本书内部的页面调试都是基于 IE 浏览器的。

## 1.3 HTML 语法

HTML 文档由预定义好的 HTML 标签(tag)和用户自定义内容编写而成。HTML 标签由 ASCII 字符来定义，用于控制页面内容(文字、表格、图片、用户自定义内容等)的显示。

### 1.3.1 标签

HTML 通过标签控制文档的内容和外观，可以将标签看做是 HTML 的命令。HTML 标签有如下几个特点：

(1) HTML 标签以一对尖括号作为开始“<>”，以“</>”表示该 HTML 命令的结束。例如，HelloHTML.html 中的“<body>…</body>”标签用于表示 BODY 部分的开始和结束，其中，<body>称为开始标签，</body>称为结束标签。

(2) 标签必须是闭合的。闭合是指标签的最后要有一个“/”来表示结束，但不一定成对出现。例如<br />就单独出现，用于表示换行，诸如<br />格式的标签统称为空标签。

(3) 标签与大小写无关。HTML 语言中不区分大小写，例如<body>和<BODY>表示的含义一样。

HTML 虽然不区分大小写，但为保持内容的一致性和可读性，推荐使用小写。

### 1.3.2 属性

HTML 属性一般都出现在标签中。作为 HTML 标签的一部分，HTML 属性包含了标签所需的额外的信息，并且一个标签可以拥有多个属性。

在为标签添加属性的时候需注意如下两点：

(1) 属性的值需要在双引号中；

(2) 属性名和属性值成对出现。

其语法格式如下所示：

```
<标签名 属性名 1 = "属性值" 属性名 2 = "属性值">内容</标签名>
```

虽然 HTML 中的属性值不用双引号仍然可以解析，但出于编码规范的要求，本书在添加属性时，值都放在双引号中。

**【示例 1.2】**通过设置 body 标签属性“bgcolor”，将页面的背景色换成紫色，来演示

标签属性的使用。

创建一个名为 HelloWorld.html 的页面，其代码如下：

```
<html>
    <head>
        <title>第一个 HTML</title>
    </head>
    <body bgcolor = "lavender">
        <p>这是第一个 HTML 网页，Hello HTML！
            <a href="BiaoTiEG.html">
                单击此处，打开一个新的 HTML 页面
            </a>
        </p>
    </body>
</html>
```

通过 IE 查看该 HTML，结果如图 1-3 所示。

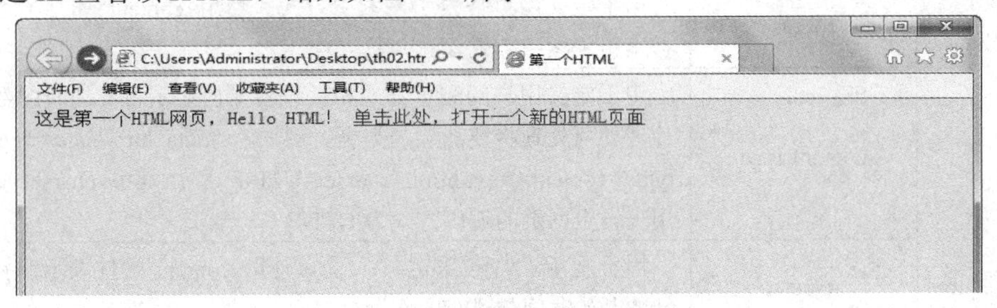


图 1-3　HelloWorld.html 背景效果

### 1.3.3　注释

与其他编程语言一样，当一个 HTML 文档中包含众多的标签、属性后，可能造成文档结构阅读困难，此时可以在 HTML 文档中插入必要的注释，以方便阅读、查找、比对。当用浏览器查看 HTML 文档时，注释不显示在页面上。

HTML 中的注释包含在特殊的标签中，具体语法如下：

```
<!-- 注释内容 -->
```

## 1.4　HTML 常用基本标签

标签是 HTML 语言中最基本的单位，也是 HTML 语言最重要的组成部分。本节将介绍 HTML 中最常用的标签。

### 1.4.1　meta 标签

<meta>标签作为子标签只出现在网页的<head>标签内，可为 HTML 文档提供额外的

信息。

<meta>标签的属性分为以下两组。

### 1. name 与 content

该组<meta>标签用于描述网页，它以名称/值的形式表示，其名称通过 name 属性表示，其值为所要描述的内容，通过 content 属性表示。

### 2. http-equiv 与 content

http-equiv 属性用于提供 HTTP 协议的响应报文头(MIME 文档头)，以名称/值的形式表示，其值为所要描述的内容，而内容的值则通过 content 属性表示。

name 属性和 http-equiv 属性的具体描述如表 1-1 所示。

**表 1-1 meta 标签的属性**

| 属性名 | 值 | 说　明 |
|---|---|---|
| name | description | 用于描述。使用 content 属性提供网页的简短描述 |
| | keywords | 用于定义网页关键词。使用 content 属性提供网页的关键词 |
| | robots | 用于定义网页搜索引擎索引方式。使用 content 属性描述网页搜索引擎索引方式 |
| http-equiv | content-type | 用于定义用户的浏览器或相关设备如何显示将要加载的数据，或者如何处理将要加载的数据。例如，<meta http-equiv="content-type" content="text/html; charset=UTF-8" />，其中 charset=UTF-8 用于设定网页的编码方式为 UTF-8 |
| | refresh | 用于刷新与跳转(重定向)页面。使用 content 属性表示刷新或跳转的开始时间与跳转的网址 |
| | expires | 用于网页缓存过期时间。使用 content 属性表示页面缓存的过期时间。一旦网页过期，将从服务器上重新下载新页面 |
| | pragma 与 no-cache | 用于定义页面缓存。使用 content 属性的 no-cache 值表示是否缓存网页 |

**【示例 1.3】**通过实现页面的自动跳转来演示<meta>标签的使用。

创建一个名为 MetaEG.html 的页面，其代码如下：

```
<html>
<head>
        <meta http-equiv = "refresh" content = "5;url=HelloHTML.html">
        <title>Meta 标签</title>
</head>
<body>
       Meta 标签的使用！
       5 秒后，会跳转到 HelloHTML.html 页面！
</body>
</html>
```

通过 IE 查看该 HTML，结果如图 1-4 所示。

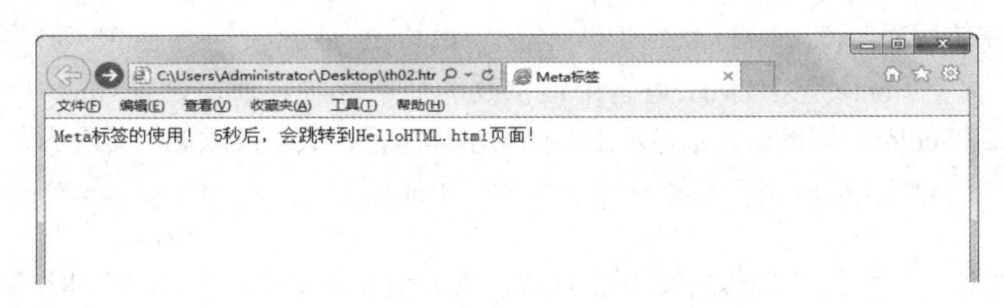


图 1-4　meta 标签演示

上述页面打开后，经过 5 秒后，会自动跳转到 content 中 url 所指向的页面“HelloHTML.html”。

## 1.4.2　文本

HTML 中的文本相关标签主要分为标题标签和字体标签两类。本小节将分别讲述这两类标签。

### 1. 标题标签

HTML 语言中的标题字体用<h#>表示，其语法如下：

```
<h# align="对齐方式">内容</h#>
```

其中：

- ✧ “#”代表标题的字体大小，#的取值为 1～6 之间的整数，随着取值的增大，字体逐渐缩小。
- ✧ align 属性用于设置标题的对齐方式，该属性取值可以为 left(左对齐)、center(居中)或 right(右对齐)。

**【示例 1.4】**使用标题标签演示 HTML 中标题字体的使用。

创建一个名为 BiaoTiEG.html 的页面，其代码如下：

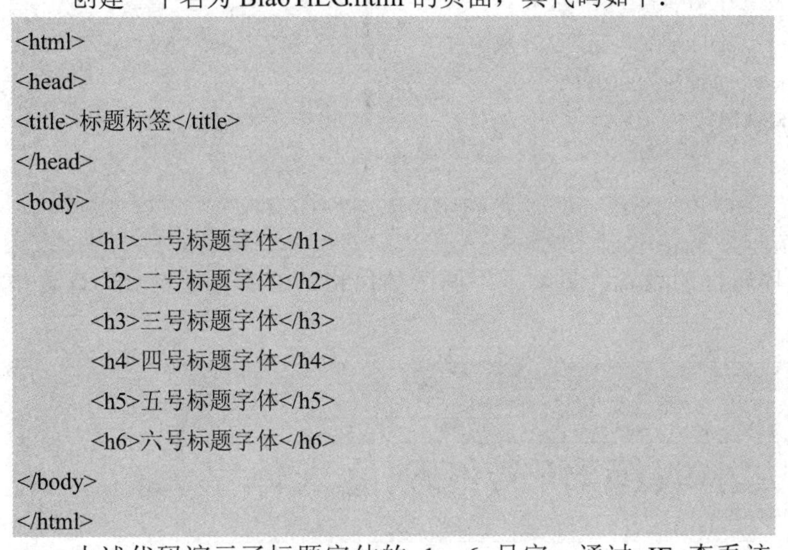

```
<html>
<head>
<title>标题标签</title>
</head>
<body>
        <h1>一号标题字体</h1>
        <h2>二号标题字体</h2>
        <h3>三号标题字体</h3>
        <h4>四号标题字体</h4>
        <h5>五号标题字体</h5>
        <h6>六号标题字体</h6>
</body>
</html>
```

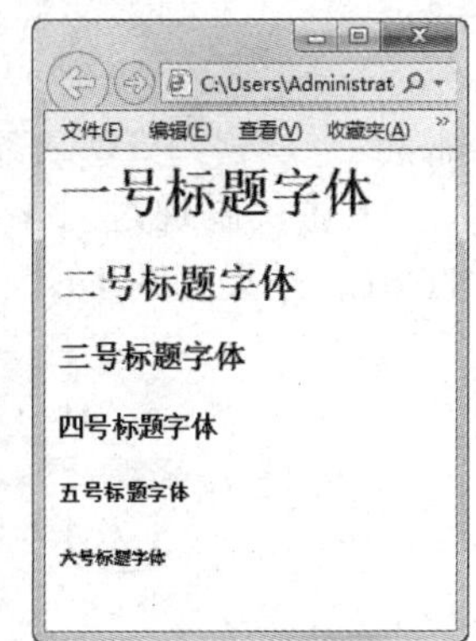


图 1-5　标题标签演示

上述代码演示了标题字体的 1～6 号字，通过 IE 查看该 HTML，结果如图 1-5 所示。

### 2. 字体标签

字体标签<font>是 HTML 语言中很重要的一个标签，通过设置<font>标签的属性 face、size 和 color，可以让文本显示出不同的字体风格、大小及颜色，其语法如下：

```
<font face="字体类型" size="字号 " color="颜色 ">内容</font>
```

其中：

✧ face 属性用于控制文字显示的格式，其取值为特定字体类型。字体类型可分为中文字体类型(如宋体、黑体等)和英文字体类型(如 Arial、Arial Black 等)，中文字体类型只对中文有效，而英文字体类型也只对英文有效。

✧ size 属性用于指定文字显示大小，即字号。size 有两种取值：取 1～7 的自然数，这种取值称为绝对大小，网页中默认的大小为 3；带正负号的取值，区间为[-4,+4]，这种取值称为相对大小。它们是相对于绝对大小中的字号 3 的，然后进行相应的放大或缩小。

✧ color 属性用于指定字体显示的颜色。字体颜色的取值可以使用十六进制颜色，如红色为#FF0000，常见的颜色也可以使用英文单词表示，如红色为 red。

注 意

HTML 语言中其他标签的颜色取值与字体颜色的取值方法相同。

【示例 1.5】演示字体标签的三个属性。

创建一个名为 WenBenEG.html 的页面，其代码如下：

```
<html>
<head>
<title>文本标签</title>
</head>
<body>
        <font face="宋体" size="7" color="red">这是大小取绝对 7 号红颜色宋体字</font><br>
        <font face="黑体" size="-1" color="#0000FF">
        这是大小相对-1 号蓝颜色黑体字
</font>
</body>
</html>
```

上述代码通过对字体属性的设置，显示了不同字体风格的文本。通过 IE 查看该 HTML，结果如图 1-6 所示。

图 1-6 字体标签演示

此外，HTML 语言中还提供了大量的逻辑字符标签用来设置字体的样式，如表 1-2 所示。

**表 1-2　字 符 标 签**

| 字符标签 | 说　明 |
| --- | --- |
| <b>…</b> | 粗体 |
| <i>…</i> | 斜体 |
| <u>…</u> | 对文体加下划线 |
| <strong>…</strong> | 对文本加强效果，相当于粗体 |
| <big>…</big> | 在当前文字大小的基础上再增大一级 |
| <small>…</small> | 在当前文字大小的基础上再减小一级 |
| <sup>…</sup> | 上标 |
| <sub>…</sub> | 下标 |
| <em>…</em> | 强调文本，通常以斜体显示 |

表 1-2 中列举了部分字符标签，HTML 语言提供了很多这样的字符标签用以美化文本。

另外，某些字符在 HTML 中具有特殊意义，如版权号“©”。要在浏览器中显示这些特殊字符，就必须使用转义符号，称为字符实体，如表 1-3 所示。

**表 1-3　用于显示特殊字符的字符实体**

| 特殊字符 | 转 义 符 |
| --- | --- |
| 空格 |   |
| 大于号(>) | > |
| 小于号(<) | < |
| 引号(”) | " |
| 版权号(©) | © |

注 意　*表 1-2 中的标签都是字体样式标签，如果只是希望通过这些标签单纯地改变文本的样式，建议采用 CSS 样式表来实现更加丰富的效果。*

**【示例 1.6】**使用 HTML 字体标签演示 HTML 中对字体的显示，以及特殊符号的控制。

创建一个名为 FontEG.html 的页面，其代码如下：

```
<html>
<head>
<meta http-equiv="Content-Type" content="text/html; charset=gb2312" />
<title>Font 标签演示</title>
</head>
<body>
    <p>
        <a href="#">
```

```
                <font size="2" color="#0066FF" face="宋体">
                    把百度设为首页
                </font>
            </a>
        </p>
        <p>
            <a href="#">
                <font size="2" color="#0066FF" face="宋体">
                    加入百度推广
                </font>
            </a>
             | 
            <a href="#">
                <font size="2" color="#0066FF" face="宋体">搜索风云榜</font>
            </a>
             | 
            <a href="#">
                <font size="2" color="#0066FF" face="宋体">关于百度</font>
            </a>
             | 
            <a href="#">
                <font size="2" color="#0066FF" face="宋体">
                About Baidu</font>
            </a>
        </p>
        <font size="2" color="#9EB1E9" face="宋体">&copy;2010</font>
        <font size="2" color="#9EB1E9" face="宋体">Baidu</font>
        <a href="#">
            <font size="2" color="#9EB1E9" face="宋体">使用百度前必读</font>
        </a>
        <a href="#">
            <font size="2" color="#9EB1E9" face="宋体">
                京 ICP 证 030173
            </font>
        </a>
</body>
</html>
```

上述代码以百度网站底部的版权信息为示例，使用了版权符号和空格符号，并利用 Font 标签的属性设置了文字的大小、颜色和字体，运行结果如图 1-7 所示。

图 1-7　Font 标签演示

## 1.4.3　分隔标签

HTML 分隔标签用于区分文字段落，分为文字分隔标签和分割线标签两类，下面分别介绍。

### 1. 文字分隔标签

文字分隔标签有两种：

(1) 强制换行标签<br>；

(2) 强制分段标签<p>。

HTML 中使用换行标签<br>在需要的地方实现换行，其语法如下：

```
内容 1<br/>内容 2
```

通过上述代码就可以使“内容 1”和“内容 2”显示在不同的行中。

HTML 语言中使用段落标签<p>可以把网页中的文字划分为段落。段落与段落之间会有一定的空白间隔，这样可以让文章看起来更有条理一些，其语法如下：

```
<p>这是第一个段落</p>
<p>这是第二个段落</p>
```

段落标签可以不成对出现，可以只有<p>，而没有</p>，因为下一个<p>就是下一个段落的开始，当然就意味着上一个段落的结束。但是为了编码的规范性和可读性推荐使用成对的段落标签。

### 2. 分割线标签

使用分割线标签<hr>可以在网页上产生一条水平的分割线，将大量的内容区分开，增加了网页的层次性。使用<hr>的属性可以设置分割线的宽度、厚度、颜色。<hr>的属性如表 1-4 所示。

**表 1-4　分割线的标签属性**

| 属性 | 说　　明 |
|---|---|
| width | 用于设置<hr>的宽度，单位为像素(px)，也可以使用百分比(占屏幕的百分比)来设定 |
| size | 设置<hr>的厚度 |
| color | 设置<hr>的显示颜色 |
| align | 分割线的对齐方式，其设定值有三个，即置左 align="left"、置中 align="center"、置右 align="right" |
| noshade | 设置<hr>的阴影，如果不要阴影只要将 noshade 加入即可 |

【示例 1.7】演示 HTML 中分隔标签的用法。

创建一个名为 FenGeEG.html 的页面，其代码如下：

```
<html>
<head>
    <title> 分隔标签</title>
</head>
<body>
    <p>这是第一个段落</p>
    <p>这是第二个<br/>段落</p>
    <hr size="5" width="200px" color="red" align="left" noshade />
    <p>这是第三个段落</p>
</body>
</html>
```

上述代码将网页中的内容分成了三个段落，其中第二个段落中加了一个换行标签，而第二个和第三个段落之间加了一条分割线。

通过 IE 查看该 HTML，结果如图 1-8 所示。

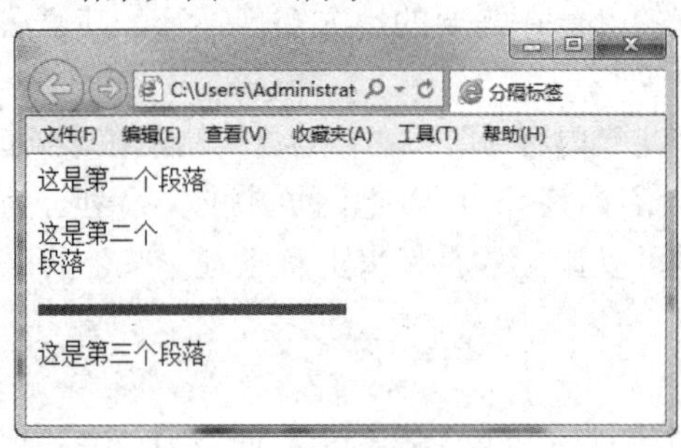


图 1-8 分隔标签演示

## 1.4.4 列表

列表用于将相关联的信息集合在一起，使条理清晰，便于人们阅读。在现代 Web 开发中，列表频繁地用于导航和内容显示中。

HTML 语言中的列表可分为四类：无序列表(<ul>)、有序列表(<ol>)、自定义列表(<dl>)和嵌套列表。

### 1. 无序列表

无序列表又称为符号列表，列表中的项目可以以任何顺序进行排列。例如，购物清单就是无序列表：

- 面包
- 牛奶
- 咖啡
- 果冻

上述的商品都是购物清单中的一部分，但是这些商品可以以任何顺序排列。如还可以

按照下面顺序进行排列：

- 牛奶
- 果冻
- 咖啡
- 面包

无序列表使用一组<ul></ul>标签，标签中含有多组<li></li>标签对。

【示例 1.8】编写 HTML，演示无序列表的使用。

创建一个名为 UlEG.html 的页面，其代码如下：

```
<html>
<head>
    <title>无序列表</title>
</head>
<body>
    <ul>
        <li>面包</li>
        <li>牛奶</li>
        <li>咖啡</li>
        <li>果冻</li>
    </ul>
<!--顺序是无关紧要的-->
    <ul>
        <li>牛奶</li>
        <li>果冻</li>
        <li>咖啡</li>
        <li>面包</li>
    </ul>
</body>
</html>
```

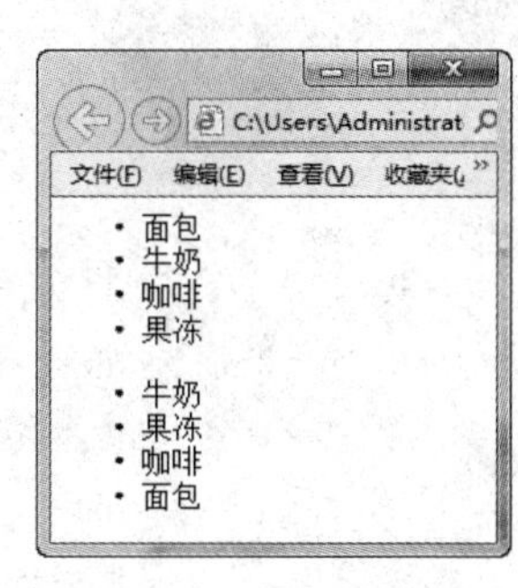


图 1-9　<ul>标签演示结果

通过 IE 查看该 HTML，结果如图 1-9 所示。

### 2．有序列表

有序列表又称为编号列表，列表中的项目是按照先后顺序排列的。有序列表使用一组<ol>标签，该标签是成对出现的，以<ol>开始，</ol>结束。

现实生活中很多的细节都是一个有序的过程，例如：车子的启动过程就可以分解为一个有序的列表，如果顺序乱了就不能将车子启动起来。

【示例 1.9】编写 HTML，通过汽车启动次序演示有序列表的使用。

创建一个名为 OlEG.html 的页面，其代码如下：

```
<html>
<head>
    <title>有序列表</title>
```

```
</head>
<body>
    <ol>
        <li>打火</li>
        <li>挂档</li>
        <li>放手刹</li>
        <li>踩油门</li>
    </ol>
</body>
</html>
```

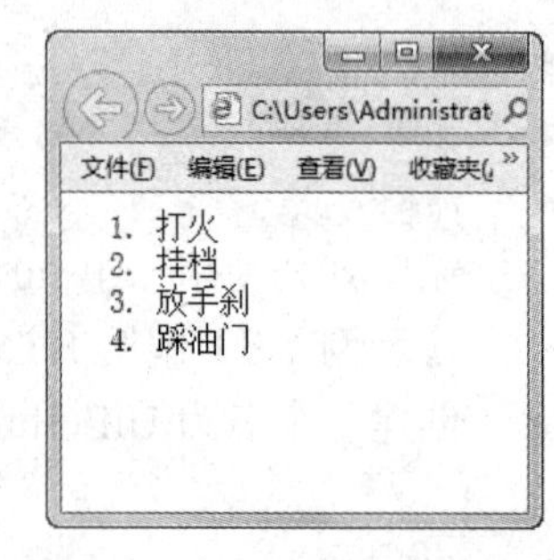


图 1-10 <ol>标签演示结果

通过 IE 查看该 HTML，结果如图 1-10 所示。

**3．自定义列表**

自定义列表将列表中的项目与其定义或描述配对显示。定义列表标签<dl>同样是成对出现的，以<dl>开始，</dl>结束，而列表中每个项目的标题使用<dt>标签修饰，其后跟随<dd>标签，该标签用于对标题进行描述。

**【示例 1.10】**编写 HTML，通过对购物清单中的商品进行描述来演示自定义列表的用法。

创建一个名为 DlEG.html 的页面，其代码如下：

```
<html>
<head>
    <title>定义列表</title>
</head>
<body>
    <dl>
        <dt>面包</dt>
            <dd>面包是由面粉做成的。</dd>
        <dt>牛奶</dt>
            <dd>牛奶是来自中国的。</dd>
        <dt>咖啡</dt>
            <dd>咖啡来自于巴西。</dd>
        <dt>果冻</dt>
            <dd>果冻是徐福记的。</dd>
    </dl>
</body>
</html>
```

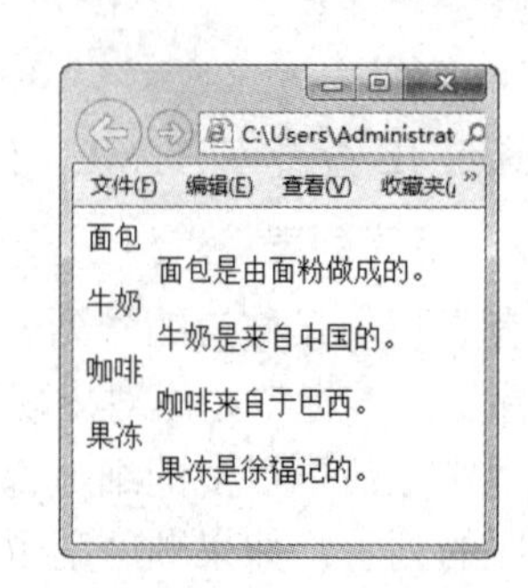


图 1-11 定义列表演示效果

通过 IE 查看该 HTML，结果如图 1-11 所示。

**4．嵌套列表**

一个列表中可以包含另一个完整的列表，这样的列表称为嵌套列表。例如，一本书籍的目录就是一个比较复杂的嵌套列表。

嵌套列表是多个有序列表或无序列表组合在一起使用的列表。在使用嵌套列表时，嵌套列表必须和一个特定的列表项<li>相联系，即嵌套列表通常包含在某个列表项中，用以反映该嵌套列表和该列表项之间的联系。

**【示例 1.11】** 编写 HTML，演示嵌套列表的用法。

创建一个名为 NestlEG.html 的页面，其代码如下：

```
<html>
<head>
	<title>嵌套列表</title>
</head>
<body>
	<ol>
		<li>第一章
			<ol>
				<li>第一节</li>
				<li>第二节</li>
				<li>第三节</li>
			</ol>
		</li>
		<li>第二章</li>
		<li>第三章</li>
	</ol>
</body>
</html>
```

上述代码中，嵌套列表在<li>及包含列表项目的文本(“第一章”)之后开始，在包含有列表项目的</li>处结束。由于嵌套列表是定义网站结构的一个很好的方式，因此其通常是构成网站导航菜单的基础。

通过 IE 查看该 HTML，结果如图 1-12 所示。

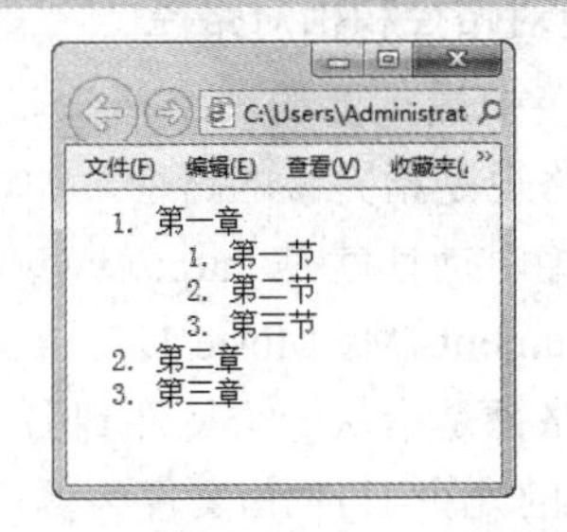


图 1-12　嵌套列表演示结果

## 1.4.5　超链接

互联网的精髓就在于相互链接，即超链接(hyperlink)。一个网站的各个网页都是通过超链接来衔接起来的，浏览者通过单击这些链接从一个网页跳转到另一个网页。常见的超链接形式有如下几种：

(1) 文字超链接：在文字上建立超链接；

(2) 图像超链接：在图像上建立超链接；

(3) 热区超链接：在图像的指定区域上建立超链接。

HTML 语言中超链接的标签用<a>表示。<a>标签是成对出现的，以<a>开始，</a>结束，其语法如下：

```
<a href="url" target=".." title=".." id="..">内容</a>
```

其中：

✧ href 属性：用于定义超链接的跳转地址，其取值 url 可以是本地地址或远程地址。url 可以是一个网址、一个文件甚至可以是 HTML 文件的一个位置或 E-mail 的地址，url 可以是绝对路径也可以是相对路径。

✧ target 属性：用于指定目标文件的打开位置，取值见表 1-5。

✧ title 属性：鼠标悬停在超链接上的时候，显示该超链接的文字注释。

✧ id 属性：在目标文件中定义一个“锚”点，标识超链接跳转的位置。

✧ 内容：就是所定义的超链接的一个“外套”，浏览者只需单击内容就可以跳转到 url 所指定的位置。

关于 target 属性的四种取值方式，其含义如表 1-5 所示。

**表 1-5 target 属性的取值方式**

| 值 | 说 明 |
|---|---|
| _self | 在当前窗口中打开目标文件，这是 target 的默认值 |
| _blank | 在新窗口中打开目标文件 |
| _top | 在顶层框架中打开网页 |
| _parent | 在当前框架中的上一层框架打开网页 |

关于 target 的各种取值方式，将在本章实践篇的知识拓展中详细介绍。

### 1. 绝对路径和相对路径

超链接中最重要的一个概念就是链接地址，链接地址有绝对路径和相对路径两种方式。绝对路径是指完整的路径，如访问一个域名为 abcd.com 的网站中名称为 abc.html 的网页，其绝对地址就是 http://www.abcd.com/abc.html。而对于本地电脑上的文件路径，如 d:/My Documents/My Music/123.mp3，该路径就是绝对路径。

相对路径是指从一个文件到另一个文件所经过的路径，为了形象地表示这种关系，以图 1-13 中的几个 HTML 文件为例，来说明彼此之间的相对路径。

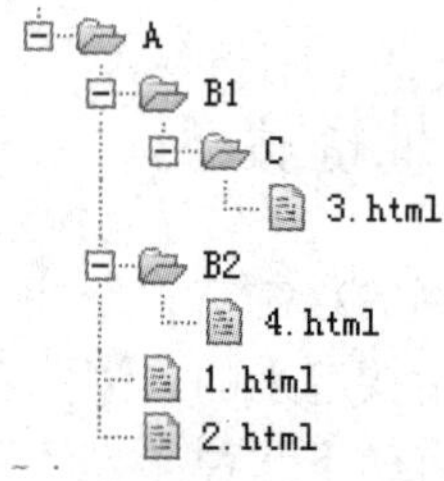


图 1-13 相对路径说明

关于图 1-13 中各个 HTML 文件之间的相对路径关系，如下所述：

✧ 从 1.html 到 4.html，期间需要经过 B2 文件夹，所以其相对路径就是“B2/4.html”；

✧ 从 1.html 到 2.html，不需要经过任何文件夹，所以它的相对路径是“2.html”；

✧ 从 2.html 到 3.html，经过 B1 和 C 文件夹，所以它的相对路径是“B1/C/3.html”。

上述三种路径是正向的相对路径，而逆向的相对路径如下所示：

✧ 从 4.html 到 1.html 的相对路径是“../1.html”；

✧ 从 3.html 到 4.html 的相对路径是“../../B2/4.html”。

理解了绝对路径和相对路径的概念后，就可以根据实际情况的需要设置 url 来实现页面间的跳转。

### 2. 站内链接

读者在访问网站的时候，用到最多的就是站内网页之间的链接，其语法如下：

```
<a href="相对路径">内容</a>
```

站内链接通常使用相对路径，当然也可以使用绝对路径，但是当网站的目录有所调整的时候，绝对路径可能会出现问题。

**【示例 1.12】**编写 HTML，演示站内链接的使用。

创建一个名为 hrefZhanNeiEG.html 的页面，其代码如下：

```
<html>
<head>
    <title>站内链接</title>
</head>
<body>
    <a href="metaEG.html">站内链接到 metaEG.html</a>
</body>
</html>
```

当用鼠标单击<a>标签的内容部分时，就会转到指定的网页。通过 IE 查看该 HTML，结果如图 1-14 所示。

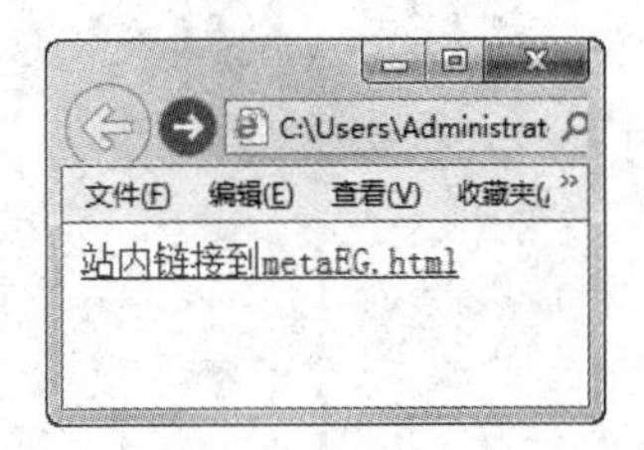


图 1-14　站内链接演示

单击超链接后显示结果如图 1-4 所示。

### 3. 站外链接

当网站中的链接需要链接到站外的网页时，就需要用到站外链接，其语法与站内链接很相似，但站外链接必须使用绝对路径，其语法如下：

```
<a href="绝对链接路径">内容</a>
```

**【示例 1.13】**编写 HTML，演示站外链接的使用。

创建一个名为 hrefZhanWaiEG.html 的页面，其代码如下：

```
<html>
<head>
    <title>站外链接</title>
</head>
<body>
    <a href="http://www.dong-he.cn">站外链接</a>
</body>
</html>
```

### 4. 邮件链接

在一些大型网站上，经常会看到有的网页上有“点此给 XXX 发送邮件”的字样。单击该链接后，就会启动本地的邮箱工具(如 Windows 自带的 OutLook 工具)来编辑邮件。这里用到了 HTML 语言中的邮件链接，其语法如下：

```
<a href="mailto:邮件地址">内容</a>
```

【示例 1.14】编写 HTML，演示邮件链接的使用。

创建一个名为 hrefEmailEG.html 的页面，其代码如下：

```
<html>
<head>
    <title>邮件链接</title>
</head>
<body>
    <a href="mailto:xxx@abc.com">给版主写信</a>
</body>
</html>
```

单击“给版主写信”后，会跳转到邮件发送页面。通过 IE 查看该 HTML，结果如图 1-15 所示。

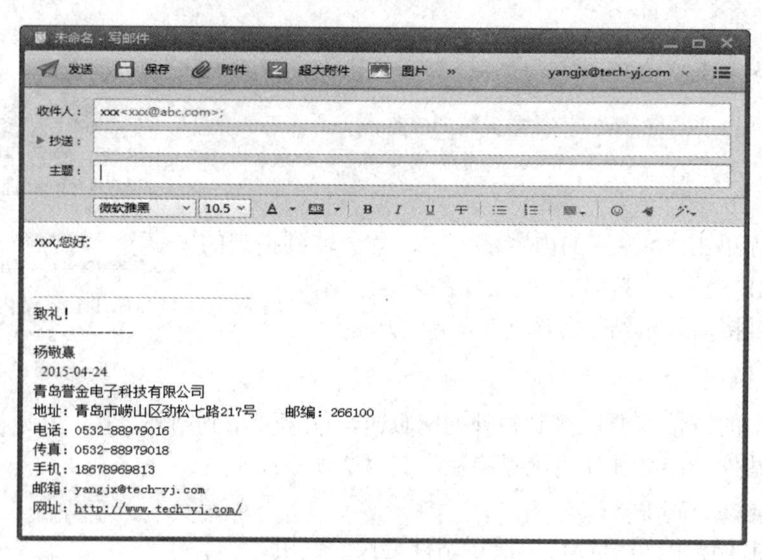


图 1-15 邮件链接跳转演示

注 意

由于本地计算机已设置 Foxmail 为默认邮件发送程序，故当单击邮件链接地址时弹出的是 Foxmail 邮件发送界面。如果没有设置的话，将打开 OutLook 界面。设置浏览器默认邮件发送程序与本书无关，在此不做详述，感兴趣的读者请自行查找相关步骤。

**5．锚链接**

在网页中有的文章特别长，读者想要找到自己感兴趣的内容就比较麻烦，HTML 语言提供了一种很好的解决方案——锚链接。使用锚链接能够快速地定位到网页中的某个位置。

锚链接由建立锚点和链接到锚点两部分组成。

锚点就是将要链接到的位置，其语法如下：

```
<a name="锚点名称"></a>
```

建立锚点之后，就可以创建到锚点的链接，其语法如下：

```
<a href="链接到网页的地址#锚点名称">内容</a>
```

当锚点的链接是在当前页面中的锚点时，可以省略掉“链接到网页的地址”，其语法如下：

```
<a href="#锚点名称">内容</a>
```

注 意

无论是链接到当前网页还是其他网页的锚链接，锚点名称前的“#”都不能省略。

【示例 1.15】编写 HTML，演示锚链接的使用。

创建一个名为 hrefMaoEG.html 的页面，其代码如下：

```
<html>
<head>
      <title>锚链接</title>
</head>
<body>
<p><a href="#C5">参见第 5 章</a></p>
<p><a name="C1"><h2>第 1 章</h2></a></p>
<p>Java WEB(上) 第 1 章的内容</p>
<a name="C2"><h2>第 2 章</h2></a>
<p>Java WEB(上) 第 2 章的内容</p>
<a name="C3"><h2>第 3 章</h2></a>
<p>Java WEB(上) 第 3 章的内容</p>
<a name="C4"><h2>第 4 章</h2></a>
<p>Java WEB(上) 第 4 章的内容</p>
<a name="C5"><h2>第 5 章</h2></a>
<p>Java WEB(上) 第 5 章的内容</p>
...
</html>
```

上述代码在“第 5 章”部分设置锚点“C5”，当单击锚链接“参见第 5 章”后，页面会跳转到第 5 章的位置。通过 IE 查看该 HTML，结果如图 1-16 所示。

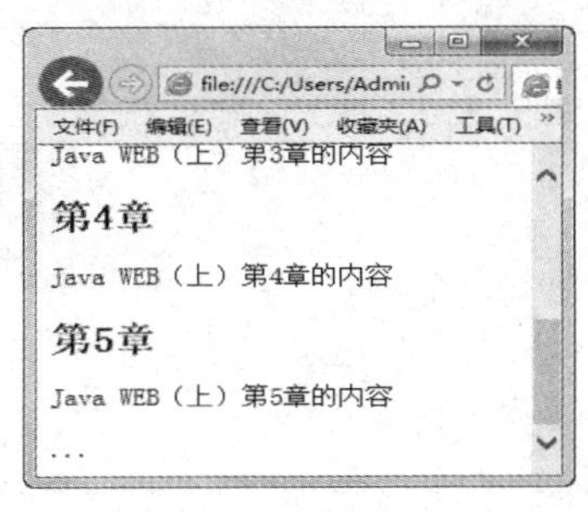


图 1-16　锚链接演示

## 1.4.6 图像

在 HTML 中使用标签<img>把图像文件插入到文档中，其语法如下：

```
<img src="url" />
```

这里，<img>标签没有结束标签，必须用“/”把它关闭。url 表示图片的路径和文件名，其值可以是绝对路径，如“http://localhost/images/123.tif”，也可以是相对路径，如“../images/123.tif”。

图像标签几个重要属性的说明如表 1-6 所示。

表 1-6 图像标签的属性

| 属性 | 说　明 |
|---|---|
| alt | 浏览器如果没有载入图片的功能，浏览器就会转而显示 alt 属性的值 |
| align | 设置图片的垂直对齐方式(居上、居中、居下)和水平对齐方式(居左、居中、居右) |
| height | 设置图片的高度，缺省则显示图片原始高度 |
| width | 设置图片的宽度，缺省则显示图片原始宽度 |

【示例 1.16】编写 HTML，演示<img>标签及其属性的使用。

创建一个名为 imgEG.html 的页面，其代码如下：

```
<html>
<head>
    <title>图像标签</title>
</head>
<body>
<p>
<img src="Blue hills.jpg" alt="samile face" align="right"
height="100" width="100">
</p>
</body>
</html>
```

上述代码中，使用相对路径导入了图片“Blue hills.jpg”，并且设置其高度和宽度皆为 100，在网页的右侧显示。

通过 IE 查看该 HTML，结果如图 1-17 所示。

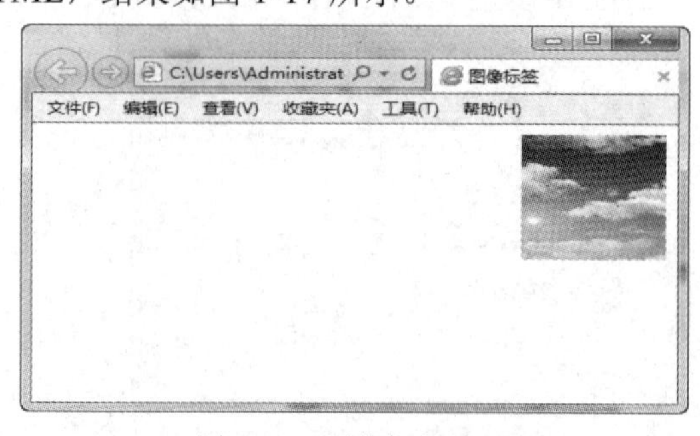


图 1-17 图像标签演示

## 本 章 小 结

通过本章的学习，学生应该能够学会：

✧ 超文本传输协议(HTTP，HyperText Transfer Protocol)是客户端浏览器或其他程序与 Web 服务器之间的应用层通信协议，用于实现客户端和服务器端的信息传输。

✧ 统一资源定位符(URL，Uniform / Universal Resource Locator)是用于完整地描述 Internet 上网页和其他资源的地址的一种标识方法，实现互联网信息的定位统一标识。

✧ 超文本标签语言(HTML，HyperText Mark-up Language)，即 HTML 语言，是目前网络上应用最为广泛的语言，也是构成网页文档的主要语言。

✧ 一个基本的 HTML 文档由 HTML、HEAD 和 BODY 三要素组成。

✧ HTML 标签由 ASCII 字符来定义，用于控制页面内容(如文字、表格、图片、用户自定义内容等)的显示。

✧ 标签是 HTML 语言中最基本的单位，也是 HTML 语言最重要的组成部分。

✧ HTML 分隔标签用于区分文字段落。HTML 分隔标签分为文字分隔标签和分割线标签两类。

✧ HTML 语言中列表分为无序列表(<ul>)、有序列表(<ol>)、定义列表(<dl>)和嵌套列表四类。

✧ 互联网的精髓在于相互链接，即超链接(hyperlink)。

✧ 常见的超链接形式有文字超链接、图像超链接和热区超链接三种。

✧ 链接地址有绝对路径和相对路径两种方式。

## 本 章 练 习

1．超文本传输协议的简称是______。

A．HTML

B．HTTP

C．FTP

D．SMTP

2．下列选项中，符合 URL 语法的是______。(多选)

A．www.sohu.com

B．ftp://www.google.com

C．http://www.abcd.com/x/y/z?a=b&m=n

D．C:\WINDOWS\system32

3．超文本标签语言 HTML 的主要特点有______。(多选)

A．简易性

B．可扩展性

C．平台无关性

D．面向对象

4．下列说法正确的是______。

A．HTML 的标签必须成对出现，分别表示标签的开始和结束

B．HTML 不区分大小写

C．HTML 文件的后缀必须是“.html”

D．以上都不对

5．下列选项中能够以黑体显示红色文字的是______。(多选)

A．<font face="黑体" color="red">文字</font>

B．<font face="黑体" color="#0000FF">文字</font>

C．<font face="黑体"><font color="#FF0000">文字</font></font>

D．<font face="黑体"><red>文字</red></font>

6．下列选项中可以使“内容 1”和“内容 2”分成两行显示的是______。(多选)

A．内容 1\n 内容 2

B．内容 1<br/>内容 2

C．内容 1
　 内容 2

D．<p>内容 1</p><p>内容 2<p>

7．在图 1-13 的 4.html 中需要有一个超链接指向 3.html，正确的写法是______。

A．<a href="#3.html">3.html</a>

B．<a href="A/B1/C/3.html">3.html</a>

C．<a href="../C/3.html">3.html</a>

D．<a href="../B1/C/3.html">3.html</a>

8．下列对锚链接的使用正确的是______。

A．<a href="#anchor">Anchor</a>
　 <a id="anchor">Anchor</a>

B．<a href="anchor">Anchor</a>
　 <a id="anchor">Anchor</a>

C．<a href="#anchor">Anchor</a>
　 <a href="http://www.sohu.com" name="anchor">Anchor</a>

D．<a href="anchor">Anchor</a>
　 <a name="anchor">Anchor</a>

9．下列对邮件链接的使用正确的是______。

A．<A href="mailto://xyz@abcd.com">邮箱</A>

B．<A href="#mailto:xyz@abcd.com">邮箱</A>

C．<A href="mailto xyz@abcd.com">邮箱</A>

D．<A href="mailto:xyz@abcd.com">邮箱</A>

10．简述 HTML 和 HTTP 的区别和联系。

# 第 2 章　表格、表单和框架

## 本章目标

- 了解 Web 发展史及 HTML 特点
- 掌握表格标签的结构组成及使用
- 掌握表格常用属性的设置
- 了解表格的嵌套
- 掌握表格的使用技巧
- 掌握表单的基本结构组成
- 掌握常用表单域的使用
- 掌握常用表单按钮的使用
- 掌握框架的结构组成及使用

# 2.1 表格

表格是网页制作中使用最多的技术之一。表格可以清晰明了地展现数据之间的关系，使对比分析更容易理解。在很多情况下，也可以使用表格对网页进行排版布局，该布局方式将在第 4 章中详细讲述。本章讲述表格的基础知识。

## 2.1.1 表格结构

表格的基本结构如下所示：

```
<table>
	<tr>
		<td>单元格内容</td>
		<td>单元格内容</td>
		<!-- 更多单元格 -->
	</tr>
	<!-- 更多行 -->
</table>
```

**【示例 2.1】**创建员工通讯表(包括部门、姓名等信息)，演示<table>标签的使用。

创建一个名为 TableEG1.html 的页面，其代码如下：

```
<html>
<head>
<title>表格示例</title>
</head>
<body>
	<table>
		<tr>
			<td>部门</td>
			<td>姓名</td>
			<td>联系电话</td>
			<td>E-Mail</td>
		</tr>
		<tr>
			<td>洗衣机</td>
			<td>张三</td>
			<td>1586666666</td>
			<td>zhangs@haier.com</td>
		</tr>
		<tr>
```

```
                <td>PSI</td>
                <td>李四</td>
                <td>1598888888</td>
                <td>lis@haier.com</td>
            </tr>
        </table>
</body>
</html>
```

通过 IE 查看该 HTML，结果如图 2-1 所示。

图 2-1　简单表格

图 2-1 中，表格结构非常简单，没有任何修饰，在后续的小节中将通过使用表格的其他标签和属性对表格进行渲染，使数据展示更加直观。

## 2.1.2　表格标签

HTML 中有 10 个与表格相关的标签，各标签的含义及作用如下所示：

(1) <table>标签，定义一个表格。

(2) <caption>标签，定义一个表格标题，必须紧随<table>标签之后，且每个表格只能包含一个标题，通常这个标题会居中显示于表格上部。

(3) <th>标签，定义表格内的表头单元格。<th>标签内部的文本通常会呈现为粗体。

(4) <tr>标签，在表格中定义一行。

(5) <td>标签，定义表格中的一个单元格，包含在<tr>标签中。

(6) <thead>标签，定义表格的表头。

(7) <tbody>标签，定义一段表格主体(正文)。使用<tbody>标签，可以将表格中的一行或几行合成一组，从而将表格分为几个单独的部分，一个<tbody>标签就是表格中的一个独立的部分，不能从一个<tbody>跨越到另一个<tbody>中。

(8) <tfoot>标签，定义表格的页脚(脚注)。

(9) <col>标签，定义表格中针对一个或多个列的属性值，只能在表格或<colgroup>标签中使用此标签。

(10) <colgroup>标签，定义表格列的分组。通过此标签可以对列进行组合以便进行格式化，此标签只能用在<table>标签内部。

使用 thead、tfoot 以及 tbody 标签可以对表格中的行进行分组。如使表格拥有一个标题行，一些带有数据的行，以及位于底部的一个总计行。这种划分使浏览器有能力支持独立于表格标题和页脚的表格正文滚动。当打印长的表格时，表格的表头和页脚可被打印在包含表格数据的每张页面上。

【示例 2.2】为表格添加标题标签、表格主体标签和页脚标签等。

创建一个名为 TableEG2.html 的页面，其代码如下：

```
<html>
<head>
<title>表格示例</title>
</head>
<body>
<table>
	<caption>员工信息表</caption>
	<thead>
		<th>部门</th>
		<th>姓名</th>
		<th>联系电话</th>
		<th>E-Mail</th>
	</thead>
	<tbody>
		<tr>
			<td>洗衣机</td>
			<td>张三</td>
			<td>1586666666</td>
			<td>zhangs@haier.com</td>
		</tr>
		<tr>
			<td>PSI</td>
			<td>李四</td>
			<td>1598888888</td>
			<td>lis@haier.com</td>
		</tr>
	</tbody>
	<tfoot>
		<tr>
			<td colspan="4">Compiled in 2009 by Mr. Zhang</td>
		</tr>
	</tfoot>
</table>
```

```
</body>
</html>
```

通过 IE 查看该 HTML，结果如图 2-2 所示。

图 2-2　添加了标题行和注脚的表格

## 2.1.3　表格属性设置

为了使表格的外观更加符合要求，还可以对表格的属性进行设置。比较常用的表格属性包括背景、宽高、对齐方式、单元格间距、文本与边框间距等，如表 2-1 所示。

表 2-1　表格属性列表

| 表格属性 | 说　明 |
|---|---|
| border | 设置表格边框 |
| bgcolor | 设置表格背景颜色 |
| background | 设置表格背景图片 |
| width | 表格的宽度，单位用像素或百分比 |
| height | 表格的高度，单位用像素或百分比 |
| align | 对齐方式，有 left(左对齐)、right(右对齐)和 center(居中对齐) |
| cellspacing | 设置单元格之间的距离 |
| cellpadding | 设置单元格内的内容与边框的距离 |
| colspan | 单元格水平合并，值为合并的单元格的数目 |
| rowspan | 单元格垂直合并，值为合并的单元格的数目 |

【示例 2.3】使用表格属性美化表格。

创建一个名为 TableEG3.html 的页面，其代码如下：

```
<html>
<head>
<title>表格示例</title>
</head>
<body>
	<table border="1" height="15%" width="60%" cellspacing="0"
	style="font-size:14px">
		<caption>员工信息表</caption>
		<thead bgcolor="#CCFFEE">
			<th>部门</th>
```

```
            <th>姓名</th>
            <th>联系电话</th>
            <th>E-Mail</th>
        </thead>
        <tbody bgcolor="#FFFAF0">
            <tr>
                <td>洗衣机</td>
                <td>张三</td>
                <td>1586666666</td>
                <td>zhangs@haier.com</td>
            </tr>
            <tr>
                <td>PSI</td>
                <td>李四</td>
                <td>1598888888</td>
                <td>lis@haier.com</td>
            </tr>
        </tbody>
        <tfoot bgcolor="#DCDCDC">
            <tr>
        <td colspan="4" align="right">Compiled in 2009 by Mr. Zhang</td>
            </tr>
        </tfoot>
    </table>
</body>
</html>
```

上述代码中，设置了表格中的文字、边框、高度、宽度等属性。通过 IE 查看该 HTML，结果如图 2-3 所示。

图 2-3　经过格式修饰后的表格

## 2.2　表单

HTML 表单(Form)是 HTML 的一个重要部分，主要用于采集和提交用户输入的信

息，如用户注册、调查反馈等。一个表单主要由以下三部分组成：

(1) 表单标签：包含了处理表单数据所用服务器端程序的 URL 以及数据提交到服务器的方法。

(2) 表单域：包含了文本框、密码框、隐藏域、多行文本框、复选框、单选按钮、下拉选择框和文件上传框等表单输入控件。

(3) 表单按钮：包括提交按钮、复位按钮和一般按钮。用于将数据传送到服务器上或者取消输入，还可以用表单按钮来控制其他定义了处理脚本的工作。

【示例 2.4】实现在论坛上发表评论的功能。

创建一个名为 FormEG.html 的页面，其代码如下：

```
<html>
<head><title>表单示例</title></head>
<body>
<form   action="http://www.abc.com/html/comments.jsp" method="post">
请输入你的姓名：
<input type="text" name="name" id="name"> <br/>
邮箱地址：
<input type="text" name="email" id="email"> <br/>
评论：
<input type="textarea" name="comments" id="comments"> <br/>
<input type="submit" value="提交">
</form>
</body>
</html>
```

上述代码中，通过<form>开始标签和</form>结束标签表示表单的范围，表单内包含两个文本输入框，分别用于让访问者输入名字和电子邮件地址，还包含一个文本域和一个提交按钮，分别用于发表评论和提交评论。此外，在表单标签中 action 的属性值为“http://www.abc.com/html/comments.jsp”表示表单数据提交的目的地址，该 form 的提交方式通过 method 属性指定，值为“post”。

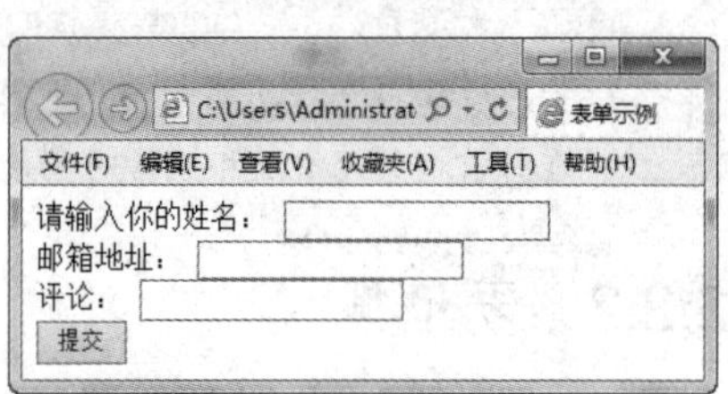


图 2-4　简单表单演示

通过 IE 查看该 HTML，结果如图 2-4 所示。

## 2.2.1　表单标签

表单标签(<form></form>)用于声明表单，定义采集数据的范围，同时包含了处理表单数据的应用程序，以及数据提交到服务器的方法，其语法如下：

```
<form action="url" method="get/post" enctype="mime" target="...">
......
```

```
</form>
```

其中：

✧ action：指定处理表单中用户输入数据的提交目标 URL(URL 可为 Servlet、JSP 或 ASP 等服务器端程序)，也可以将输入数据发送到指定的 E-mail 地址等。

✧ method：指定向服务器传递数据的 HTTP 方法，主要有 Get 和 Post 两种方法，默认值是 Get。Get 方式是将表单控件的 name/value 信息经过编码之后通过 URL 发送，可以在浏览器的地址栏中看到这些值，而采用 Post 方式传输信息则在地址栏看不到表单的提交信息。需要注意的是，当只为取得和显示少量数据时可以使用 Get 方法；一旦涉及数据的保存和更新，即大量的数据传输时则应当使用 Post 方法。

✧ enctype：指定了数据发送时的编码类型，默认值是“application/x-www-form-urlencoded”，用于常规数据的编码。另一种编码类型是“multipart/form-data”，该类型将表单数据编码为一条消息，每一个表单控件的数据对应消息的一部分，以二进制的方式发送给服务器端。这种方法比较适合传递复杂的用户输入数据，如文件的上传操作。

✧ target：用于指定在浏览器中哪个框架(frame)中显示服务器的响应 HTML，默认值是当前框架。现在大多数专业界面使用框架越来越少，所以此属性已很少使用。

✧ onsubmit 和 onreset：指定提交和重置事件触发时运行的 JavaScript。

✧ accept 和 accept-charset：HTML4.0 新加入的属性，分别用来指定服务器程序接收的 MIME 类型和字符编码。

一般情况下，target 属性的取值有如下情况：_blank，在一个新的浏览器窗口调入指定的文档；_self，在当前框架中调入文档；_parent，把文档调入当前框架的直接父框架集中，这个值在当前框架没有父框架集时等价于_self；_top，把文档调入原来最顶部的浏览器窗口中。

## 2.2.2 表单域

表单域包含了文本框、多行文本框、密码框、隐藏域、复选框、单选按钮、文件上传框和下拉选择框等，用于采集用户的输入或选择的数据。下面分别讲述各表单域。

### 1. 文本框

文本框是一种用来输入内容的表单对象，通常被用来填写简单的内容，如姓名、地址等，其语法格式如下：

```
<input type="text" name="..." size="..." maxlength="..." value="..." />
```

其中：

✧ type="text"：定义单行文本输入框。

✧ name：定义文本框的名称，一般需要保证名称是唯一的。

✧ size：定义文本框的宽度，单位是单个字符宽度。

✧ maxlength：定义最多输入的字符数。

✧ value：定义文本框的初始值。

### 2．多行文本框

多行文本框(文本域)是一种用来输入较长内容的表单对象，其语法格式如下：

```
<textarea name="..." cols="..." rows="..." wrap="VIRTUAL"></textarea>
```

其中：

✧ name：指定文本域的名称。

✧ cols：定义多行文本框的宽度，单位是单个字符宽度。

✧ rows：定义多行文本框的高度，单位是单个字符宽度。

✧ wrap：定义输入内容大于文本域宽度时显示的方式，可选值如下，

- ➢ 默认值是文本自动换行。当输入内容超过文本域的右边界时会自动转到下一行，而数据在被提交处理时自动换行的地方不会有换行符出现。
- ➢ Off：用来避免文本换行，当输入的内容超过文本域右边界时，文本将向左滚动，必须手动录入回车才能移到下一行。

### 3．密码框

密码框是一种用于输入密码的特殊文本域。当访问者输入文字时，文字会被星号或其他符号代替，从而隐藏输入的真实文字，其语法格式如下：

```
<input type="password" name="..." size="..." maxlength="..." />
```

其中：

✧ type="password"：定义密码框。

✧ name：指定密码框的名称。

✧ size：定义密码框的宽度，单位是单个字符宽度。

✧ maxlength：定义最多输入的字符数。

密码框并不能保证安全，仅仅是使得周围的人看不见输入的内容，在传输过程中还以明文传输，为了保证安全可以采用数据加密技术。

### 4．隐藏域

隐藏域是用来收集或发送信息的不可见元素，网页的访问者无法看到隐藏域，但是当表单被提交时，隐藏域的内容同样会被提交，其语法格式如下：

```
<input type="hidden" name="..." value="..." />
```

其中：

✧ type="hidden"：定义隐藏域。

✧ name：同 text 的 name 属性。

✧ value：定义隐藏域的值。

### 5．复选框

复选框允许在待选项中选中一个以上的选项。每个复选框都是一个独立的元素，其语法格式如下：

```
<input type="checkbox" name="..." value="..." />
```

其中：

✧ type="checkbox"：定义复选框。

✧ name：同 text 的 name 属性。

✧ value：定义复选框的值。

通常情况下，对于一组复选框的 name 值推荐使用相同的值，这样提交表单后，在服务器端便于数据的处理。

### 6. 单选按钮

单选按钮只允许访问者在待选项中选择唯一的一项。该控件用于一组相互排斥的值，组中每个单选按钮控件的名字相同，用户一次只能选择一个选项，其语法格式如下：

```
<input type="radio" name="..." value="..." />
```

其中：

✧ type="radio"：定义单选按钮。

✧ name：同 text 的 name 属性，name 相同的单选按钮为一组，一组内只能选中一项。

✧ value：定义单选按钮的值，在同一组中，单选按钮的值不能相同。

### 7. 文件上传框

文件上传框用于让用户上传自己的文件，文件上传框与其他文本域类似，但它还包含了一个浏览按钮。访问者可以通过输入需要上传的文件的路径或者单击浏览按钮选择需要上传的文件，其语法格式如下：

```
<input type="file" name="..." size="15" maxlength="100" />
```

其中：

✧ type="file"：定义文件上传框。

✧ name：同 text 的 name 属性。

✧ size：定义文件上传框的宽度，单位是单个字符宽度。

✧ maxlength：定义最多输入的字符数。

在使用文件域以前，需要确定服务器是否允许匿名上传文件。另外，表单标签中必须设置 enctype="multipart/form-data"来确保文件被正确编码。表单的传送方式必须设置成 post。

### 8. 下拉选择框

下拉选择框可以让浏览者快速、方便、正确地选择一些选项，同时可以节省页面空间，它通过<select>标签实现，该标签用于显示可供用户选择的下拉列表。每个选项由一个<option>标签表示，<select>标签至少包含一个<option>标签。下拉选择框语法格式如下：

```
<select name="..." size="..." multiple>
    <option value="..." selected>...</option>
    ...
</select>
```

其中：

✧ name：同 text 的 name 属性。

✧ size：定义下拉选择框的行数。

✧ multiple：表示可以多选，如果不设置本属性，那么只能单选。

✧ value：定义选择项 option 的值。

✧ selected：表示本选项被选中。

## 2.2.3　表单按钮

在表单中，按钮的应用非常频繁，表单按钮主要分为三类：提交按钮、复位按钮和普通按钮。

### 1．提交按钮

提交按钮用来将输入的表单信息提交到服务器，其语法格式如下：

```
<input type="submit" name="..." value="..." />
```

其中：

✧ type="submit"：定义提交按钮。

✧ name：定义提交按钮的名称。

✧ value：定义按钮的显示文字。

### 2．复位按钮

复位按钮用来重置表单，其语法格式如下：

```
<input type="reset" name="..." value="..." />
```

其中：

✧ type="reset"：定义复位按钮。

✧ name 属性定义复位按钮的名称。

✧ value 属性定义按钮的显示文字。

复位按钮并不是清空表单信息，只是还原成默认值。例如，表单中有文本框<input type="text" name="name" value="张三"/>，在该文本框中输入“李四”，当单击该复位按钮时，文本框中的“李四”被清除，还原为“张三”。

### 3．普通按钮

普通按钮通常用来响应 JavaScript 事件(如 onclick)，调用相应的 JavaScript 函数来实现各种功能，其语法格式如下：

```
<input type="button" name="..." value="..." onclick="..." />
```

其中：

✧ type="button"：定义普通按钮。

✧ name：定义按钮的名称。

✧ value：定义按钮的显示文字。

✧ onclick：通过指定脚本函数来定义按钮的行为。

## 2.2.4 综合示例

网页中表单的用途很广，下面是一些典型表单的应用：

(1) 在用户注册某种服务时收集姓名、地址、电话号码、电子邮件和其他信息。

(2) 收集购买某个商品的订单信息、关于调查问卷信息等。

**【示例 2.5】**通过创建用户注册页面，演示 HTML 表单的综合应用。

创建一个名为 register.html 的页面，其代码如下：

```
<html>
<head>
<meta http-equiv="Content-Type" content="text/html; charset=gb2312" />
<title>表单控件</title>
<style type="text/css">
        input{font-family:Verdana, Arial, Helvetica, sans-serif,"宋体";}
</style>
</head>
<body>
<form method="post" action="#">
        <table style="font-size:12px">
                <tr>
                        <td align="right">用户名:</td>
                        <td>
                                <input type="text" id="username" value="" size="20"/>
                        </td>
                </tr>
                <tr>
                        <td align="right">密码:</td>
                        <td>
                                <input type="password" id="password" value=""
                                 size="20"/>
                        </td>
                </tr>
                <tr>
                        <td align="right">性别:</td>
                        <td>
                                <input type="radio" id="sex" value="male" />男
                                <input type="radio" id="sex" value="female" />女
                        </td>
                </tr>
                <tr>
```

```
            <td align="right">国家:</td>
            <td>
                <select name="country">
                    <option id="default" selected="selected">
                    -请选择您所在的国家-
                    </option>
                    <option id="China">中国</option>
                    <option id="America">美国</option>
                    <option id="Japan">日本</option>
                    <option id="France">法国</option>
                    <option id="England">英国</option>
                </select>
            </td>
        </tr>
        <tr>
            <td align="right">爱好:</td>
            <td>
                <input type="checkbox" name="interest"
                value="music" />音乐
                <input type="checkbox" name="interest"
                value="travel" />旅游
                <input type="checkbox" name="interest"
                value="climbing" />登山
                <input type="checkbox" name="interest"
                value="reading" />阅读
                <input type="checkbox" name="interest"
                value="basketball"/>篮球
                <input type="checkbox" name="interest"
                value="football" />足球
            </td>
        </tr>
        <tr>
            <td align="right">个人简介:</td>
            <td>
                <textarea name="comments" rows="3" cols="50">
                </textarea>
            </td>
        </tr>
        <tr>
            <td colspan="2" align="center">
```

```
                    <input type="submit" value="提交" />  
                    <input type="reset" value="重置" />
                </td>
            </tr>
        </table>
</form>
</body>
</html>
```

上述表单要求用户输入关于个人的基本信息并提交到服务器，该表单类似于在网站上注册用户时的表单。

通过 IE 查看该 HTML，结果如图 2-5 所示。

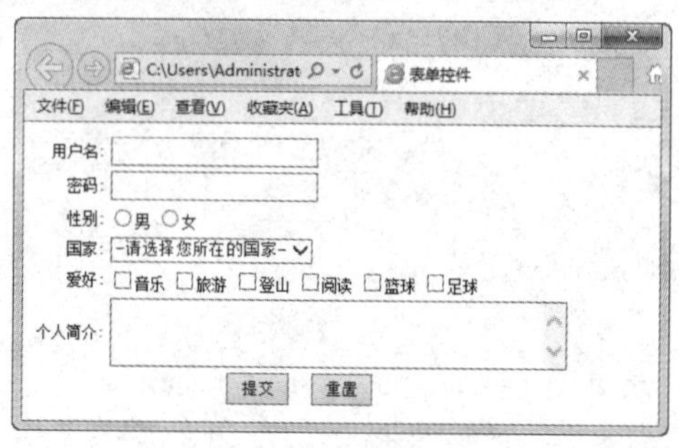


图 2-5　表单综合应用演示

# 2.3　框架

框架(frame)是浏览器窗口的一个区域，在这个区域中可以显示一个单独的文档(页面)而不影响另一个框架中的显示内容。

使用框架可以把浏览器窗口划分成多个区域，每个区域可以显示不同的网页，如果把这些框架看成一个整体，称为框架集(frameset)，框架集定义了浏览器窗口的一种布局结构。框架还可用于实现网页的导航，通过设置一个框架页为导航页，当单击该导航页中的某项功能时，对应的页面会在其他框架页中显示，不会破坏当前导航页的导航作用。

使用框架有以下两个优点：

(1) 重载页面时不需要重载整个页面，只需要重载页面中的一个框架页，这样既减少了数据的传输，也加快了网页下载速度。

(2) 方便制作导航栏。

当然，使用框架也有很多缺点，如因为会产生很多页面，所以在管理上比较麻烦、不容易打印、浏览器的后退按钮不可用等。

## 2.3.1　框架的基本结构和语法

HTML 中使用框架集标签<frameset>来定义如何划分框架，通过设置<frameset>的“cols/rows”属性来确定<frameset>的列/行数以及所占窗口的比例。而每个引入的页面通

过框架标签<frame>定义，<frame>的 src 属性用于设置所引用网页的路径，同时使用<noframes>标签定义浏览器不支持框架时显示的内容。框架的基本结构如下：

```
<html>
<head>
        <title>标题</title>
</head>
<frameset cols[rows]="列或行的宽度占窗口比例或像素,..">
        <frame src="引入网页的路径或地址" />
        <frame src="引入网页的路径或地址" />
        ...
        <noframes>
                <body>内容</body>
        </noframes>
</frameset>
</html>
```

<frameset>标签中的常用属性及作用如表 2-2 所示。

**表 2-2　frameset 的常用属性及作用**

| 属性名 | 说　　明 |
| --- | --- |
| cols | 用“像素数”或百分比分割左右窗口，其中“*”表示剩余部分 |
| rows | 用“像素数”或百分比分割上下窗口，其中“*”表示剩余部分 |
| frameborder | 设置框架的边框，其值只有 0 和 1。0 表示没有边框，1 表示显示边框。边框是无法调整粗细的 |
| framespacing | 表示框架与框架间的空白距离 |

注 意

cols 和 rows 中值的个数对应要分割的<frame>的个数，即有几个值就有几个<frame>。

通过设置<frame>的属性可以设置窗口样式，该标签常用属性及作用如表 2-3 所示。

**表 2-3　frame 的常用属性及作用**

| 属性名 | 说　　明 |
| --- | --- |
| bordercolor | 设置边框颜色，颜色取值可参考“第 1 章”中文字的颜色取值 |
| border | 设置边框粗细 |
| name | 框架的名称，在设置超链接时用其作为框架的标记 |
| scrolling | 设置是否要显示滚动条，yes 表示显示，no 表示不显示，auto 则是根据实际情况自动调整 |
| noresize | 如果设置了 noresize 属性，那么框架的大小是固定的，如果不设置此属性，则框架大小可用鼠标进行调整 |
| marginwidth | 设置内容与窗口左右边缘的距离，默认为 1 |
| marginheight | 设置内容与窗口上下边缘的边距，默认为 1 |
| width/height | 框架的宽度及高度，默认为 width="100"，height="100" |
| align | 对齐方式，可选值为 left、right、top、middle、bottom |

【示例 2.6】使用框架实现上下页面布局。

创建一个名为 FrameEG.html 的页面，其代码如下：

```
<html>
<head>
	<title>框架制作</title>
</head>
<frameset rows ="75%,25%">
	<frame src="BiaoTiEG.html"/>
	<frame src="WenBenEG.html"/>
</frameset>
</html>
```

上述代码将网页行分为两个 frame，其中分别引入的网页是“BiaoTiEG.html”和“WenBenEG.html”，并且占浏览器的比例分别为 75%和 25%。

通过 IE 查看该 HTML，结果如图 2-6 所示。

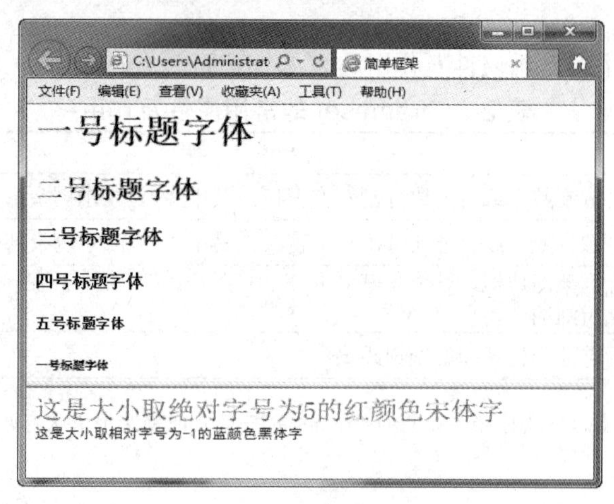


图 2-6　框架演示

注 意

<frame>的 src 属性也可以设置为绝对路径，但建议使用相对路径，以防工程目录发生变化。

## 2.3.2　框架的使用

2.3.1 节介绍了框架最简单的用法，实际应用中可通过框架各属性之间的搭配使框架灵活分配。本节将通过几个示例来演示框架的使用。

### 1. 混合框架

根据设计需要，可混合使用<frameset>和<frame>标签来设置区域相互独立的复杂页面。

【示例 2.7】通过使用<frameset>和<frame>，实现复杂的 HTML 页面。

创建一个名为 HunHeFrame.html 的页面，其代码如下：

```
<html>
<head>
        <title>混合框架</title>
</head>
<frameset cols ="20%,80%">
        <frame src="HelloWorld.html">
        <frameset rows="75%,25%">
                <frame src="BiaoTiEG.html" />
                <frame src="WenBenEG.html" />
        </frameset>
</frameset>
</html>
```

上述代码将整个浏览器分为了左右两个 frame，左边部分显示的是 HelloWorld.html 页面，而右边部分又分为了上下两个 frame，分别显示 BiaoTiEG.html 和 WenBenEG.html 页面。通过 IE 查看该 HTML，结果如图 2-7 所示。

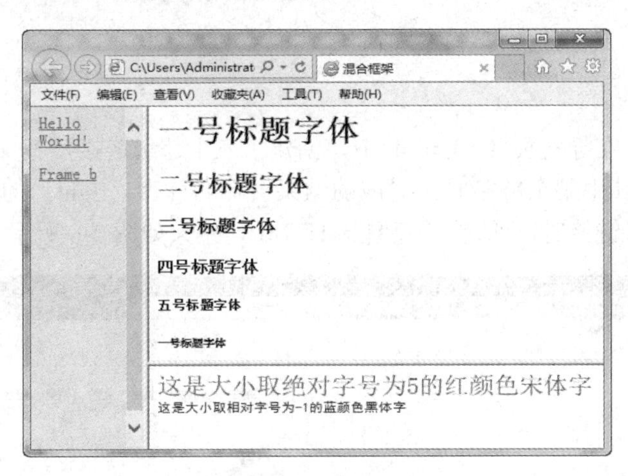


图 2-7　混合框架演示

### 2．导航框架

导航框架(导航栏)是在网页框架的<frame>中加入 name 属性，表示该<frame>的名称，然后通过超链接来标识 URL，并用 target 指定<frame>的名称。单击超链接时，所链接的网页就会显示在 target 对象所指定的<frame>中。

【示例 2.8】基于 HTML 框架技术，实现页面导航功能。

创建一个名为 NavFrameEG.html 的页面，其代码如下：

```
<html>
<head>
        <title>框架导航</title>
</head>
<frameset cols="120,*">
        <frame src="Left.html">
```

```
        <frame src="Right.html" name="right">
</frameset>
</html>
```

上述代码中，将 NavFrameEG.html 分为左右两个<frame>，其中左边框架导入了 Left.html 页面。

创建一个名为 Left.html 的页面，其代码如下：

```
<html>
<head>
        <title>LEFT</title>
</head>
<body>
        <ul>
                <li><a href="http://www.baidu.com" target="right">百度</a></li>
                <li><a href="http://www.google.com" target="right">谷歌</a></li>
                <li><a href="http://www.sina.com.cn" target="right">新浪</a></li>
        </ul>
</body>
</html>
```

上述代码中，在导航页 Left.html 中，创建了三个超级链接，其 target 属性的值都是“right”。当单击其中某个链接时，对应的结果会在名称为“right”的<frame>中显示。例如，单击“百度”链接时，通过 IE 查看该 HTML，结果如图 2-8 所示。

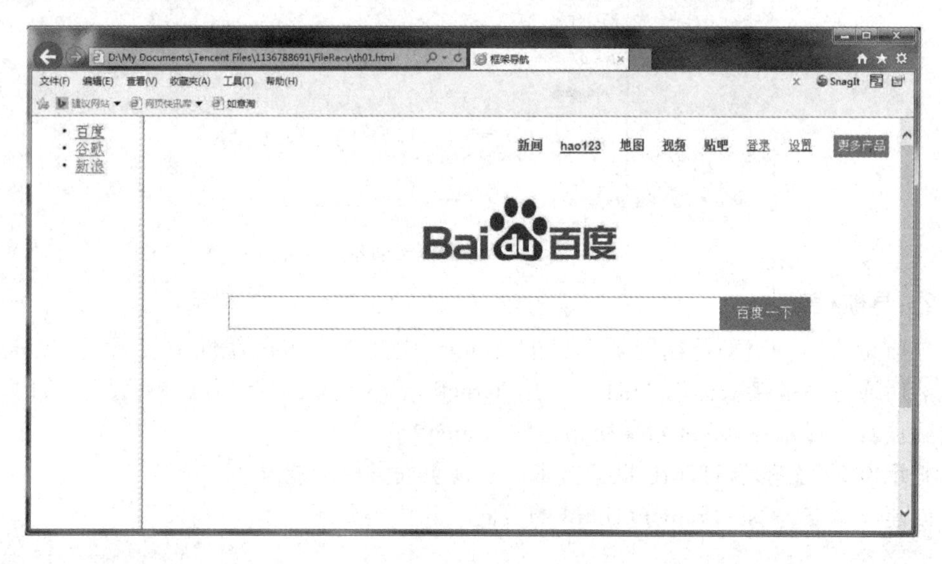


图 2-8 导航框架演示

### 3. 内联框架

当要在单个 HTML 文件中显示其他网页时可以使用内联框架实现，内联框架的本质是在一个页面中嵌入一个框架窗口来显示另一个页面的内容。内联框架使用<iframe>标签来定义。

【示例 2.9】实现内联框架功能。

创建一个名为 NeiLianFrameEG.html 的页面，其代码如下：

```
<html>
<head>
    <title>内联框架</title>
</head>
<body>
    <iframe src="http://www.baidu.com"
        align="left" height="400px" width="800px"></iframe>
</body>
</html>
```

上述代码中，在当前网页中显示了一个高度为 400 px，宽度为 800 px 的子网页，引用的网页为 http://www.baidu.com。通过 IE 查看该 HTML，结果如图 2-9 所示。

图 2-9　内联框架演示

注意　在实际应用中，框架的使用可给网页设计带来很大方便。读者可查看一些门户网站的 HTML 源代码，分析一下这些网站是如何使用框架的，对以后设计网页会有很大的帮助。

## 本 章 小 结

通过本章的学习，学生应该能够学会：

✧ 表格是 HTML 的高级控件之一。表格可以清晰明了地展现数据之间的关系，便于对比分析。

✧ HTML 中与表格有关的 10 个标签是：<table>、<caption>、<th>、<tr>、<td>、<thead>、<tbody>、<tfoot>、<col>、<colgroup>。

✧ 表单由表单标签、表单域、表单按钮组成。
✧ 创建表单最关键的是掌握三个要素，即表单控件、action 属性和 method 属性。
✧ 向服务器传递数据的 HTTP 方法主要有 Get 和 Post 两种，默认值是 Get。
✧ 表单域包含了文本框、密码框、隐藏域、多行文本框、复选框、单选按钮、下拉选择框和文件上传框等，用于采集用户输入或选择的数据。
✧ 表单按钮主要分为三类：提交按钮、重置按钮和普通按钮。
✧ 使用框架可以把浏览器窗口划分成多个相互独立的区域。
✧ HTML 框架既可以横向分割，也可以纵向分割。
✧ 使用框架技术可以方便地实现页面导航功能。

## 本 章 练 习

1．______、______和______标签用于定义表格、行和单元格。

A．tbody　tr　td　　B．table　row　cell

C．table　tr　td　　D．table　th　td

2．能够使表格的单元格合并的属性是______。

A．cellspacing　　B．cellpadding

C．rowspan　　D．colspan

3．表单的______属性用来定义提交数据的方法。

A．action　　B．method

C．enctype　　D．target

4．文本框的______属性用来定义显示宽度。

A．width　　B．maxlength

C．height　　D．size

5．______属性相同的多个单选按钮只能被选中一项。

A．id　　B．name

C．value　　D．type

6．单击提交按钮时，______的数据会被提交到服务器。

A．页面的所有表单　　B．页面的第一个表单

C．提交按钮所在的表单　　D．默认不会提交数据

7．使用框架集的______属性可以将页面分为左右两个框架。

A．rows　　B．cols

C．framespacing　　D．width

8．请完成如图 2-10 所示的学生表格。注意表头的字体为黑体，表格使用一个像素的边框。

| 学号 | 姓名 |
|---|---|
| 1 | 张张张 |
| 2 | 王王 |
| 3 | 李李李 |

图 2-10　学生表格

# 第3章　CSS样式

## 本章目标

- 了解 CSS 的特点及优势
- 掌握 CSS 的基本语法及样式规则
- 掌握类选择器和 ID 选择器的定义方式
- 掌握 CSS 选择符的组合定义
- 掌握 CSS 的继承特性
- 掌握样式表的引用方式及优先级
- 掌握伪类及伪对象的使用方式
- 掌握 CSS 样式中常用的属性设置

# 3.1 CSS 基本语法

随着 Internet 的迅猛发展，HTML 的应用越来越广泛，因而 HTML 在排版和界面效果方面的局限性也就日益暴露出来。为了解决这个问题，起初网页设计人员给 HTML 增加很多的属性，但结果将代码变得十分臃肿，例如，将文本变成图片，并过多地利用 Table 来排版，用空白的图片表示白色的空间等，直到 CSS 的出现才较好地解决了这个问题。

CSS(Cascading Style Sheets，层叠样式表)是网页设计的一个突破，它解决了网页界面排版的难题。可以这样理解，HTML 的标签主要定义网页的内容(content)，而 CSS 则侧重于网页内容如何显示(layout)。借助 CSS 的强大功能，网页设计人员可以设计出丰富多样的网页。

## 3.1.1 样式规则

样式表由样式规则组成，这些规则用于定义文档的样式，即告诉浏览器如何显示文档。CSS 的定义由三个部分构成：选择符(selector)、属性(properties)和属性的取值(value)。其语法格式如下：

```
selector
{
    property1：value;
    property2：value;
    ......
    propertyN：value;
}
```

其中：

✧ selector 是选择符，最普通的选择符就是 HTML 标签的名称。可以用逗号将选择符中的所有元素分开，把一组属性应用于多个元素，这样可以减少样式重复定义，如：

```
h1,h2,h3,h4,h5,h6 { color: green }
p,table{ font-size: 9pt }
```

✧ property1、property2 和 propertyN 为属性名。

✧ value 为对应属性名指定的值。

✧ 每对属性名/属性值后一般要跟一个分号(括号内只有一对名/值的情况除外)。

例如下述 CSS 代码：

```
P{
    font-family:Arial;
    font-size:20pt;
    font-weight:bold;
    color:red;
```

```
    display:block;
}
```

此样式表中定义了一个规则，这个规则指定使用<P>标签修饰的段落应以 20 磅(font-size：20pt)、粗体(font-weight：bold)的 Arial 字体(font-family:Arial)，并将其内容以红色(color:red)显示在块中(display：block)。

**【示例 3.1】**使用内部样式表，演示 CSS 在网页文档中的基本用法和实现效果。

创建一个名为 CSSBaseEG1.html 的页面，其代码如下：

```
<html>
    <head>
        <title>CSS 基础</title>
        <style type="text/css">
                h1 {color:green;font-size:38px;font-family:impact}
        </style>
    </head>
    <body>
        <h1>CSS 样式</H1>
    </body>
</html>
```

上述代码中，通过 CSS 设定了<h1>标题的颜色为 green、字号为 38px、字体族为 impact，并使用<style>标签将 CSS 语句嵌入到 HTML 中。通过 IE 查看该 HTML，结果如图 3-1 所示。

图 3-1　CSS 样式结构

## 3.1.2　选择符

选择符用于定位所要修饰的元素。常用的选择符主要有三类：HTML 选择符、类选择符和 ID 选择符。

### 1. HTML 选择符

任何 HTML 标签都可以是一个 CSS 的选择符。如果指定了某个标签作为选择符，例如，

```
P {text-indent: 3em}
```

上述代码中的选择符是 P，那么引用该样式的网页中所有 P 标签的样式都按照上述样式显示。

### 2. 类选择符

使用类选择符，可以把相同的元素分类定义为不同的样式。对于一篇文章，要求段落的显示有两种对齐方式：要么居中，要么左对齐，这样的情况就可以通过类选择符来实现。定义类选择符时，在自定义类的名称前面加一个点号，其具体语法如下：

```
selector.classname{property1：value;...}
```

其中，classname 用于指定选择符 selector 的区分类名。

【示例 3.2】使用内部样式表定义 CSS，演示类选择符的用法。

创建一个名为 ClassCssEG1.html 的页面，其代码如下：

```
<html>
	<head>
		<title>类样式</title>
		<style type="text/css">
			<!--
				p.left{text-align:left;background-color:yellow}
				p.center{text-align:center}
			-->
		</style>
	</head>
	<body>
		<p class="left">这个段落是左对齐的！</p>
		<p class="center">这个段落是居中对齐的！</p>
	</body>
</html>
```

通过 IE 查看该 HTML，结果如图 3-2 所示。

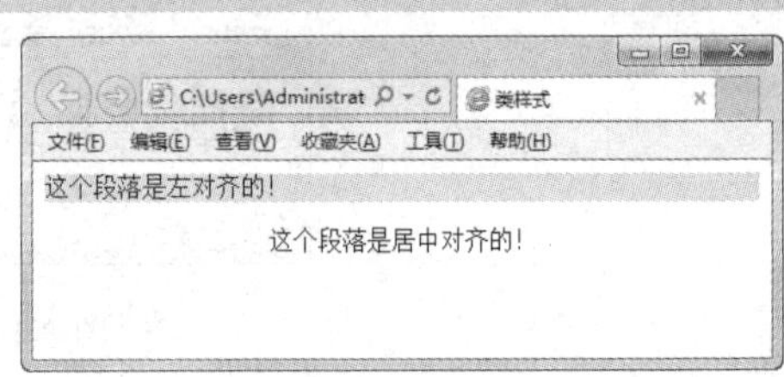


图 3-2　类样式演示 1

使用类选择符时也可以不用指定选择符，直接用“.”加上类名称，这样可以使不同的选择符共享同样的样式，提高了代码的灵活度和复用度。其语法如下：

```
.classname{property1：value;...}
```

【示例 3.3】演示去掉 HTML 选择符后类选择符的用法。

创建一个名为 ClassCssEG2.html 的页面，其代码如下：

```
<html>
	<head>
		<title>类样式</title>
		<style type="text/css">
			<!--
				.left{text-align:left;background-color:yellow}
				.center{text-align:center;color:green}
```

```
                -->
        </style>
    </head>
    <body>
        <p class="left">这个段落是左对齐的！</p>
        <h1 class="center">这个标题是居中对齐的！</h1>
    </body>
</html>
```

上述代码中，在 ClassCssEG1.html 的基础上将两个类样式分别用在了段落和标题上，显示结果如图 3-3 所示。

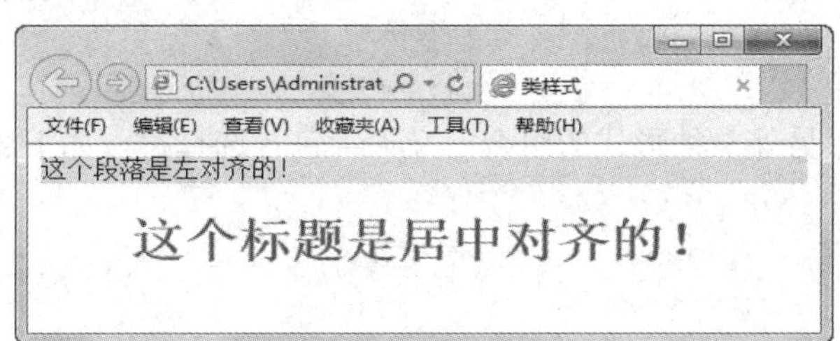


图 3-3　类样式演示 2

### 3．ID 选择符

在 HTML 页面中可以通过 ID 选择符来为某个单一元素定义单独的样式。ID 选择符的语法规则如下：

```
#IDName{ property1：value;...}
```

其中，IDName 指定 ID 选择符的名称。

【示例 3.4】使用内部样式表定义 CSS，演示 ID 选择符的用法。

创建一个名为 CSSBaseEG2.html 的页面，其代码如下：

```
<html>
    <head>
        <title>CSS 基础</title>
        <style type="text/css">
                    #note {color:green;font-size:38px;font-family:impact}
        </style>
    </head>
    <body>
        <h1 id="note">CSS 样式</h1>
    </body>
</html>
```

上述代码中，定义了名为 note 的 ID 选择符，然后在<h1>标签中引用该选择符，效果和图 3-完全相同。

注 意　ID 选择符尽量少用，该选择符具有一定的局限性，因为要引用该选择符必须占用标签的 id 属性，但标签的 id 属性可能用来唯一标识标签对象。

## 3.1.3 选择符的组合

当有多个选择符需要设置相同的属性和属性值时，可以用逗号将选择符隔开进行组合定义，即一次性设置多个选择符的属性和属性值，这样可以减少样式重复定义，具体语法如下：

```
selector1, selector2,...{property1：value;...}
```

如将段落和表格里的文字尺寸设为 9 号字的 CSS 如下：

```
p, table{ font-size: 9pt }
```

上述代码效果完全等效于：

```
p { font-size: 9pt }
table { font-size: 9pt }
```

此处应特别注意另外一种形式的组合定义——包含选择符，如下述 CSS：

```
table a
{
    font-size: 12px
}
```

上述代码中 table 和 a 之间没有通过逗号隔开，该样式定义表格内的链接的文字大小为 12 像素，而表格外的链接的文字仍为默认大小。

**【示例 3.5】**使用内部样式表定义 CSS，演示样式表的组合定义及其效果。

创建一个名为 SelectorGroupEG.html 的页面，其代码如下：

```
<html>
    <head>
        <title>选择符组合</title>
        <style type="text/css">
            <!--
                h1,h2,h3,h4{color:green;font-family:隶书}
            -->
        </style>
    </head>
    <body>
        <h1>标题 h1</h1>
        <h2>标题 h2</h2>
        <h3>标题 h3</h3>
        <h4>标题 h4</h4>
    </body>
</html>
```

通过 IE 查看该 HTML，结果如图 3-4 所示。

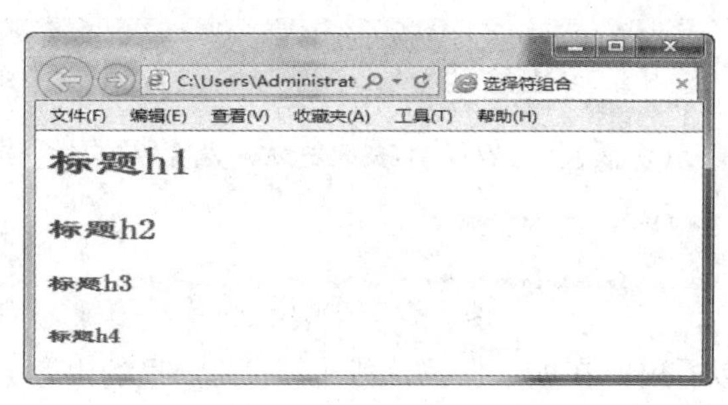


图 3-4　选择的组合样式

### 3.1.4　样式表的继承

CSS 的继承是指被包在内部的标签将拥有外部标签的样式性质。继承特性最典型的应用通常是在网页样式的预设中，即整体布局声明。至于其他样式，只需在个别样式表中定义即可。

**【示例 3.6】**使用内部样式表定义 CSS，演示样式表的继承特性及其效果。

创建一个名为 inherEG.html 的页面，其代码如下：

```
<html>
    <head>
        <title>CSS 继承演示</title>
        <style type="text/css">
            div {color:red;font-size:9pt;font-weight:bold}
            p {color:blue;font-size:20pt;font-style:italic}
        </style>
    </head>
    <body>
        <div>
        <p>
            这是蓝色，20 号字体，斜体、加粗的文字
        </p>
        </div>
        <p>
        <div>
            这是红色，9 号字体，斜体、加粗的文字
        </div>
        </p>
    </body>
</html>
```

通过 IE 查看该 HTML，结果如图 3-5 所示。

图 3-5　样式表继承

通过运行结果可以看出，在如下代码片段中，p 元素里的内容会继承 DIV 定义的属性(加粗)，且当样式表继承遇到冲突时，总是以最后定义的样式为准(蓝色、20 号字体)。

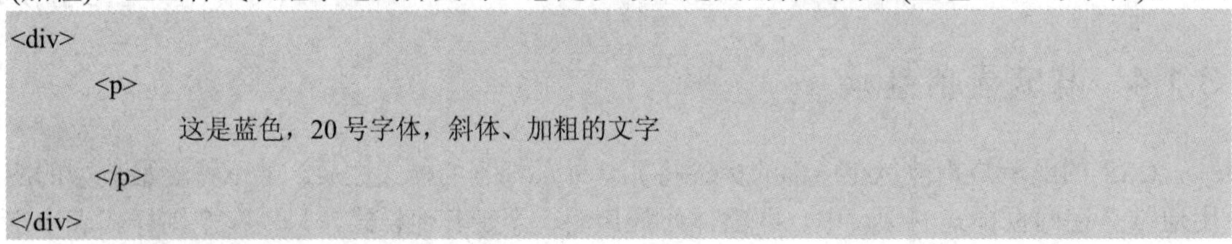

```
<div>
        <p>
                这是蓝色，20 号字体，斜体、加粗的文字
        </p>
</div>
```

## 3.1.5　CSS 的使用方式

上文中讲解了 CSS 的基本语法和用法，但要在浏览器中显示出效果，还需要让浏览器识别并调用。当浏览器读取样式表时，按照文本格式来读取。

在 Web 页面中使用 CSS 的方法有如下三种：

(1) 内嵌样式(Inline Style)；

(2) 内部样式表(Internal Style Sheet)；

(3) 外部样式表(External Style Sheet)。

### 1. 内嵌样式

内嵌样式是指将 CSS 语句混合在 HTML 标签中使用的方式，CSS 语句只对其所在的标签有效，内嵌样式通过所在标签的 style 属性声明。例如，可以将 CSSBaseEG.html 中的 CSS 语句写到<h1>标签中，如下所示：

```
<h1 style="color:green;font-size:38px;font-family:impact">CSS 样式</h1>
```

其显示效果与 CSSBaseEG.html 的效果相同，但不会影响 HTML 文档中的其他<h1>标签。

### 2. 内部样式表

内部样式表是指在 HTML 的<style>标签中声明样式的方式。内部样式表通过<style>标签声明，只对所在的网页有效。CSSBaseEG.html 中的 CSS 语句就是采用内部样式表这种格式，其中设置的样式适用于当前网页中所有的<h1>标签。

注 意

有些低版本的浏览器不能识别 style 标记，这意味着低版本的浏览器会忽略 style 标记里的内容，并把 style 标记里的内容以文本形式直接显示到页面上。为了避免这样的情况发生，在 CSS 语句使用 HTML 注释的方式(<!--CSS 语句 -->)隐藏内容而不让其显示，可参照示例 CSSBaseEG.html 中的写法。

### 3. 外部样式表

外部样式表是指将 CSS 样式表保存成一个独立的文件，然后将该文件引用到网页中的方式。样式表文件名采用后缀“css”，这种方式适合于多个网页需要引用大量相同的 CSS 样式的情况。

**【示例 3.7】**给定 CSS 文件，演示外部样式表的使用。

创建一个名为 EsscssEG.css 的文档作为给定的外部样式表，其代码如下：

```
p{
    font-size: 20px;
    color:yellow;
    background:gray;
}
h1
{
    font-size:28px;
    color:green;
}
```

创建一个名为 EsscssEG.html 的页面，引入上述 CSS，其代码如下：

```
<html>
    <head>
        <title>外部样式表</title>
        <link href="./EsscssEG.css" rel="stylesheet" type="text/css">
    </head>
    <body>
        <h1>这个标题使用了 css 文件中的 h1 样式</h1>
        <h1>这个标题使用了 css 文件中的 h1 样式</h1>
        <h2>这个标题没有使用 css 样式</h2>
        <P>使用 CSS 样式的段落</P>
    </body>
</html>
```

上述代码中，通过 HTML 语言中的<link>标签将 EsscssEG.css 文件引入到网页中。<link>标签定义了当前文档和外部其他文档之间的关系，该标签是空标签，只能位于<head>标签中，其主要属性解释如下：

- ✧ href：被引用样式文件的 URL。
- ✧ rel：指定链接文件的类型，如 rel=“stylesheet”，表示外部文件的类型为 CSS 文件。
- ✧ type：链接文件的内容类型，如 type=“text/css”。

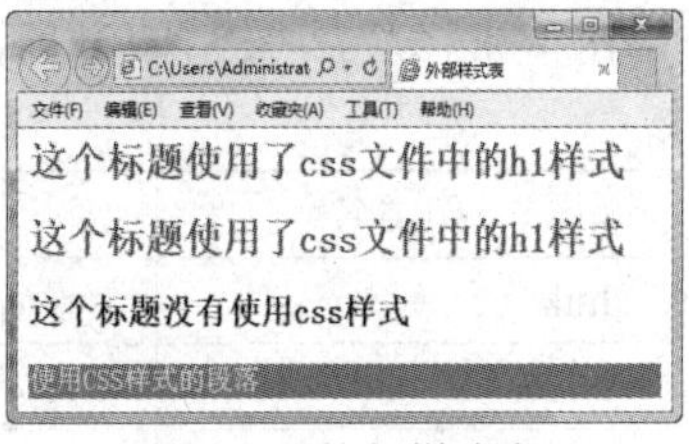

通过 IE 查看该 HTML，结果如图 3-6 所示。

图 3-6　外部样式表

相对于内嵌和内部样式表，使用外部样式表有以下优点：

(1) 样式代码可以复用。一个外部 CSS 文件可以被很多网页共用。

(2) 便于修改。如果要修改样式，只需要修改 CSS 文件，而不需要修改每个网页。

(3) 提高网页显示的速度。如果样式写在网页里，会降低网页显示的速度，如果网页引用一个 CSS 文件，这个 CSS 文件很可能已经在缓存区(其他网页已经引用过它)，网页显示的速度就比较快。

4. 样式表引入的优先级

CSS 第一个字母是 Cascading，意为串联。它是指不同来源的样式可以合在一起，形成一种样式。因此当在同一个网页中同时使用多种方式引入 CSS 样式时，就涉及各种引入方式的优先级问题。

当在同一个网页中同时使用多种方式引入 CSS 样式时，样式采用的优先级从高到低依次是内嵌→内部→外部→浏览器缺省。对于同一选择符，假设内嵌样式中有 font-size:18pt，而内部样式中有 font-size:20pt，那么内嵌样式就会覆盖内部样式。

## 3.2 伪类和伪对象

伪类和伪对象是特殊的类和对象，能自动地被支持 CSS 的浏览器所识别。伪类用于区别不同种类的元素(例如，visited links 表示已访问的链接，active links 表示可激活的链接)，它最大的用处就是可以在不同状态下对链接定义不同的样式效果。伪对象指设置元素的某一部分，例如段落的第一个字母。

### 3.2.1 伪类

伪类的语法是在原有的样式规则语法上加上一个伪类，其语法格式如下：

```
selector: pseudo-class{property1：value;...}
```

上述语法也可以理解为选择符(如 a)在某个特殊状态(visited)下的样式。

伪类在 CSS 中已经定义，因此不能像前面内容中的普通类选择器一样随意命名。最常用的伪类是四种锚标签的伪类。

1. 锚标签的伪类

锚标签有四种状态的伪类，分别为未被访问前、鼠标悬停时、被用户激活时(鼠标已单击但未释放)、被访问过后，具体说明如表 3-1 所示。

表 3-1　锚标签伪类

| 伪类名 | 说　明 |
|---|---|
| link | 设置锚对象在未被访问前的样式 |
| hover | 设置对象在其鼠标悬停时的样式 |
| active | 设置对象在被用户激活(在鼠标单击与释放之间)时的样式 |
| visited | 设置对象在其链接地址已被访问过时的样式 |

【示例 3.8】定义 CSS，演示锚标签伪类的用法。

创建一个名为 PseudoClassEG.html 的页面，其代码如下：

```
<html>
    <head>
        <title>锚伪类</title>
        <style type="text/css">
            <!--
                a:link{font-size:18px;color:black; text-decoration:none}
                a:hover{font-size:28px;color:red;text-decoration:none}
                a:active{font-size:38px;color:gray; text-decoration:none}
                a:visited{font-size:48px;color:blue; text-decoration:underline}
            -->
        </style>
    </head>
    <body>
        <a href="#锚点">转到锚点</a>
        <a name="锚点"><h3>演示锚链接伪类</h3></a>
    </body>
</html>
```

上述代码分别设置了锚标签四种伪类的样式，锚点在未被单击前是正常的状态；当鼠标悬停在上面时字号变为了 28 px，颜色变成了红色；当在激活的过程中时，字号变为了 38 px，颜色变成了灰色；在被单击后，字号变为了 48 px，颜色也变成了蓝色。

通过 IE 查看该 HTML，结果如图 3-7 所示，读者可以在超链接上使用鼠标进行操作以体验锚标签伪类的作用。

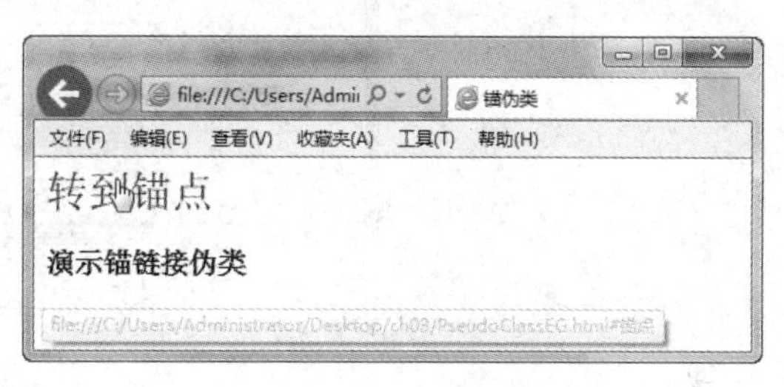


图 3-7　锚标签伪类演示

2．结合类选择符

将锚伪类和类选择符结合使用，可以在同一个页面做出多组不同的链接效果。例如，定义两组链接效果，第一组在单击链接之前为红色，访问后变为蓝色；第二组在单击之前为灰色，访问后变为绿色并且有下划线。

【示例 3.9】定义 CSS，演示锚伪类和类选择符结合的使用及效果。

创建一个名为 PseudoAndClassEG.html 的页面，其代码如下：

```
<html>
    <head>
        <title>锚伪类和类选择符</title>
        <style type="text/css">
            <!--
            a.ClassFst:link{font-size:18px;color:red; text-decoration:none}
            a.ClassFst:visited{font-size:18px;color:blue; text-decoration:none}
            a.ClassSec:link{font-size:18px;color:gray; text-decoration:none}
```

```
            a.ClassSec:visited{font-size:18px;color:green; text-decoration:underline}
            -->
        </style>
    </head>
    <body>
        <a class="ClassFst" href="#锚点 1">转到锚点 1</a><br>
        <a class="ClassSec" href="#锚点 2">转到锚点 2</a><br><br><br>
        <a name="锚点 1"><h3>演示锚链接伪类和类选择符 1</h3></a><br><br><br>
        <a name="锚点 2"><h3>演示锚链接伪类和类选择符 2</h3></a>
    </body>
</html>
```

通过 IE 查看该 HTML，结果如图 3-8 所示，读者可以在超链接上使用鼠标进行操作以体验其作用。

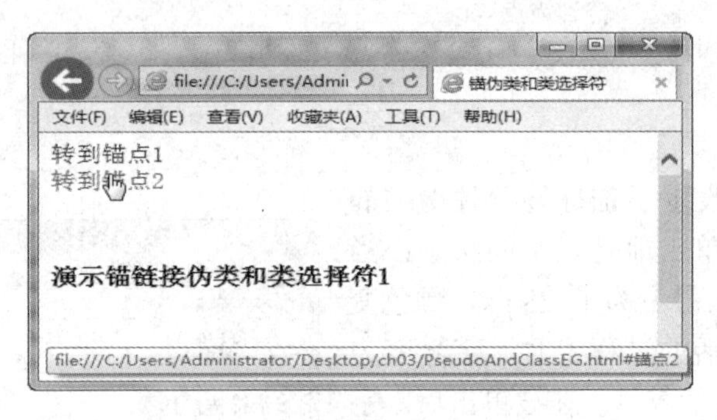


图 3-8　锚伪类和类选择符演示

## 3.2.2　伪对象

与伪类的方式类似，伪对象通过对插入到文档中的虚构元素进行触发从而实现设定的样式。常用的伪对象有首行伪对象和首字母伪对象两种。

### 1. 首行伪对象

首行伪对象(first-line)设置对象内第一行的样式，语法如下：

```
selector:first-line {property:value...}
```

此伪对象仅作用于块标签(如<p>)，要使用该伪对象，必须先设定块标签的 height 或 width 属性，或者设定 position 属性为 absolute，或者设定 display 属性为 block。如果未强制指定块标签的 width 属性，首行的内容长度可能是不固定的。

【示例 3.10】演示首行伪对象的用法。

创建一个名为 FirstLineEG.html 的页面，其代码如下：

```
<html>
    <head>
        <title>伪对象 first-line</title>
        <style type="text/css">
            p:first-line{font-weight:bold;color:green;font-size:150%}
```

```
            </style>
        </head>
        <body>
            <p>
                这是段落的第一行，使用了 First-line 伪元素。
                <br>
                这是段落的第二行。
            </p>
        </body>
</html>
```

上述代码中，将段落的第一行通过首行伪对象将样式设置为：粗体，颜色为 green，字号为标准的 1.5 倍。

通过 IE 查看该 HTML，结果如图 3-9 所示。

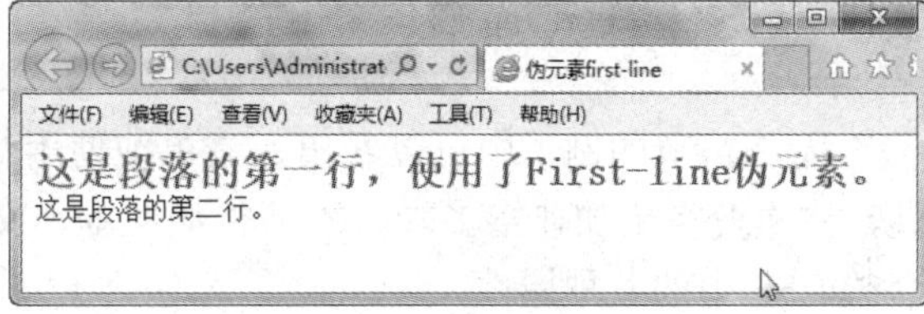


图 3-9 首行伪对象演示

### 2. 首字母伪对象

首字母伪对象(first-letter)设置对象内第一个字母的样式，其语法如下所示：

```
选择符: first-letter {属性:属性值...}
```

此伪对象仅作用于块标签，要使用该伪对象，必须先设定对象的 height 或 width 属性，或者设定 position 属性为 absolute，或者设定 display 属性为 block。

**【示例 3.11】**使用 font-size 属性和 float 属性来制作首字下沉效果，演示首字母伪对象的用法。

创建一个名为 FirstLetterEG.html 的页面，其代码如下：

```
<html>
        <head>
            <title>伪元素 first-letter</title>
            <style type="text/css">
                p:first-letter
                {
                    color:red;
                    font-weight:bold;
                    font-size:150%;
                    float:left
                }
            </style>
        </head>
        <body>
            <p>
                这是段落的第一行，使用了 First-letter 伪元素。
```

```
            </p>
    </body>
</html>
```

上述代码中，将段落的第一个汉字通过首字母伪对象将样式设置为：粗体，颜色为red，字号为标准的1.5倍，文字向对象的左边浮动。

通过IE查看该HTML，结果如图3-10所示。

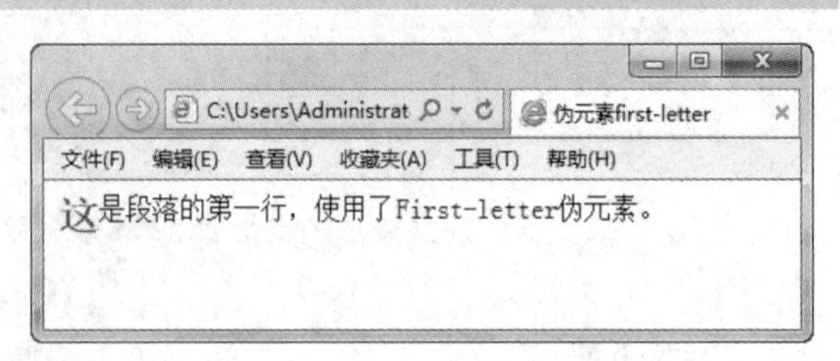


图 3-10　首字母伪对象演示

## 3.3 CSS 样式属性

从 3.2 节的例子中可以看出，与单纯使用 HTML 相比，通过设置不同的样式规则属性，网页变得更加非富多彩。本节将从文本、文字、背景、定位和边框这五个角度来详细介绍 CSS 中的各种属性。

### 3.3.1 文本属性

文本属性主要用于块标签中文本的样式设置，常用的属性有缩进、对齐方式、行高、文字和字母间隔、文本转换和文本修饰等。各属性的功能和取值方式如表 3-2 所示。

**表 3-2　文本属性列表**

| 文本属性 | 功　能 | 取 值 方 式 |
| --- | --- | --- |
| text-indent | 实现文本的缩进 | 长度(length)：可以用绝对单位(cm，mm，in，pt，pc)或者相对单位(em，ex，px)；百分比(%)：相对于父标签宽度的百分比 |
| text-align | 设置文本的对齐方式 | left：左对齐；center：居中对齐；right：右对齐；justify：两端对齐 |
| line-height | 设置行高 | 数字或百分比，具体可参考文本缩进的取值方式 |
| word-spacing | 文字间隔，用来修改段落中文字之间的距离 | 缺省值为 0。word-spacing 的值可以为负数。当 word-spacing 的值为正数时，文字之间的间隔会增大；反之，word-spacing 的值为负数时，文字间距就会减少 |
| letter-spacing | 字母间隔，控制字母或字符之间的间隔 | 取值与文字间隔类似 |
| text-transform | 文本转换，主要是对文本中字母大小写的转换 | uppercase：将整个文本变为大写；lowercase：将整个文本变为小写；capitalize：将整个文本的每个文字的首字母大写 |
| text-decoration | 文本修饰，修饰强调段落中一些主要的文字 | none、underline(下划线)、overline(上划线)、line-through(删除线)和 blink(闪烁) |

【示例 3.12】定义 CSS，演示文本各项属性的用法及效果。

创建一个名为 TextCssEG.html 的页面，其代码如下：

```
<html>
    <head>
        <title>CSS 属性演示</title>
        <style type="text/css">
            /*文本属性设置*/
            p{line-height:40px;word-spacing:4px; text-indent:30px
                ;text-decoration:underline;margin:auto}
        </style>
    </head>
    <body>
        <div>
        <h3>再别康桥</h3>
        <p>
            轻轻的我走了，正如我轻轻的来；
            我轻轻的招手，作别西边的云彩。
            那河畔的金柳。是夕阳中的新娘，
            波光里的艳影，在我的心头荡漾。
        </p>
        </div>
    </body>
</html>
```

上述代码将段落的首行缩进 30px，行高设置为 40px，文字之间的间距为 4px，段落中文字使用下划线进行修饰。

通过 IE 查看该 HTML，结果如图 3-11 所示。

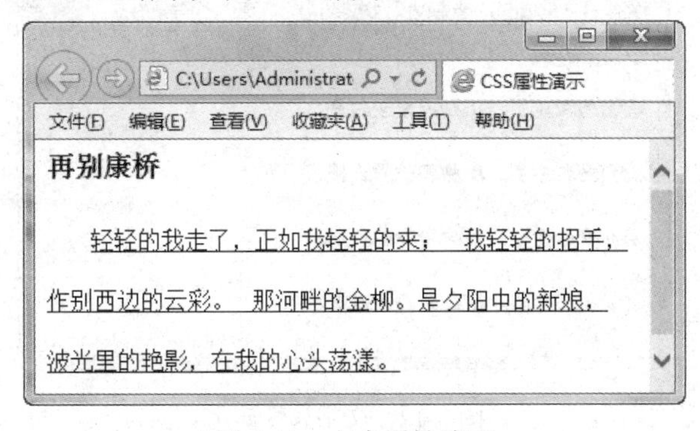


图 3-11　文本属性演示

## 3.3.2　文字属性

CSS 中通过一系列的文字属性来设置网页中文字的显示效果，主要包括文字字体、文字加粗、字号、文字样式。各属性的功能和取值方式如表 3-3 所示。

表 3-3 文字属性列表

| 文字属性 | 功能 | 取 值 方 式 |
|---|---|---|
| font-family | 设置文字字体 | 文字字体取值可以为：宋体、ncursive、fantasy、serif 等多种字体 |
| font-weight | 文字加粗 | normal：正常字体；bold：粗体；bolder：特粗体；lighter：细体 |
| font-size | 文字字号 | absolute-size：根据对象字体进行调节；relative-size：相对于父对象中字体尺寸进行相对调节；length：百分比。由浮点数字和单位标识符组成的长度值，不可为负值。其百分比取值基于父标签中字体的尺寸 |
| font-style | 文字样式 | normal：正常的字体；italic：斜体；oblique：倾斜的字体 |

【示例 3.13】通过设置文字属性来演示文字属性添加后的效果。

创建一个名为 FontCssEG.html 的页面，在<style>标签中加入如下代码：

```
......省略
/*文字属性设置*/
h3{font-family:隶书;font-weight:bolder;color:green;margin:auto}
p{font-size:14px;font-style:italic;color:#8B008B;font-weight:bold}
......省略
```

上述代码中，标题<h3>中文字的字体设置为隶书，文字为粗体，文字的颜色设置为 green；段落(<P>)中文字的字号设置为 14 px，颜色值设置为 #8B008B，并且为斜体、加粗。

通过 IE 查看该 HTML，结果如图 3-12 所示。

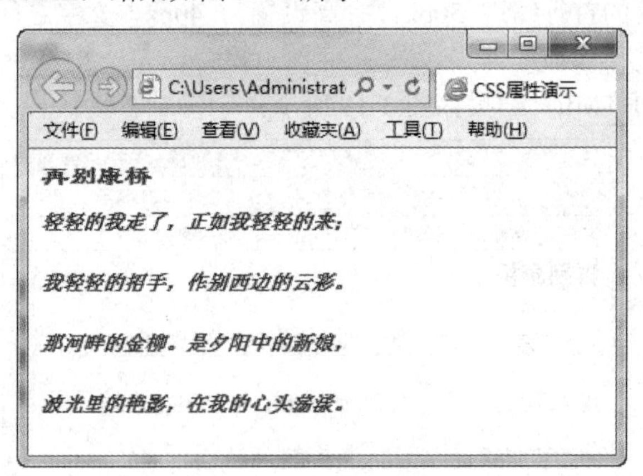


图 3-12 文字属性演示

### 3.3.3 背景属性

CSS 样式中的背景设置共有六项：背景颜色、背景图像、背景重复、背景附加、水平位置和垂直位置。背景属性的功能和取值如表 3-4 所示。

**表 3-4　背景属性列表**

| 背景属性 | 功　能 | 取 值 方 式 |
|---|---|---|
| background-color | 设置对象的背景颜色 | 属性的值为有效的色彩数值 |
| background-image | 设置背景图片 | 可以通过为 url 指定值来设定绝对或相对路径指定网页的背景图像，例如，background-image:url(xxx.jpg)，如果没有图像其值为 none |
| background-repeat | 背景平铺，设置指定背景图象的平铺方式 | repeat：背景图像平铺(有横向和纵向两种取值：repeat-x：图象横向平铺；repeat-y：图象纵向平铺)；norepeat：背景图像不平铺 |
| background-attachment | 背景附加，设置指定的背景图像是跟随内容滚动，还是固定不动 | scroll：背景图像随内容滚动；fixed：背景图像固定，即内容滚动图像不动 |
| background-position | 背景位置，确定背景的水平和垂直位置 | 左对齐(left)、右对齐(right)、顶部(top)、底部(bottom)和值(自定义背景的起点位置，可对背景的位置做出精确的控制) |
| background | 该属性是复合属性，即上面几个属性的随意组合，用于设定对象的背景样式 | 该属性的取值实际上对应上面几个具体属性的取值，如background:url(xxx.jpg)等价于background-image:url(xxx.jpg)。该属性的默认值为：transparent none repeat scroll 0% 0%，等价于 background-color: transparent;<br>background-image: none;<br>background-repeat: repeat;<br>background-attachment: scroll;<br>background-position: 0% 0%; |

【示例 3.14】通过背景属性为页面增加背景图片。

创建一个名为 BackGroundEG.html 的页面，在<style>标签中加入如下代码：

```
......省略
/*背景属性设置*/
body{
        body{background:url(images/background.jpg) no-repeat}
    }
......省略
```

通过 IE 查看该 HTML，结果如图 3-13 所示。

图 3-13　背景属性演示

### 3.3.4 定位属性

定位属性主要从定位方式、层叠顺序、与父标签的相对位置三个方面来设置。各属性的功能和取值方式如表 3-5 所示。

表 3-5 定位属性列表

| 定位属性 | 功能 | 取值方式 |
|---|---|---|
| position | 定位方式，设置对象的是否定位，以及定位的方式 | static：无特殊定位；relative：对象不可层叠，但将依据 left、right、top、bottom 等属性在正常文档流中偏移位置；absolute：将对象从文档流中拖出，使用 left、right、top、bottom 等属性进行绝对定位 |
| z-index | 设置对象的层叠顺序 | auto：遵循其父对象的定位；自定义数值：无单位的整数值，可为负值 |
| top 、 right 、 bottom、left | 父对象的相对位置 | auto：无特殊定位，自定义数值：由浮点数字和单位标识符组成的长度值，或者百分数。必须定义 position 属性值为 absolute 或者 relative，此取值方可生效 |

注 意

如果两个绝对定位对象的 z-index 具有同样的值，那么将依据它们在 HTML 文档中声明的顺序来决定其层叠顺序。

【示例 3.15】通过设置 DIV 的定位属性来演示其用法及效果。

创建一个名为 PositionCssEG.html 的页面，其代码如下：

```
<html>
<head>
    <title>Position 属性演示</title>
</head>
<body>
    <div id="div1"style="position:absolute;background-color:#66CCFF;
        border:#000000; width:50px; height:80px">
        DIV1
    </div>
    <div id="div2" style="position:relative;top:50px;left:50px;
        background-color:#CCCCCC;border:#FFFFCC; width:50px;
        height:80px">
        DIV2
    </div>
</body>
</html>
```

上述代码中分别定义了 div1 和 div2 两个 DIV，其中 div1 的 position 属性设置为“absolute”，此时 div1 的位置为其默认的初始位置，而 div2 的 position 属性设置为“relative”，并设置其 top 和 left 属性，其位置是在初始位置的基础上按照 top 和 left 设定

的值进行了偏移。

通过 IE 查看该 HTML，结果如图 3-14 所示。

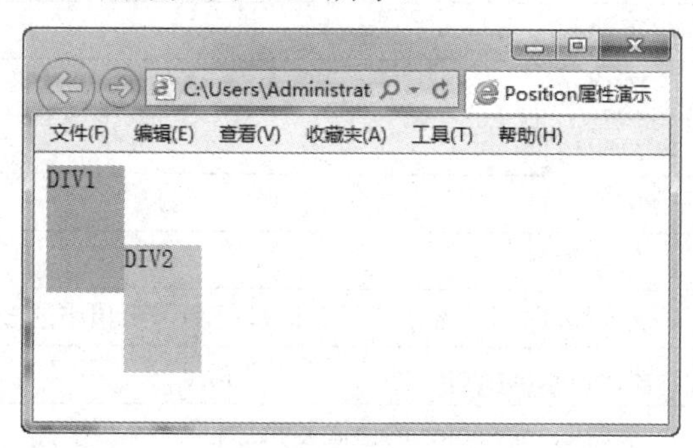


图 3-14　定位属性演示

## 3.3.5　边框属性

边框属性用来设置对象边框的颜色、样式和宽度。在设置对象的边框属性时，必须首先设定对象的高度和宽度，或设定对象的 position 属性为 absolute。下面分别对边框颜色、边框样式和边框宽度进行解释。

### 1. 边框颜色

用于设定边框的颜色(border-color)。颜色的设置有四个参数，根据赋值个数的不同，会有以下几种情况：

(1) 如果在设定颜色时提供四个颜色参数，将按上→右→下→左的顺序作用于四个边框。

(2) 如果只提供一个颜色参数，则应用于四个边框。

(3) 如果提供两个参数，第一个用于上、下边框，第二个用于左、右边框。

(4) 如果提供三个参数，第一个用于上边框，第二个用于左、右边框，第三个用于下边框。

下述代码分别说明了上述四种情况。

```
//作用于上、右、下、左四个边框
body { border-color: silver red blue black;}
//默认作用于四个边框，四个边框的颜色为银白色
body { border-color: silver; }
//silver 颜色用于上下边框,red 颜色用于左右边框
body { border-color: silver red; }
//silver 用于上边框，red 用于左右边框，black 用于下边框
body { border-color: silver red black;}
```

### 2. 边框样式

用于设定边框的样式(border-style)。边框样式同样有四个参数，赋值方式与边框颜色相同，在此不再赘述。CSS 中提供的边框样式具体如表 3-6 所示。

表 3-6　边 框 样 式

| 边框样式 | 说　明 |
|---|---|
| none | 无边框 |
| hidden | 隐藏边框 |
| dotted | 点线边框 |
| dashed | 虚线边框 |
| solid | 实线边框 |
| double | 双线边框，两条单线与其间隔的和等于指定的 border-width 值 |
| grove | 根据 border-color 的值画 3D 凹槽 |
| ridge | 根据 border-color 的值画菱形边框 |
| inset | 根据 border-color 的值画 3D 凹边 |
| outset | 根据 border-color 的值画 3D 凸边 |

### 3. 边框宽度

用于设定边框的宽度(border-width)，宽度的取值为关键字或自定义的数值。边框宽度同样有四个参数需要赋值，赋值方式与边框颜色相同，在此不再赘述。宽度取值的三个关键字如下：

(1) medium：默认宽度；

(2) thin：小于默认宽度；

(3) thick：大于默认宽度。

上述三种属性对单个边框使用时，只需加上边框的位置即可。例如要对 top 边框设置 width 属性可以进行如下设置：

```
border-top-width:自定义数值
```

【示例 3.16】设置页面中两个 DIV 的边框属性来演示其用法及效果。

创建一个名为 PositionCssEG2.html 的页面，其代码如下：

```
<html>
<head>
    <title>Position 属性演示</title>
<style type="text/css">
    .div1{
        border:2px solid #000000;
    }
    .div2{
        border:1px dotted #CC0000;
    }
</style>
</head>
<body>
    <div id="div1" class="div1" style="position:absolute;
```

```
            background-color:#66CCFF; width:50px; height:80px">
            DIV1
        </div>
        <div id="div2" class="div2" style="position:relative; top:50px; left:50px;
            background-color:#CCCCCC; width:50px; height:80px">
            DIV2
        </div>
</body>
</html>
```

上述代码分别设置了两个 DIV 标签边框的宽度、样式和颜色。

通过 IE 查看该 HTML，结果如图 3-15 所示。

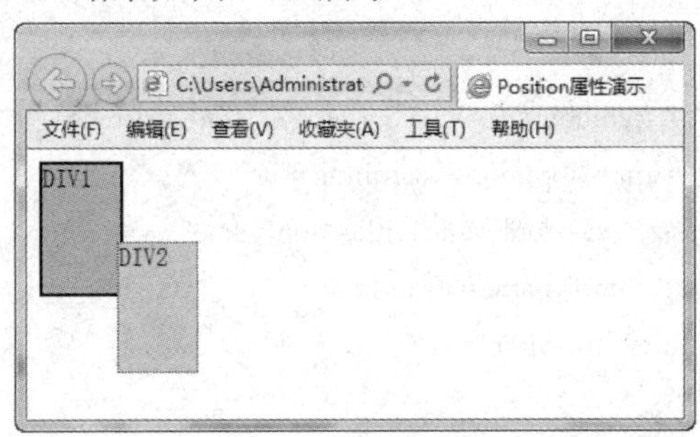


图 3-15　边框样式演示

## 3.3.6　CSS 页面美化

在了解了 HTML 和 CSS 之后，可以运用相关知识设计较为复杂而美观的网页。本小节将实现网上书店系统中后台管理部分的图书管理页面，如图 3-16 所示。

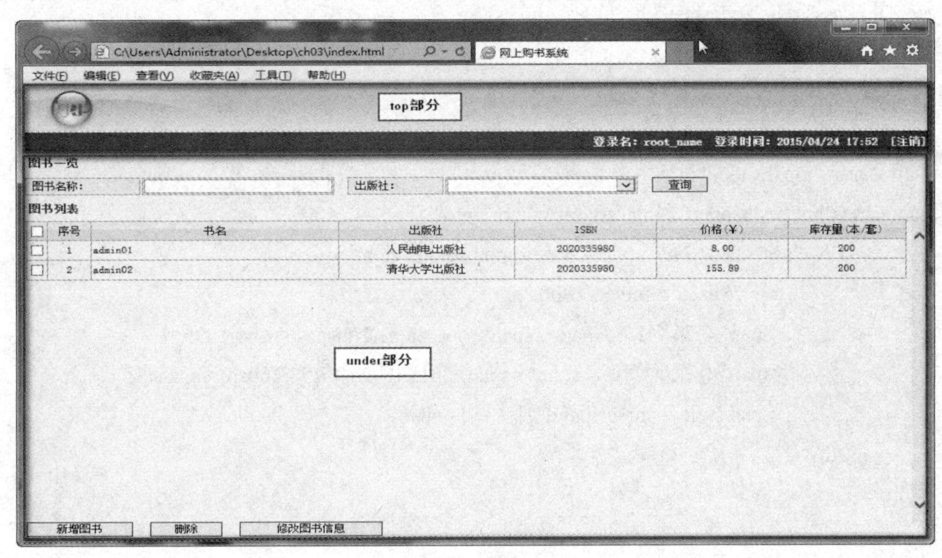


图 3-16　图书管理页面

首先要对图 3-16 中显示的页面进行结构分析，利用 HTML 语言中的<frameset>将页面分为上下两个部分：

(1) top 部分：用于显示页面的 Logo 和登录信息。

(2) under 部分：本页面的主要部分，用于显示图书列表，并且包含了本页面的主要功能，即增、删、改、查。

因此需要用框架集页面、top、under 共三个 HTML 文档来构建本页面，在此分别命名为 index.html、top.html 和 bookManage.html。

其中 index.html 用于对页面进行框架的划分，其代码如下：

```
<html>
<head>
    <title>网上购书系统</title>
</head>
<frameset rows="80,*" cols="*" frameborder="no" border="0" framespacing="0">
    <frame src="top.html" name="topFrame" scrolling="no"
        noresize="noresize" id="topFrame" title="topFrame" />
    <frame src="bookManage.html" name="frmMain"
        id="frmMain" title="frmMain"/>
</frameset>
<noframes><body></body></noframes>
</html>
```

上述代码将页面的 top 部分与 top.html 文档关联，under 部分与 bookManage.html 关联。top.html 的代码如下：

```
<html>
<head>
<link type="text/css" rel="stylesheet" href="css/mp.css"/>
<title>网上购书系统</title>
</head>
<body topmargin="0px">
    <div class="top_header">
    <img src="images/banner01.jpg" style="cursor:auto"/>
        <div class="headfont" style="position: absolute; right: 1px;
            top: 58px;  z-index: 1000;">
            <span>登录名：</span><span>root_name </span>
            <span>登录时间：</span><span>2015/04/24 17:52 </span>
            <span style="cursor:hand">[注销]</span>
        </div>
    </div>
</body>
</html>
```

top.html 页面主要显示本系统的 Logo 和当前登录系统的用户的信息，在引入了

top.html 文档后，index.html 的显示结果如图 3-17 所示。

图 3-17　导入 top 部分

该框架页的主要页面是图书管理页面 bookManage.html，其代码如下：

```
<html>
<head>
<TITLE>网上购书系统</TITLE>
<link type="text/css" rel="stylesheet" href="css/mp.css">
<link type="text/css" rel="stylesheet" href="css/examples.css">
</head>
<body scroll="no">
<form name="JSGLForm"
            method="post" action="/bookstore/bookquery.html?method=init">
    <table width="100%" height="100%" border="0"
            cellspacing="0" cellpadding="0">
            <tr style="height: 2%">
                <td>
                    <table border="0" width="100%" align="center">
                        <tr>
                            <td class="title_td">图书一览</td>
                        </tr>
                    </table>
                </td>
            </tr>
            <tr style="height: 96%">
                <td>
                    <table width="70%">
                        <tr>
                            <td width="12%"   class="item_td">
```

```
                     图书名称：
                </td>
                <td class="input_td" style="width:20%">
                    <input type="text" name="bookName"
                    value="" style="width:100%"
                    class="input_input" size="30">
                </td>
                <td style="width: 1%"> 
                </td>
                <td width="10%" class="item_td" >
                 出版社： </td>
                <td width="20%" class="input_td" >
                    <select name="roleTypeSelect"
                        style="width: 100%"
                        class="input_drop">
                        <option value=""></option>
                        <option value="00">
                        人民邮电出版社</option>
                        <option value="01">
                        清华大学出版社</option>
                        <option value="02">
                        电子工业出版社</option>
                </select>
                </td>
                <td style="width: 1%"> </td>
                <td width="29%">
                    <button id="btnSearch"
                        name="btnSearch"
                        style="width: 20%">
                        查询
                    </button>
                </td>
        </tr>
    </table>
    <table border="0" width="100%" align="center">
    <tr style="height: 1px" class="">
                <td class="title_td">
        图书列表 </td>
    </tr>
    </table>
```

```
<div style="position:absolute; left:0px; bottom:1px;
        z-index:1000; width:40%;"  id="excel">
        <table style="width:100%">
                <tr>
                        <td style="cursor:hand;">
                                <button style="width:30%">
                                        新增图书
                                </button>
                                 
                                <button style="width:20%">
                                        删除
                                </button>
                                 
                                <button style="width:40%">
                                        修改图书信息
                                </button>
                        </td>
                </tr>
        </table>
</div>
<div class="list_div" style="height:87%">
        <table border="0" align="left" cellspacing="0"
                class="list_table" id="senfe"
                style='width:99%'>
                <thead>
                        <tr>
                        <th width="2%">
                                        <input type="checkbox"
                                                name="checkAll">
                                </th>
                                <th width="5%">
                                <span style="font-weight: 400">
                                序号</span>
                                </th>
                                <th width="28%">
                                <span style="font-weight: 400">
                                书名</span>
                                </th>
                                <th width="20%">
                                <span style="font-weight: 400">
```

```
                    出版社</span>
                    </th>
                    <th width="16%">
                    <span style="font-weight: 400">
                    ISBN</span>
                    </th>
                    <th width="15%">
                    <span style="font-weight:400">
                    价格(￥)</span>
                    </th>
                    <th width="">
                    <span style="font-weight:400">
                    库存量(本/套)</span>
                    </th>
                </tr>
            </thead>
            <tbody>
                <tr>
                    <td align="center" width="1%">
                        <input type="checkbox"
                            name="userId"
                            value="bb3cc5c5a72345
                            6c9a59d56093b162ff"
                            class="input_radio">
                    </td>
                    <td align="center">1</td>
                    <td>admin01</td>
                    <td align="center">
                        人民邮电出版社</td>
                    <td align="center">
                        2020335980</td>
                    <td align="center">8.00</td>
                    <td align="center"
                        nowrap="nowrap">200</td>
                </tr>
                <tr>
                    <td align="center" width="1%">
                        <input type="checkbox"
                            name="userId"
                            value="bb3cc5c5a72345
```

```
                                            6c9a59d56093b162ff"
                                            class="input_radio">
                                    </td>
                                    <td align="center">2</td>
                                    <td>admin02</td>
                                    <td align="center">
                                        清华大学出版社</td>
                                    <td align="center">
                                        2020335980</td>
                                    <td align="center">155.89</td>
                                    <td align="center"
                                        nowrap="nowrap">200</td>
                                </tr>
                            </tbody>
                        </table>
                    </div>
                </td>
            </tr>
            <tr height="20px"valign="bottom">
                <td></td>
            </tr>
        </table>
</form>
</body>
</html>
```

## 本 章 小 结

通过本章的学习，学生应该能够学会：

✧ CSS 样式表能实现内容与样式的分离，方便团队开发。

✧ 样式表的规则由选择器和属性设置组成。

✧ 选择器可以是类选择器、ID 选择器和 HTML 选择器。

✧ 可以用逗号将选择符隔开进行组合定义，以便同时设置多个选择符的属性和属性值。

✧ CSS 的继承是指被包在内部的标签将拥有外部标签的样式性质。

✧ 当样式表继承遇到冲突时，总是以最后定义的样式为准。

✧ 在页面内使用 CSS 时可以采用内嵌样式表、内部样式表或外部样式表三种方式。

✧ 当在同一个网页中同时使用多种方式引入 CSS 样式时，样式采用的优先级从高到低依次是内嵌→内部→外部→浏览器缺省。

- ✧ 锚标签有四种状态的伪类：link、hover、active、visited。
- ✧ 伪对象通过对插入到文档中的虚构元素进行触发从而实现设定的样式。
- ✧ 常用的 CSS 样式属性有文本属性、文字属性、背景属性、定位属性、边框属性等。
- ✧ 常用的设置文字样式的属性有 font-size、font-family、font-style、text-align 等。
- ✧ 常用的设置背景及颜色的属性有 background、background-image、background-color 等。

## 本章练习

1．下列样式的写法正确的是______。(多选)

A．html {color : red}　　B．.xyz {color : blue}

C．#abc {color : yellow}　　D．div , table a {color : white}

2．下列代码运行后的显示效果为______。

```
<style>
    #s{color:orange}
    div{color:red}
    span{color:blue}
    span a{color:green}
</style>
<div id="s">
    内容 1
    <span>
        内容 2
        <a>内容 3</a>
    </span>
</div>
```

A．“内容 1”橙色，“内容 2”蓝色，“内容 3”蓝色

B．“内容 1”红色，“内容 2”蓝色，“内容 3”蓝色

C．“内容 1”红色，“内容 2”蓝色，“内容 3”绿色

D．“内容 1”橙色，“内容 2”蓝色，“内容 3”绿色

3．指定文字为斜体使用的样式是______。

A．font-family　B．font-size　C．font-style　D．font-weight

4．边框的粗细通过______指定。

A．border-weight　B．border-size　C．border-style　D．border-width

5．当页面上通过三种方式引入样式后，从低到高的优先级顺序为______。

A．内嵌样式，内部样式，外部样式　B．内部样式，内嵌样式，外部样式

C．外部样式，内部样式，内嵌样式　D．外部样式，内嵌样式，内部样式

6．定义 a 标签的四种伪类，分别使用不同的颜色，无下划线。

# 第4章 页面布局

## 本章目标

- 了解层的概念及应用
- 熟练使用<DIV>标签
- 掌握表格布局技术及其优缺点
- 掌握框架布局及其优缺点
- 熟练使用 Dreamweaver 来创建框架
- 熟练使用 Dreamweaver 设置框架属性并保存框架
- 掌握 DIV+CSS 布局技术

# 4.1 DIV 层

<div>标签也称为区隔标签，为 HTML 文档内大块(block-level)的内容提供结构和背景的设置，其主要作用是用于设定文字、图片、表格等的摆放位置。当把文字，图片等放在<div>标签中时，该标签被称为“DIV 块”或“DIV 元素”或“DIV 层”。

<div>标签将 HTML 文档划分为独立的、不同的部分，使用<div>标签可以对 HTML 文档进行严格组织，并且使其相互之间没有任何关联。<div>标签是通过 CSS 进行定位的。其实，在网页中利用 HTML 来定位文字和图像比较困难，虽然可以采用表格标签来定位，但是因浏览器的不同会使显示的结果发生变化，这种方式并不能保证定位的精确性。因此使用 CSS 和 DIV 可以很好地解决图像或文字定位的难题，通过 DIV 和 CSS 结合使用，网页设计人员可以精确地设定内容的位置，还可以将定位的内容上下叠放。

注 意

如果单独使用<div>标签，而不加任何 CSS 样式修饰，那么它在网页中的效果和使用段落标签<p></p>的效果是相同的。

**【示例 4.1】**通过使用 CSS 的定位属性演示 DIV 层的创建效果。

创建一个名为 DivEG.html 的页面，其代码如下：

```
<html>
<head>
        <title>DIV 创建层</title>
        <style type="text/css">
                <!--
                        div
                        {
                                position:absolute;left:3px;top:4px;width:300px;
                                z-index:-1;
                                background-color:gray;font-size:14px;color:yellow;
                        }
                -->
        </style>
</head>
<body>
        <div>
                <h3>三级标题，位于 DIV 层中</h3>
                <p>DIV 层中的段落</p>
        </div>
        <p> </p>
        <p> </p>
        <p>DIV 层外的段落</P>
```

```
</body>
</html>
```

上述代码中，<div>标签内是层的内容，包括标题<h3>和段落<p>，因此这两个元素的内容将采用<div>标签的样式。此外，在 CSS 样式中，将“z-index”属性值设置为“–1”，表示 DIV 层位于页面的下一层，如果不采用该属性，DIV 层之外的内容将会被覆盖，在页面上就不会被看到。

通过 IE 查看该 HTML，结果如图 4-1 所示。

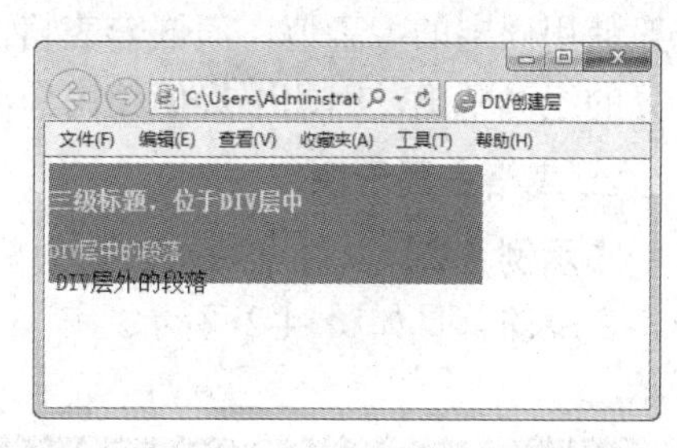


图 4-1　DIV 创建层

# 4.2　页面布局

网页设计既是一门技术也是一门艺术，这是因为网页展现在浏览者面前时，既要考虑浏览者获取的信息，也要考虑阅读信息时的心情和感受。网页中的信息包括文字、图片和动画等诸多元素，因此在页面布局方面必须要综合考虑，以达到良好的预期效果。

所谓页面布局，就是将网页中的各个版块有效组织并放置在合适的位置。页面布局一般分为以下三种：

(1) 表格布局；

(2) 框架布局；

(3) DIV+CSS 布局模式。

其中，表格布局和 DIV+CSS 布局模式是目前最常用和最流行的。

## 4.2.1　表格布局

在网页设计中，用表格显示数据只是表格功能的一部分，现在表格在网页中更多的是用于网页的布局，其优势在于可以有效地定位网页中不同的元素，结构清晰。

### 1. 表格布局规则

使用表格布局一般要遵循以下原则：

(1) 不要把整个网页当成一个大表格，尽可能使用多个表格进行分块。因为一个大表格的内容要全部加载后才会显示，这样会降低页面的响应速度和效率。此外，单元格在调整时不够方便，往往在调整局部的单元格时，会对其他的单元格产生联动的效果，违背了调整的初衷。最常见的是将网页分为上、中、下三部分，上部分用于处理网页的 Logo、Banner、Menu 等内容；中间部分处理页面的主要内容即信息主体；下部分用于放置有关的声明、版权信息等。这三部分的内容可以使用三个或三个以上的表格进行处理。

(2) 使用嵌套表格。嵌套表格就是在一个单元格内插入另一个表格。放置嵌套表格的单元格，通常设置其垂直对齐方式为“顶端对齐”。嵌套表格作为相对独立的表格，控制十分方便，这也是使用表格布局的常用方法，但是一般不宜超过三层，一旦表格嵌套过多则会影响浏览器的响应速度，并且不易于后期维护。

(3) 表格的边框。当用表格布局时，表格的边框宽度一般设置为 0。最外层表格宽度一般使用固定的像素值，而嵌套表格的宽度则使用百分比来设定，如果使用像素值则需要计算的绝对精确，因此不提倡使用像素值。

2. 表格布局示例

【示例 4.2】以百度网站首页为例，通过 Dreamweaver CS6 来演示表格布局的实现步骤。百度的首页如图 4-2 所示。该首页可划分为上、中、下三部分，划分的结构如图 4-3 所示。

图 4-2　百度首页

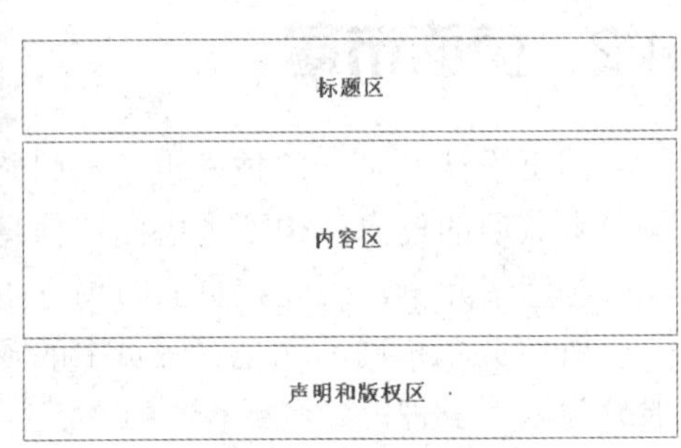


图 4-3　百度页面区域划分

使用 Dreamweaver CS6 实现该布局的步骤如下：

(1) 绘制布局表格。在设计视图模式下，单击“表格”图标，弹出“表格”对话框；在表格对话框中设置好表格的行数、列数、表格宽度等信息，如图 4-4 所示。

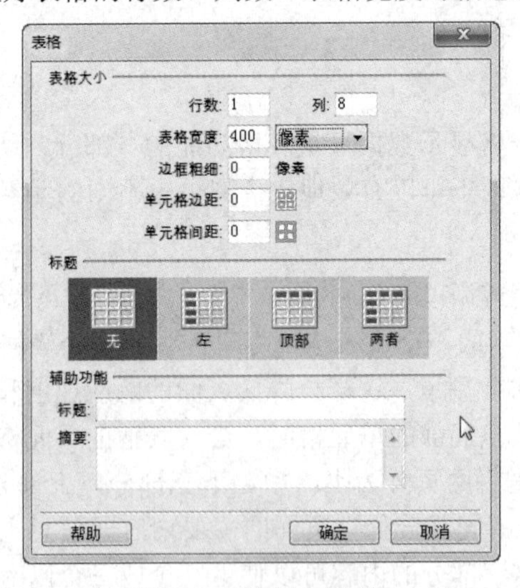


图 4-4　绘制布局表格

(2) 设置表格属性。以百度首页的标题栏为例，百度首页的标题栏在浏览器的右上角，通过表格属性可以设置表格的对齐方式是右对齐，如图 4-5 所示。

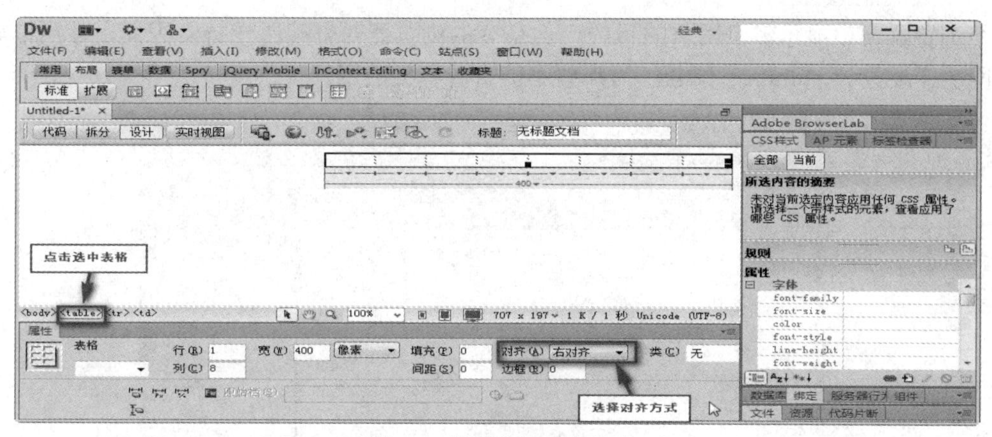


图 4-5　设置表格对齐方式

(3) 设置单元格属性。每个标题都是一个超链接，需要设置表格单元格里面的内容为超链接，可以通过设置单元格属性来实现，如图 4-6 所示。

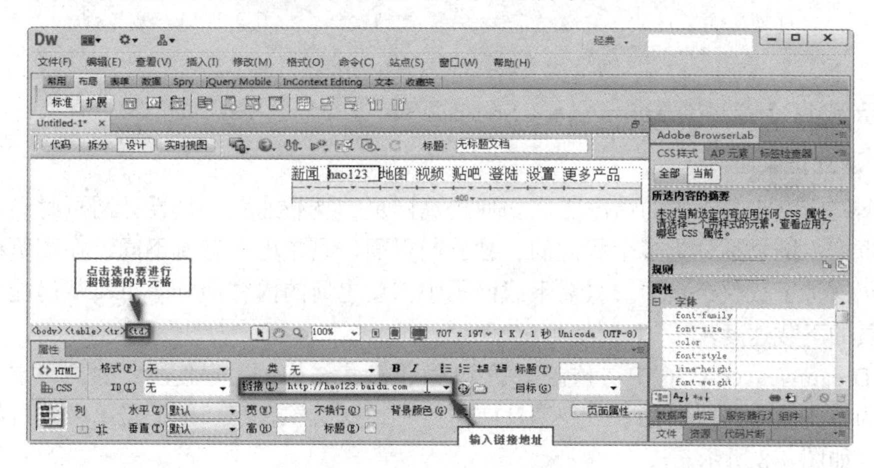


图 4-6　设置单元格属性

(4) 在浏览器显示效果。按照上述三部分完成剩余区域的表格布局，在 Dreamweaver CS6 中按“F12”键或者单击 图标选择“预览在 IExplore”，即可在浏览器中查看效果，最终的显示效果与图 4-2 所示效果图相同。

注 意　使用表格布局的优点是布局容易、快捷而且兼容性好，但是其缺点也显而易见，如改动不方便，彼此之间容易受影响，一旦需要调整则工作量会很大。表格布局适合应用于内容或数据整齐的页面。

## 4.2.2　框架布局

框架是另一种常用的网页布局排版工具。框架结构就是把浏览器窗口划分为多个区域，每个区域都可以分别显示不同的网页。如图 4-7 所示，该页面使用一个包含了左右两个框架页的框架集。

框架最常见的用途是导航，在使用了框架以后，用户的浏览器不需要为每个页面重新加载与导航相关的图形。而且每个框架可以独立设计，具有独立的功能和作用，可以实现一个浏览器窗口显示多个网页的目的。但是有的浏览器对框架不支持，因此，使用框架设计网页需要设计 noframes 部分，为那些不能查看框架的用户提供支持。

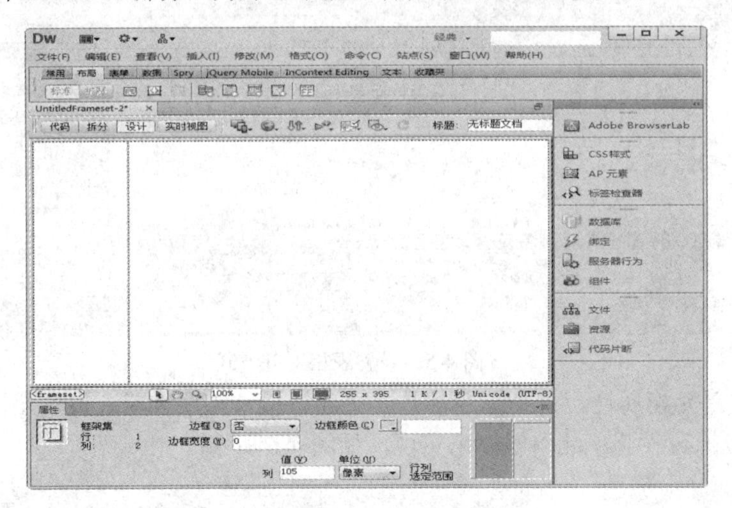


图 4-7　Dreamweaver 中的框架示例

【示例 4.3】通过 Dreamweaver CS6 来演示框架布局的实现过程。

### 1. 建立框架

在网络带宽十分有限的情况下，如何提高网页的下载速度，是设计网页时必须考虑的问题。框架将网页划分为多个相同的、独立的页面，只是内容有所不同，在浏览框架时，便无需每次都下载整个页面，只需下载网页中需要更新的内容部分即可，从而能够极大地提高网页的下载速度。

在 Dreamweaver CS6 中，预定义了 13 种框架集结构供用户使用。建立预定义框架集的操作为单击菜单栏中“插入”→“HTML”→“框架”命令，在子菜单中单击相应的框架样式，如图 4-8 所示。

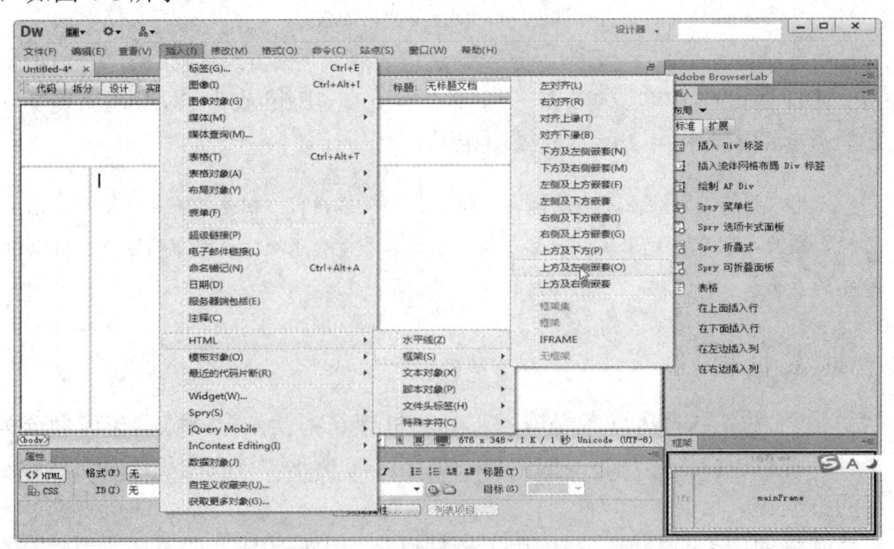

图 4-8　通过菜单栏创建框架集

### 2. 框架模板

建立完框架后，要对框架和框架集进行编辑。在 Dreamweaver CS6 中提供了框架模板，在框架模板可以直接选中框架集并对其进行编辑，操作步骤如下所示：

(1) 打开框架模板。单击菜单栏中“窗口”→“框架”命令，打开框架模板，如图 4-9 所示。在模板中标识了每个框架的名称。

图 4-9 框架模板

(2) 框架模板的基本操作。

- ✧ 选择框架集：在框架模板中单击最外层的边框，使其出现粗黑边显示，则选中了框架集。如图 4-10 所示，则选中了框架集。
- ✧ 选择框架：在框架模板中单击要选择的框架，当出现细黑边时，则表示选中了框架。如图 4-11 所示，则选中了主要内容框架。

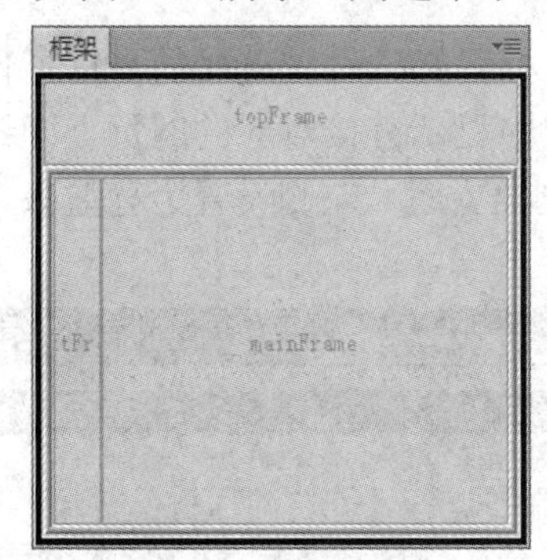


图 4-10 选择框架集

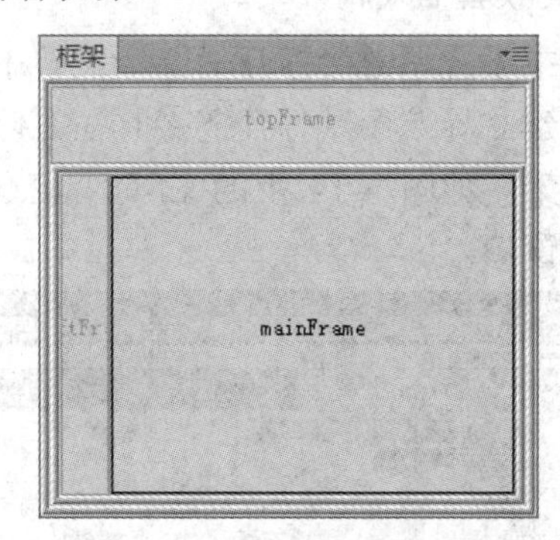


图 4-11 选择 mainFrame 框架

### 3. 设置框架的属性

(1) 设置框架集属性。选中框架集，打开框架集属性，如图 4-12 所示。

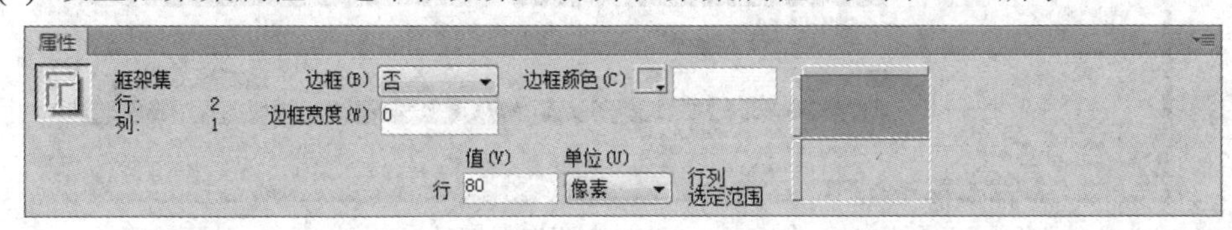


图 4-12 框架集属性

(2) 设置框架属性。选择框架后(如选择顶部框架)，打开框架属性，如图 4-13 所示。

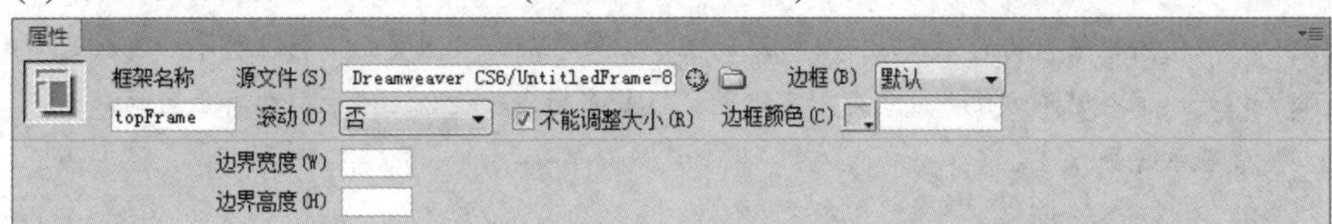


图 4-13 框架属性

框架名称必须以字母开头，不能使用 JavaScript 的保留字，不能包括空格、句点和连字符。

#### 4．保存框架

框架页也是网页，设计者在建立框架页后，可以像在普通网页一样添加文本、图像、背景图像和动画等各种网页元素以及各种编辑操作。框架集网页制作完毕，在预览和关闭前要对框架集和所有的框架文件进行保存。

(1) 保存框架集的操作。在框架模板中，选中要保存的框架集；单击菜单栏中的“文件”→“保存框架页”命令；在打开的“另存为”对话框中，设置保存位置和文件名，并单击“保存”按钮，保存框架集网页。

(2) 保存框架的操作。定位光标在要保存的框架内，或在框架模板中选择要保存的框架；单击菜单栏中的“文件”→“保存框架”命令，在打开的“另存为”对话框中，设置保存位置和文件名，并单击“保存”按钮，保存框架。

注 意

单击菜单“文件”→“保存全部”命令，系统将对当前框架与框架集依次进行保存。

#### 5．设置嵌套框架属性

在框架中设置超链接打开另一个框架中的文档时必须设置链接的目标窗口。例如，在左侧框架中建立导航条，打开链接时在右侧框架中显示链接对应的网页，即链接的目标窗口为右侧框架。如图 4-14 中的 CSDN 论坛的框架页面，左侧设置为导航条，右侧为链接打开的目标窗口。

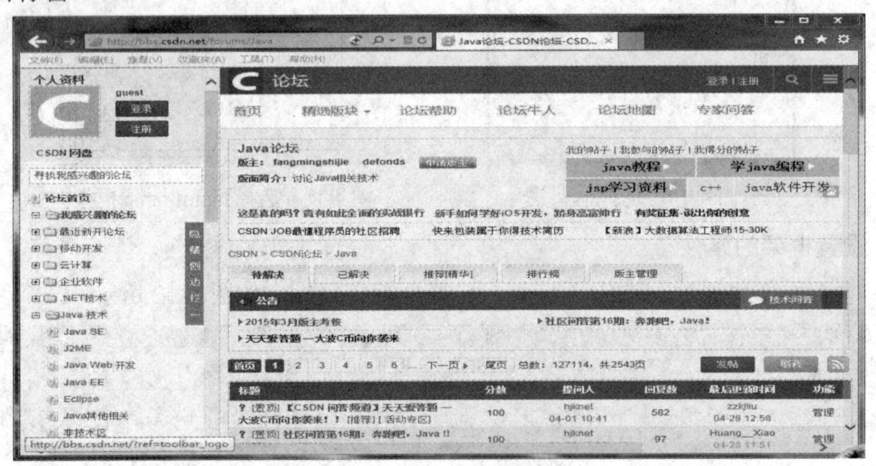


图 4-14　设置嵌套框架属性

在图 4-14 中，当点击“Java Web 开发”链接时，对应的页面在右侧主窗口打开。

注 意

使用框架布局的优点是：支持滚动条，方便导航，节省页面下载时间等。缺点是：兼容性不好，保存时不方便，应用范围有限等。框架布局比较适合应用于小型商业网站、论坛、后台管理系统等。

### 4.2.3　DIV+CSS 布局

一个标准的 Web 网页由结构、外观和行为三部分组成，其含义如下：

(1) 结构：用来对网页中的信息进行整理与分类，常用的技术有 HTML、XHTML 和 XML。

(2) 外观：用于对已经被结构化的信息进行外观上的修饰，包括颜色、字体等，常用技术为 CSS。

(3) 行为：是指对整个文档内部的一个模型进行定义及交互行为的编写，常用技术为 JavaScript。

网页设计的核心目的就是：实现网页结构和外观的分离。

### 1. DIV+CSS 布局

通常网页设计人员在设计网页之前，总是先考虑怎么设计，考虑页面中的图片、字体、颜色甚至是布局方案。然后通过其他的工具(如 PhotoShop)画出来，最后用 HTML 将所有的设计表现在页面上。如果使用 DIV+CSS 对页面进行布局，就可以先不考虑外观，而首要的是将页面内容的语义或结构确定下来。使用 DIV+CSS 布局，外观不是最重要的，一个结构良好的 HTML 页面可以通过 CSS 以任意外观表现出来。因此引入 CSS 布局的目的就是为了实现真正意义上的结构和外观的分离，这也是 DIV+CSS 布局最大的特色。

注 意

所谓结构或语义是指将所要设计网页中的内容分成块，明确每块内容服务的目的，根据这些内容目的建立起相应的 HTML 结构。

一个完整的网页通常包含以下几个部分：标志和站点名称、主页面内容、站点导航、子菜单、搜索区域、功能区、页脚(版权和法律声明)。有了这些结构就可以根据其在页面中的地位形成一个整体的布局思路：首先将这些结构放置在一个大框内，这个大框作为页面的父框，在其内分成头、体、脚三个部分，然后将上述的几个部分按作用和地位分配给头、体、脚，其结构图如图 4-15 所示。

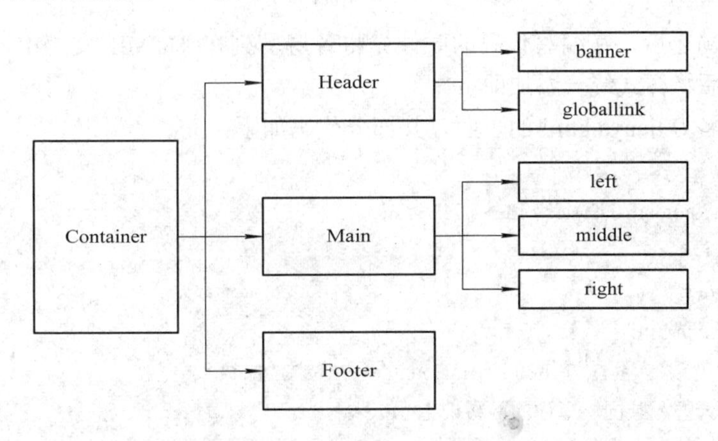


图 4-15　CSS 布局的整体思路

图 4-15 中的模块显示了各部分之间的包含关系，将各个部分都定义成 DIV，很容易就能确定各个 DIV 的嵌套关系。

### 2. DIV 布局实现

【示例 4.4】通过 DIV+CSS 布局模拟实现天涯首页(http://www.tianya.cn/)的设计。打

开天涯网站的首页，如图 4-16 所示。

对照图 4-16 中的分层，将天涯的首页从整体上划分为 Header 层、Main 层和 Footer 层，其中各层的内容及功能如下：

✧ Header 层：该层包括了当前天涯的用户人数，以及用户登录的表单。

✧ Main 层：该层内容包括了天涯的 Logo 和一些广告。

✧ Footer 层：该层包括了天涯网站的一些介绍和声明。

图 4-16　天涯首页

明确了布局之后，在编写代码的时候先将各层罗列在 HTML 文档中，并为其填充相关的内容，最后将样式统一添加即可。

创建一个名为 tianya.html 的页面，其部分代码如下：

```
<body>
<div class="ads-loc-holder" data-ads-order="04"></div>
<div class="wrap">
  <div class="Header">
    <div class="online-info">
      <div class="fl">来天涯，与<b id="spanCounter">101233342</b>
                位天涯人共同演绎你的网络人生</div>
                <span class="fr"> 目前在线：<em id="spanOnLine">1124874</em>
                <a id="forgetpw" href="#" class="u_line">忘记密码？</a></span>
        </div>
    <div class="unlogin clearfix" id="pws_yes" style="display: block;">
      <form id="login" name="login" method="post">
        <div class="sel">
```

```
        <label for="vwriter"><span class="selected" id="selectedSpan">
               用户名</span>
          <input type="text" class="text-ipt" name="vwriter" id="text1">
        </label>
        <ul class="options" id="optionsUl">
          <li><a _value="name" href="#">用户名</a></li>
          <li><a _value="email" href="#">注册邮箱</a></li>
          <li><a _value="mobile" href="#">认证手机</a></li>
        </ul>
      </div>
      <label for="vpassword"><span>密码</span>
        <input type="password" name="vpassword" id="password1"
               class="text-ipt">
      </label>
      <label for="rmflag" id="remindMe">
      <input type="checkbox" checked="checked" value="1" id="rmflag"
               name="rmflag">
      <span>记住我</span>
      <div id="clueto" style="display:;"> <span class="arrow"></span>
                勾选后下次将自动登录，不建议在网吧和公共机房勾选此项 </div>
      </label>
      <input type="button"  name="tianya-submit4" value="登录"
               id="button1">
      <input type="button"  name="tianya-submit4" value="免费注册"
               id="register_btn">
      <span class="line"> </span> <a href="http://focus.tianya.cn/"
               class="u_line">浏览进入</a>
    </form>
    <div class="otherlogin clearfix">
               <a href="http://passport.tianya.cn/login.jsp">手机扫描二维码登录</a>
               <span class="line">  </span>使用其他网站账号登录:
               <a title="新浪微博账号登录" target="_blank" href="#"
                       class="sinaweibo"><em></em></a>
               <a title="QQ 账号登录" target="_blank" href="#"
                       class="qq"><em></em></a> </div>
  </div>
  <div class="login clearfix" id="wcback">
    <div class="fl"><em id="strWriter">...</em>，欢迎回来！
      <a href="#" id="mytianya" class="tianya_btn">进入社区</a></div>
    <div class="fr"><a href="#" id="changeId">换个账号</a>
```

```
        <span class="line"> </span><a href="#">免费注册</a></div>
    </div>
</div>
<div class="Main" id="middle">
    <!--AD 开始中央广告位-->
    <!--adbox 是广告的 box-->
     <div id="adsp_center_banner" class="adbox ads-loc-holder"
         style="display: block" data-ads-order="01">
       <div class="adsame-box" style=""><a href="#" target="_blank">
         <img src="./0_667.jpg" width="560" height="410" border="0"
                  data-baiduimageplus-ignore=""></a></div>
    </div>
    <!--结束中央广告位-->
</div>
<div class="Footer">
     <p class="mobile-terminal">手机客户端：  <a target="_blank" href="#"
                  class="android">安卓版</a>
     <a target="_blank" href="#" class="iphone">iPhone 版</a>
                  <span class="line"></span> </p>
    <div class="tianya-footer">
       <ul>
         <li><a target="_blank" href="#">关于天涯</a></li>
         <li><a target="_blank" href="#">广告服务</a></li>
         <li><a target="_blank" href="#">天涯客服</a></li>
         <li><a target="_blank" href="#">隐私和版权</a></li>
         <li><a target="_blank" href="#">联系我们</a></li>
         <li class="footend"><a target="_blank" href="#">加入天涯</a></li>
       </ul>
       <p class="foot_c">Copyright © 1999 - 2015 天涯社区</p>
    </div>
    <div class="zj">
     <p><a target="_blank" href="#">增值电信业务经营许可证(琼 B2-20060032 号)</a>
     <a target="_blank" href="#">网络文化经营许可证(琼网文[2012]0578-003 号)</a>
     <a target="_blank" href="#">互联网药品信息服务资格证书(琼)-经营性-2010-0003</a>
       </p>
       <p><a target="_blank" href="#">网络传播视听节目许可证(2110566 号)</a>
         <a target="_blank" href="#">广播电视节目制作经营许可证(琼字第 052 号)</a>
         </p>
    </div>
</div>
```

```
</div>
</body>
```

通过对天涯网页的 DIV 布局分析可知，DIV 布局的优点是：网页代码精简，页面下载速度提高，表现和内容相分离等；缺点则是：过于灵活，比较难控制。因此 DIV 布局比较适合应用于复杂的不规则页面，以及业务种类较多的大型商业网站。

## 本 章 小 结

通过本章的学习，学生应该能够学会：

✧ DIV 元素是用来为 HTML 文档内大块(block-level)的内容提供结构和背景的元素。

✧ <div>标签可用于定义 HTML 文档中的分区或节，将 HTML 文档划分为独立的、不同的部分。

✧ 布局一般分为表格布局、框架布局和 DIV+CSS 布局模式。

✧ 在 DreamweaverCS6 中提供了三种布局视图：标准、布局和扩展。

✧ 表格布局的优点是：布局容易、快捷而且兼容性好。

✧ 表格布局的缺点是：改动不方便，彼此之间容易受影响，一旦需要调整工作量会很大。

✧ 框架由框架和框架集两部分组成。

✧ 框架是一种常用的网页布局排版工具。框架结构就是把浏览器窗口划分为多个区域，每个区域都可以分别显示不同的网页。

✧ Web 网页标准构成包括结构、外观和行为三部分。

✧ 用 CSS 布局外观不是最重要的，一个结构良好的 HTML 页面可以通过 CSS 以任何外观表现出来。

✧ DIV 布局的优点是：网页代码精简，页面下载速度提高，表现和内容相分离等；缺点则是：过于灵活，比较难控制。

## 本 章 练 习

1．下列说法正确的是______。(多选)

A．表格布局结构简单，容易控制

B．框架布局中可以单独刷新一个框架的内容

C．DIV+CSS 布局方式适合于制作简单的网页

D．只有在 DIV+CSS 布局方式下才能够使用 JavaScript

2．下列代码的运行结果是______。

```
<style>
html{color:white;font-size:20pt;}
.header {background-color:red}
.main {background-color:green}
.left {background-color:orange;display:inline;width:50%}
```

```
.right {background-color:green;display:inline}
.footer {background-color:blue}
</style>
<div class="header">HEADER</div>
<div class="main">
        <div class="left">LEFT</div>
        <div class="right">RIGHT</div>
</div>
<div class="footer">FOOTER</div>
```

A.
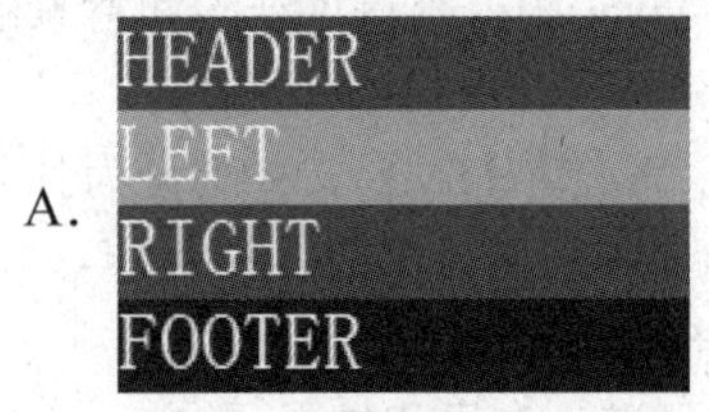


B.
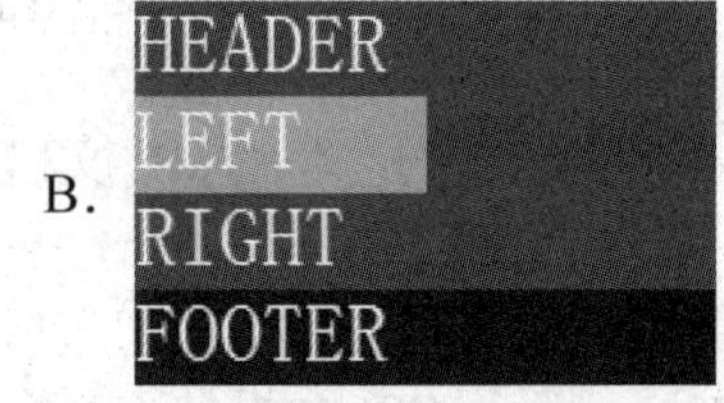


C.

D.

3．常用的页面布局技术有______、______和______。

4．一个标准的网页由_______、_______和_______三部分组成。

5．简述 DIV+CSS 布局的优缺点。

# 第 5 章　JavaScript 基础

## 本章目标

- 了解 JavaScript 的历史及特点
- 掌握 JavaScript 常用的数据类型
- 掌握 JavaScript 变量的定义
- 掌握 JavaScript 中的操作符及表达式
- 掌握 JavaScript 中的分支、迭代结构
- 掌握 JavaScript 中内置函数的使用
- 掌握 JavaScript 的函数定义及使用

# 5.1 JavaScript 简介

JavaScript 是 Sun MicroSystems 和 NetScape 共同开发的一种重要的脚本语言，用于创建具有动态效果的、人机交互的网页。对于页面开发人员而言，JavaScript 有助于构建与用户交互的 HTML 应用。

在开发过程中，通过使用 JavaScript，网页开发人员能够对网页进行管理和控制。JavaScript 可以嵌入到 HTML 文档中，当页面显示在浏览器中时，浏览器会解释并执行 JavaScript 语句，从而控制页面的内容和验证用户输入的数据。

JavaScript 的功能十分强大，可以实现多种功能，如数学计算、表单验证、动态特效、游戏编程等，所有这些功能都有助于增强站点的动态交互性。

## 5.1.1 JavaScript 语言特点

JavaScript 是一种基于对象(Object)和事件驱动(Event Driven)的脚本语言，使用它的主要目的是增强 HTML 页面的动态交互性。

JavaScript 语言主要有如下几个特点：

(1) 嵌套在 HTML 中。JavaScript 最显著的特点便是和 HTML 的紧密结合。JavaScript 总是和 HTML 一起使用，其大部分对象都与相应的 HTML 标签对应。当 HTML 文档用浏览器打开后，JavaScript 程序才会被执行。JavaScript 扩展了标准的 HTML，为 HTML 标签增加了事件，通过事件驱动来执行 JavaScript 代码。

(2) 环境支持。JavaScript 在运行过程中需要浏览器(如 IE、Firefox)环境的支持。如果使用的浏览器不支持 JavaScript 语言，那么浏览器在运行时将忽略 JavaScript 代码。

(3) 解释执行。JavaScript 是一种解释型脚本语言，无需经过专门编译器的编译，而是在嵌入脚本的 HTML 文档载入时被浏览器逐行地解释执行。

(4) 弱类型语言。与 C++ 和 Java 等强类型语言不同，在 JavaScript 中不需指定变量的类型，这个特点将在 5.2.3 小节中具体讲述。

(5) 基于对象。JavaScript 是基于对象的脚本编程语言，提供了很多内建对象，也允许定义新的对象，还提供对 DOM(文档对象模型)的支持。

(6) 事件驱动。HTML 文档中的许多 JavaScript 代码都是通过事件驱动的，HTML 中控件(如文本框、按钮)的相关事件触发时可以自动执行 JavaScript 代码。

(7) 跨平台性。JavaScript 是依赖于浏览器而运行的，与具体的操作系统无关。只要计算机中装有支持 JavaScript 的浏览器，其运行结果就能正确地反映在浏览器上。

## 5.1.2 JavaScript 基本结构

JavaScript 代码是通过<script>标签嵌入 HTML 文档中的，可以将多个<script>脚本嵌入到一个文档中。浏览器在遇到<script>标签时，将逐行读取内容，直到遇到</script>

结束标签为止。浏览器边解释边执行 JavaScript 语句，如果有任何错误，就会在警告框中显示。

JavaScript 脚本的基本结构如下：

```
<script language="javascript">
    JavaScript 语句
</script>
```

其中，language 属性用于指定脚本所使用的语言，通过该属性还可以指定使用脚本语言的版本。

编写 JavaScript 的步骤如下：

(1) 利用任何编辑器(如 Dreamweaver 或记事本)创建 HTML 文档。

(2) 在 HTML 文档中通过<script>标签嵌入 JavaScript 代码。

(3) 将 HTML 文档保存为扩展名是“.html”或“.htm”的文件，然后通过浏览器查看该网页就可以看到 JavaScript 的运行效果。

**【示例 5.1】**通过<script>标签在网页中嵌入 JavaScript 代码，并输出“这是第一个 JavaScript 示例，通过 SCRIPT 标签输出页面信息！”。

创建一个名为 FirstJSEG.html 的页面，其代码如下：

```
<html>
<head>
    <title>第一个 JavaScript</title>
    <script language="javascript">
    document.write("这是第一个 JavaScript 示例，通过 SCRIPT 标签输出页面信息！");
    </script>
</head>
<body></body>
</html>
```

上述代码中，通过<script>标签在网页中嵌入 JavaScript 代码，并通过 document.write() 方法输出相应内容。

通过 IE 查看该 HTML，结果如图 5-1 所示。

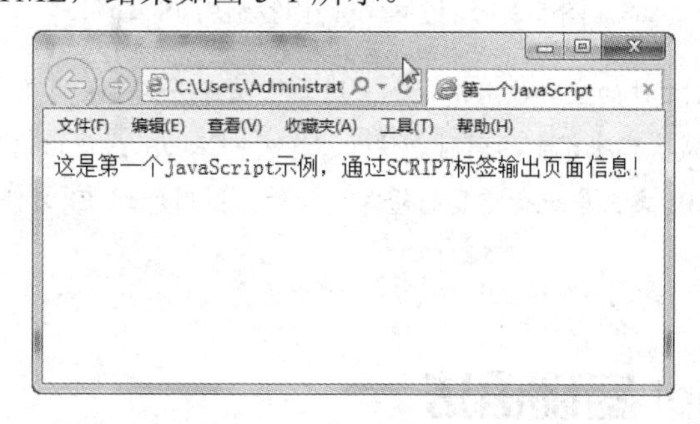


图 5-1　通过<script>标签嵌入 JavaScript 代码

注意　document 对象的 write()方法的主要功能是在网页上输出内容，关于 document 对象将在第 6 章中讲解，此处不做详述。

此外，当 JavaScript 脚本比较复杂或代码过多时，可将 JavaScript 代码保存为以“.js”为后缀的文件，并通过<script>标签把“.js”文件导入到 HTML 文档中。其语法格式如下：

```
<script type="text/javascript" src="url"></script>
```

其中，

- ✧ type：表示引用文件的内容类型。
- ✧ src：指定引用的 JavaScript 文件的 URL，可以是相对路径或绝对路径。

【示例 5.2】通过<script>标签引用 FirstJS.js 文件，并输出相应内容。

创建一个名为 FirstImportJSEG.html 的页面，其代码如下：

```
<html>
<head>
    <title>第一个 JavaScript</title>
    <script type="text/javascript" src="FirstJS.js"></script>
</head>
<body>
</body>
</html>
```

而对应的 FirstJS.js 文件代码如下所示：

```
document.write("这是第一个 JavaScript 示例,通过导入 JS 外部文件！");
```

通过 IE 查看该 HTML，结果如图 5-2 所示。

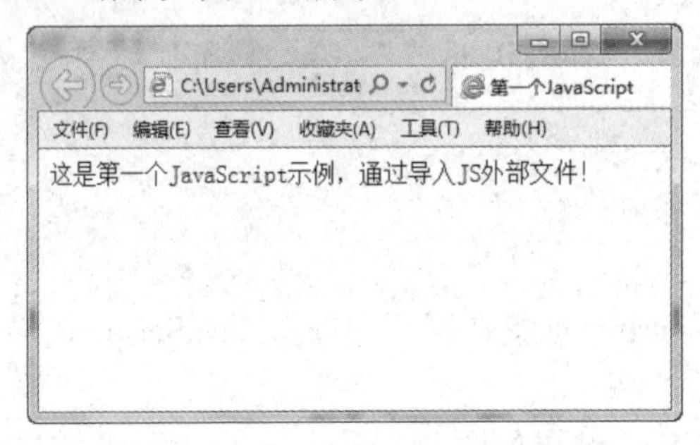


图 5-2　通过<script>标签引用 JS 文件

使用外部 JS 文件的主要作用是代码重用，可以将一些通用的 JS 函数在多个 HTML 文档之间实现共享，在减少代码冗余的同时也便于修改，一旦 JS 代码出错只需修改源文件即可，而不需要在每个 HTML 文档中进行重复的修改。此外，引用外部 JS 文件时，</script>结束标签不能省略。

## 5.2　JavaScript 基础语法

JavaScript 语言同其他编程语言一样，有其自身的数据类型、表达式、运算符以及基本语句结构。JavaScript 在很大程度上借鉴了 Java 的语法，其语法结构与 Java 相似，对于学习过 Java 的编程人员而言，学好 JavaScript 不是一件困难的事。

## 5.2.1　数据类型

JavaScript 中有几种数据类型，如表 5-1 所示。

表 5-1　JavaScript 的数据类型

| 数据类型 | 说　明 |
|---|---|
| 数值型 | JavaScript 语言本身并不区分整型和浮点型数值，所有的数值在内部都由浮点型表示 |
| 字符串类型 | 使用单引号或双引号括起来的 0 个或多个字符 |
| 布尔型 | 布尔型常量只有两种值，即 true 或 false |
| 函数 | JavaScript 函数是一种特殊的对象数据类型，因此函数可以被存储在变量、数组或对象中。此外，函数还可以作为参数传递给其他函数。 |
| 对象型 | 已命名数据的集合，这些已命名的数据通常被作为对象的属性引用。常用的对象有 String、Date、Math、Array 等 |
| null | JavaScript 中的一个特殊值，它表示“无值”，它和 0 不同 |
| undefined | 表示该变量尚未被声明或未被赋值，或者使用了一个并不存在的对象属性 |

与大多数编程语言相比，JavaScript 的数据类型较少，但足够处理绝大部分复杂的应用。此外，由于 JavaScript 采用弱类型的形式，因而一个数据的常量或变量可不必先做声明，而在使用或赋值时确定其数据类型即可。

## 5.2.2　常量

常量是指在程序中值不能改变的数据。常量可根据 JavaScript 的数据类型分为数值型、字符串型、布尔型三类。

(1) 数值型常量。数值型常量包括整型常量和浮点型常量。整型常量是由整数表示，如 100、–100，也可以用十六进制、八进制表示，如 0xABC、0567。浮点型常量由整数部分加小数部分表示，如 12.24、–3.141。

(2) 字符串型常量。字符串型常量是使用双引号(" ")或单引号(' ')括起来的一个字符或字符串，如"JavaScript"、"100"、'JavaScript'。

(3) 布尔型常量。布尔型常量只有 true(真)或 false(假)两种值，一般用于程序中的判断条件。

## 5.2.3　变量

变量是指程序中一个已经命名的存储单元，其主要作用是为数据操作提供存放数据的容器。

### 1. 变量的命名规则

在 JavaScript 中变量的命名需遵循以下规则：

(1) 变量名必须以字母或下划线开头，其后可以跟数字、字母或下划线等。

(2) 变量名不能包含空格、加号、减号等特殊符号。

(3) JavaScript 的变量名严格区分大小写。

(4) 变量名不能使用 JavaScript 中的保留关键字。

JavaScript 关键字如表 5-2 所示。

表 5-2　JavaScript 关键字

| break | do | if | switch | typeof | case |
|---|---|---|---|---|---|
| else | in | this | var | catch | false |
| instanceof | throw | void | continue | finally | new |
| true | while | default | for | null | try |
| with | delete | function | return | | |

注 意　在对变量命名时，为了使代码更加规范，最好使用有意义的变量名称，以增加程序的可读性，进而减少错误的发生。

## 2．声明变量

变量用关键字 var 进行声明，其语法格式如下：

```
var 变量 1[,变量 2,...];
```

例如：

```
var v1,v2;
```

在声明变量的同时可以为变量赋初始值。例如：

```
var v1 = 2;
```

注 意　在 JavaScript 中，可以使用分号代表一个语句的结束，如果每个语句都在不同的行中，那么分号可以省略；如果多个语句在同一行中，那么分号就不能省略。

## 3．变量的类型

JavaScript 是一种弱类型的语言，变量的类型不像其他语言一样在声明时直接指定，对于同一变量可以赋不同类型的值。例如：

```
<script language="javascript">
    var x = 100;
    x = "javascript";
</script>
```

在上述代码中，变量 x 在声明的同时赋予了初始值 100，此时 x 的类型为数值型。而后面的代码又给变量 x 赋了一个字符串类型的值，此时 x 又变成了字符串类型的变量，这种赋值方式在 JavaScript 中都是允许的。

## 4．变量的作用域

变量的作用域是指变量的有效范围。在 JavaScript 中根据变量的作用域可以分为全局变量和局部变量两种。

(1) 全局变量。在函数之外声明的变量叫做全局变量，示例代码如下：

```
<script>
        var x = 5//定义全局变量
        function myFunction()
        {
                //函数体
        }
</script>
```

全局变量的作用域是该变量定义后的所有语句，可以在其后定义的函数、代码或同一文档中其他<script>脚本的代码中使用。

(2) 局部变量。在函数体内声明的变量叫做局部变量，示例代码如下：

```
<script>
        function myFunction()
        {
                var x = 5//定义局部变量
                ......省略
        }
</script>
```

局部变量只作用于函数内部，只对其所在的函数体有效。

【示例 5.3】演示全局变量和局部变量的作用域范围。

创建一个名为 VariableEG.html 的页面，其代码如下：

```
<html>
<head>
<meta http-equiv="Content-Type" content="text/html; charset=gb2312" />
<title>全局变量和局部变量</title>
<script type="text/javascript">
        var x = 2;//声明一个全局变量
        function OutPutLocaVar()
        {
                var x = 3;//声明一个与全局变量名称相同的局部变量
                document.write("局部变量："+x);//输出局部变量
        }
        function OutPutGloVar()
        {
                document.write("全局变量："+x);//输出全局变量
        }
</script>
</head>
<body>
        <script type="text/javascript">
                //调用函数
```

```
            OutPutGloVar();
            document.write("<br>");
            OutPutLocaVar();
    </script>
</body>
</html>
```

上述代码中，声明了名为“x”的全局变量和局部变量，并分别通过函数输出。

通过 IE 查看该 HTML，结果如图 5-3 所示。

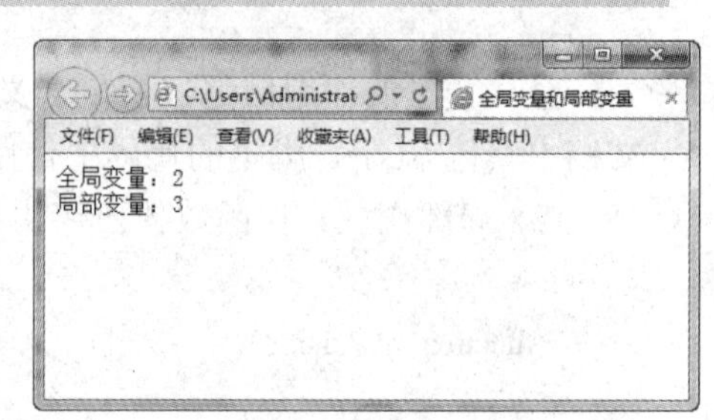


图 5-3　全局变量和局部变量

通过运行结果可以看出，如果函数中定义了和全局变量同名的局部变量，在此函数中全局变量被局部变量覆盖，不再起作用。

注意　此示例只是为了演示变量的作用域，在实际编码中，尽量不要声明与全局变量重名的局部变量，这可能造成一些不易发现的错误。

## 5.2.4　注释

在 JavaScript 中有单行注释和多行注释两种注释方法。

### 1. 单行注释

单行注释使用“//”符号进行标识，其后的文字都不被程序解释执行，其语法格式如下：

```
//这是单行程序代码的注释
```

### 2. 多行注释

多行注释使用“/*...*/”进行标识，其中的文字同样不被程序解释执行，其语法格式如下：

```
/*
这是多行程序注释
*/
```

注意　多行注释中可以嵌套单行注释，但不能嵌套多行注释，JavaScript 还能识别 HTML 注释的开始部分“<!--”，JavaScript 会将其看为单行注释，同使用“//”效果一样，但是不能识别 HTML 注释的结束部分“-->”。

## 5.2.5　运算符

JavaScript 中的运算符主要分为算术运算符、比较运算符和逻辑运算符三类。这些运算符的用法和 Java 语言中的运算符类似。

### 1. 算术运算符

算术运算符是用于完成加法、减法、乘法、除法、递增、递减等运算的运算符。JavaScript 中的算术运算符如表 5-3 所示。

表 5-3　算术运算符

| 运算符 | 说　明 |
| --- | --- |
| + | 用于两个数相加 |
| - | 用于两个数相减 |
| * | 用于两个数相乘 |
| / | 用于两个数相除 |
| % | 除法运算中的取余数 |
| ++ | 递增值(即给原来的值加 1) |
| -- | 递减值 (即给原来的值减 1) |

【示例 5.4】演示算术运算符的用法。

创建一个名为 MathEG.html 的页面，其代码如下：

```
<html>
	<head>
		<title> 算术运算符 </title>
	</head>
<body>
<script language="javascript">
	var x = (2+6-5)*10;
	document.write("算术运算符的运算结果为："+x);
</script>
</body>
</html>
```

通过 IE 查看该 HTML，结果如图 5-4 所示。

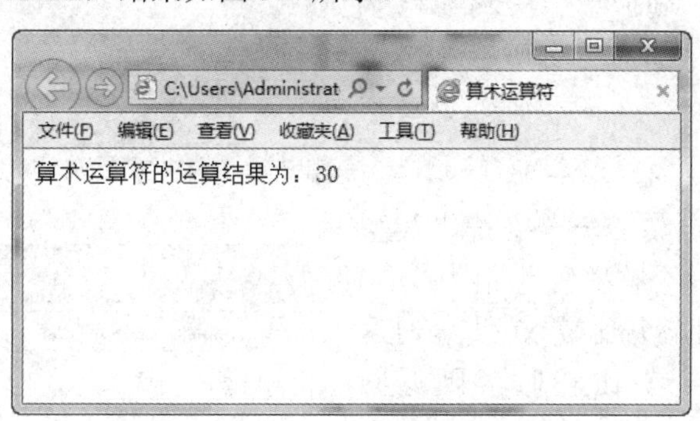


图 5-4　算术运算符示例演示

### 2. 比较运算符

比较运算符用于比较数值、字符串或逻辑变量等，并将比较结果以逻辑值(true 或 false)的形式返回，如表 5-4 所示。

表 5-4　比较运算符

| 运算符 | 说　明 |
| --- | --- |
| == | 比较两边的值是否相等 |
| != | 比较两边的值是否不相等 |
| > | 比较左边的值是否大于右边的值 |
| < | 比较左边的值是否小于右边的值 |
| >= | 比较左边的值是否大于等于右边的值 |
| <= | 比较左边的值是否小于等于右边的值 |
| === | 比较两边的值是否严格相等 |
| !== | 比较两边的值是否严格不相等 |

其中，“==”和“===”的主要区别是："=="运算符是在类型转换后执行，而"==="是在类型转换前比较。

**【示例 5.5】**演示比较运算符“==”和“===”的区别。

创建一个名为 CompareEG.html 的页面，其代码如下：

```
......省略
<script type="text/javascript">
        var x = '3';
        var y = 3;
        if(x == y)
        {
                document.write("等于比较运算符");
        }
        if(x === y)
        {
                document.write("绝对等于比较运算符");
        }
</script>
......省略
```

上述代码中，定义了一个字符串类型的变量 x(值为'3')和一个整型变量(值为 3)；

当使用“==”比较符比较 x 和 y 时返回 true，而用“===”比较时，则返回 false，这是因为 x 和 y 的类型不同，因此不严格相等。

通过 IE 查看该 HTML，结果如图 5-5 所示。

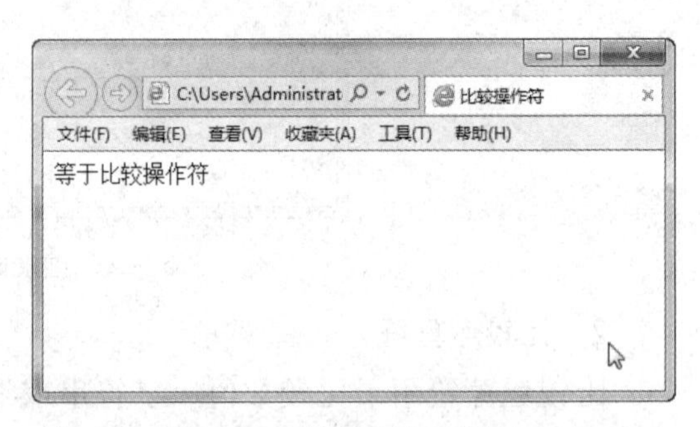


图 5-5　比较运算符示例演示

### 3．逻辑运算符

逻辑运算符主要用于条件表达式中，采用逻辑值作为操作数，其返回值也是逻辑值，如表 5-5 所示。

表 5-5　逻辑运算符

| 运算符 | 说　明 |
|---|---|
| && | 逻辑与，当左右两边的操作数都为 true 时，返回 true，否则返回 false |
| \|\| | 逻辑或，当左右两边的操作数都为 false 时，返回 false，否则返回 true |
| ! | 逻辑非，当操作数为 true 时返回 false，反之返回 true |
| ?: | 三元运算符：操作数?结果 1:结果 2，若操作数为 true 则返回结果 1，反之返回结果 2 |

【示例 5.6】演示逻辑运算符的使用。

创建一个名为 LogicEG.html 的页面，其代码如下：

```
<script type="text/javascript">
    var x ='3';
    var y = 3;
    if(x == '3' && y==3)
    {
        document.write("逻辑运算符与");
    }
</script>
```

上述代码演示了逻辑运算符“&&”的用法，因为左右两个操作数返回值都是 true，所以会执行 if 语句中的代码。

通过 IE 查看该 HTML，结果如图 5-6 所示。

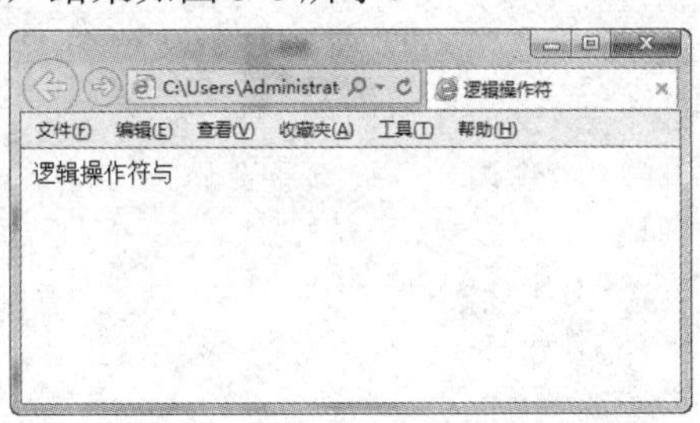


图 5-6　逻辑运算符示例演示

## 5.2.6　流程控制

JavaScript 程序通过控制语句来执行程序流，从而完成一定的任务。程序流是由若干条语句组成的，语句可以是一条语句，如 c=a+b，也可以是用大括号{}括起来的一个复合语句(程序块)。JavaScript 中的控制语句有以下几类：

(1) 分支结构：if-else、switch；

(2) 迭代结构：while、do-while、for；

(3) 转移语句：break、continue、return。

### 1. 分支结构

分支结构是根据假设的条件成立与否，再决定执行什么样语句的结构，它的作用是让程序更具有选择性。JavaScript 中通常将假设条件以布尔表达式的方式实现。JavaScript 语言中提供的分支结构有 if-else 语句和 switch 语句。

(1) if-else 语句。if-else 语句是最常用的分支结构，其语法结构如下：

```
if(condition)
statement1;
[else statement2;]
```

其中：

✧ condition 可以是任意表达式。

✧ statement1 和 statement2 都表示语句块。当 condition 满足条件时执行 if 语句块的 statement1 部分；当 condition 不满足条件时执行 else 语句块的 statement2 部分。

注 意

如果 condition 的值设置为 0、null、“”、false、undefined 或 NaN，则不执行 if 语句块。如果 condition 的值为 true、非空字符串(即使该字符串为“false”)、非 null 对象等则执行该 if 语句块。

**【示例 5.7】**任意输入两个整数，分别输出最大值和最小值。

创建一个名为 MaxEG.html 的页面，其代码如下：

```
<html>
<head>
    <title> if-else 分支 </title>
</head>
<body>
<script language="javascript">
    //第一个数
    var oper1 = prompt('请输入第一个数','');
    //第二个数
    var oper2 = prompt('请输入第二个数','');
    var maxNum = oper1;
    var minNum = oper2;
    if(oper2 > oper1){
        maxNum = oper2;
        minNum = oper1;
    }
    document.write('最大值为:'+maxNum);
    document.write('<br/>')
    document.write('最小值为:'+minNum);
</script>
</body>
</html>
```

上述代码中，利用 prompt()函数手动输入两个数，例如分别输入：6 和 3，然后比较两个数的大小，比较的结果最终由 document.write()输出到页面上。

通过 IE 查看该 HTML，结果如图 5-7 所示。

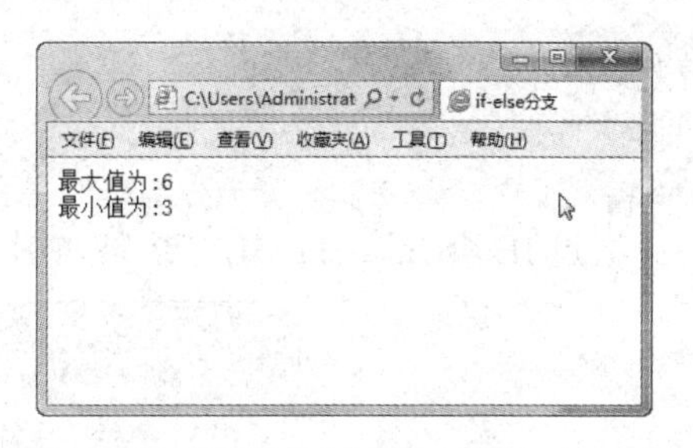


图 5-7　比较两个数示例演示

分支判断逻辑有时比较复杂，在一个布尔表达式中不能完全表示，这时可以采用嵌套分支语句实现。嵌套 if 的语法结构为：

```
if (condition) {
statement1;
} else if (condition) {
statement2;
} else if(condition) {
statement3;
......
} else {
statement;
}
```

闰年的计算方法是：公元纪年的年数可以被四整除，即为闰年；能被 100 整除而不能被 400 整除的为平年；能被 100 整除也可被 400 整除的为闰年。如 2000 年是闰年，而 1900 年是平年。

**【示例 5.8】**输入一个年份，由程序判断该年是否为闰年。

创建一个名为 YearEG.html 的页面，其代码如下：

```
<html>
<head>
        <title> if-else-if 分支 </title>
</head>
<body>
<script language="javascript">
        //手动输入一年份，判断是否是闰年
        var year = prompt('请输入年份','');
        if (year % 100 == 0) {
                if (year % 400 == 0) {
                        document.write(year+"是闰年");
                }
        } else if (year % 4 == 0) {
                document.write(year+"是闰年");
        } else {
                document.write(year+"不是闰年");
        }
```

```
</script>
</body>
</html>
```

通过 IE 查看该 HTML，结果如图 5-8 所示。

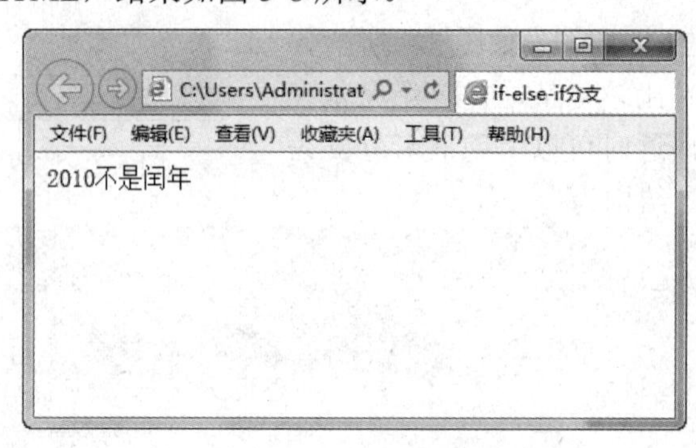


图 5-8　判断闰年示例演示

(2) switch 语句。一个 switch 语句由一个控制表达式和一个由 case 标记表述的语句块组成，其语法结构如下：

```
switch (expression) {
case value1 :
        statement1;
        break;
case value2 :
        statement2;
        break;
......
case valueN :
        statemendN;
        break;
[default : defaultStatement; ]
}
```

其中：

✧ switch 语句把表达式返回的值依次与每个 case 子句中的值进行比较。如果遇到匹配的值，则执行该 case 后面的语句块。

✧ 表达式 expression 的返回值类型可以是字符串、整型、对象类型等任意类型。

✧ case 子句中的值 valueN 可以是任意类型(例如字符串)，而且所有 case 子句中的值应是不同的。

✧ default 子句是可选的。

✧ break 语句用来在执行完一个 case 分支后使程序跳出 switch 语句，即终止 switch 语句的执行，而在一些特殊情况下，多个不同的 case 值要执行一组相同的操作，这时可以不用 break。

**【示例 5.9】** 演示 switch 语句的用法。

创建一个名为 SwitchCaseEG.html 的页面，其代码如下：

```
<!DOCTYPE html PUBLIC "-//W3C//DTD XHTML 1.0 Transitional//EN"
"http://www.w3.org/TR/xhtml1/DTD/xhtml1-transitional.dtd">
<html xmlns="http://www.w3.org/1999/xhtml">
<head>
<meta http-equiv="Content-Type" content="text/html; charset=gb2312" />
<title>JavaScript 的 SwitchCase 语句</title>
</head>
<body >
<script type="text/javascript">
            document.write("a.青岛<br>");
            document.write("b.曲阜<br>");
            document.write("c.日照<br>");
            document.write("d.城阳<br>");
            document.write("e.济宁<br>");
            var city = prompt("请选择您学校所在的城市或地区(a、b、c、d、e)：","");
            switch(city)
            {
                case "a":
                    alert("您学校所在的城市或地区是青岛");
                    break;
                case "b":
                    alert("您学校所在的城市或地区是曲阜");
                    break;
                case "c":
                    alert("您学校所在的城市或地区是日照");
                    break;
                case "d":
                    alert("您学校所在的城市或地区是城阳");
                    break;
                case "e":
                    alert("您学校所在的城市或地区是济宁");
                    break;
                default:
                    alert("您选择的城市或地区超出了范围。");
                    break;
            }
</script>
</body>
```

```
</html>
```

上述代码中，当用户输入不同的字符串时，程序通过与 case 值相比较，然后用 alert()函数弹出对应的字符串。

通过 IE 查看该 HTML，结果如图 5-9 所示。

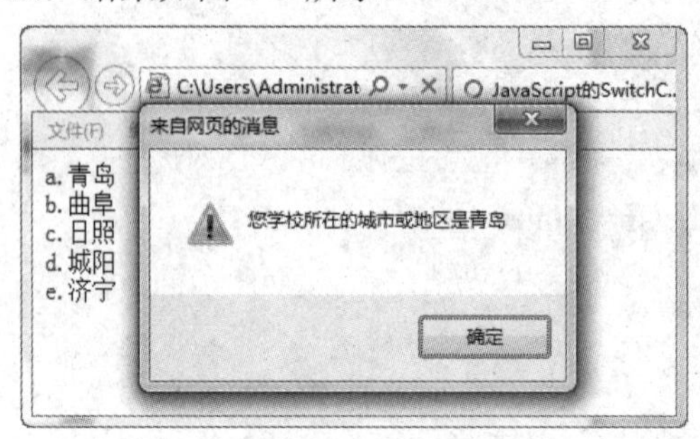


图 5-9　switch 语句示例

### 2．迭代结构

迭代结构的作用是反复执行一段代码，直到不满足循环条件为止。JavaScript 语言中提供的迭代结构有 while 语句、do-while 语句、for 语句和 for-in 语句。

(1) while 语句。while 语句是常用的迭代语句，其语法结构如下：

```
while (condition){
statement;
}
```

解释如下：首先，while 语句计算表达式，如果表达式为 true，则执行 while 循环体内的语句；否则结束 while 循环，执行 while 循环体以后的语句。

**【示例 5.10】**计算 1 到 100 之间的和。

创建一个名为 SumEG.html 的页面，其代码如下：

```
<html>
<head>
<meta http-equiv="Content-Type" content="text/html; charset=gb2312" />
<title>计算 1-100 之间的和</title>
</head>
<body >
<script language="javascript">
        var i = 0;
        var sum = 0;
        while(i<=100) {
                sum += i;
                i++;
        }
        document.write("1-100 之间的和为："+sum);
</script>
</body>
```

```
</html>
```

通过 IE 查看该 HTML，结果如图 5-10 所示。

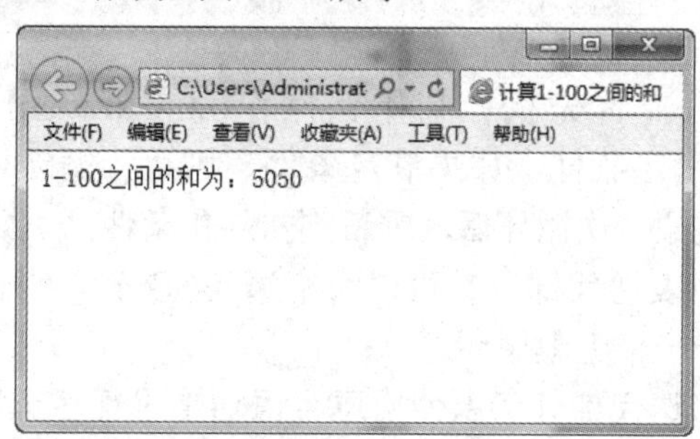


图 5-10　while 语句求和示例演示

(2) do-while 语句。do-while 用于循环至少执行一次的情形，其语法结构如下：

```
do {
statement;
} while (condition);
```

解释如下：首先，do-while 语句执行一次 do 语句块，然后计算表达式，如果表达式为 true，则继续执行循环体内的语句；否则(表达式为 false)，则结束 do-while 循环。

**【示例 5.11】**使用 do-while 结构来计算 1 到 100 之间的和。

创建一个名为 SumEG1.html 的页面，其代码如下：

```
<html>
<head>
<meta http-equiv="Content-Type" content="text/html; charset=gb2312" />
<title>计算 1-100 之间的和</title>
</head>
<body >
<script language="javascript">
        var i = 0;
        var sum = 0;
        do {
                sum += i;
                i++;
        } while(i<=100);
        document.write("1-100 之间的和为："+sum);
</script>
</body>
</html>
```

上述代码的运行结果如图 5-10 所示。

(3) for 语句。for 语句是最常见的迭代语句，一般用在循环次数已知的情形，其语法结构如下：

```
for (initialization; condition; update) {
```

```
statements;
}
```

其中：

✧ for 语句执行时，首先执行初始化操作(initialization)，然后判断表达式(condition)是否满足条件，如果满足条件，则执行循环体中的语句，最后执行迭代部分。完成一次循环后，重新判断终止条件。

✧ 初始化、终止以及迭代部分都可以为空语句(但分号不能省略)，三者均为空的时候，相当于一个无限循环。

✧ 在初始化部分和迭代部分可以使用逗号语句来进行多个操作。逗号语句是用逗号分隔的语句序列。

```
for( i=0, j=10; i<j; i++, j--) {
    ……
}
```

注 意

各种循环中的 condition 与 if 类似，当 condition 返回的值为 0、null、“”、false、undefined 或 NaN 时，则不执行 for 语句块。如果 condition 的值为 true、非空字符串(即使该字符串为“false”)、非 null 对象等则执行该 for 语句块。

【示例 5.12】在页面上输出直角三角形。

创建一个名为 PrintTriangle.html 的页面，其代码如下：

```
<html>
<head>
<meta http-equiv="Content-Type" content="text/html; charset=gb2312" />
<title>打印三角形</title>
<script type="text/javascript">
        for(var i = 0; i < 5 ; i++)
        {
            for(var z = 10; z > i; z--)
            {
                document.write("");
            }
            for(var j = 0; j < i; j++)
            {
                document.write("*");
            }
            document.write("<br>");
        }
        document.write("<br>");
</script>
</head>
<body>
```

```
</body>
</html>
```

上述代码使用嵌套 for 循环语句打印了一个直角三角形，输出结果如图 5-11 所示。

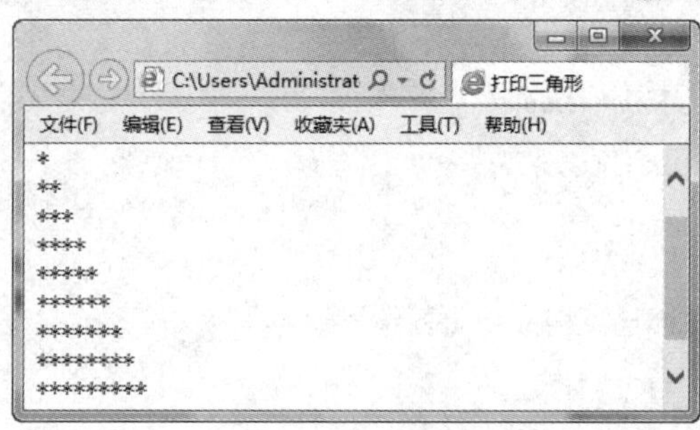


图 5-11　打印三角形示例演示

(4) for-in 语句。for-in 是 JavaScript 提供的一种特殊的循环方式，用来遍历一个对象的所有用户定义的属性或者一个数组的所有元素。for-in 的语法结构如下：

```
for (property in Object)
{
	statements;
}
```

其中：

✧ property 表示所定义对象的属性。每一次循环，属性被赋予对象的下一个属性名，直到所有的属性名都使用过为止，当 Object 为数组时，property 指代数组的下标。

✧ Object 表示对象或数组。

【示例 5.13】实现数组的降序排列。

创建一个名为 RankEG.html 的页面，其代码如下：

```
<html>
<head>
<meta http-equiv="Content-Type" content="text/html; charset=gb2312" />
<title>for-in 的用法</title>
</head>
<body>
<script language="javascript">
	//直接初始化一个数组
	var a = [23,4,33,53,24,46,21];
	document.write("<li>排序前：" + a + "<br>");
	for (i in a)
	{
		for (m in a)
		{
			if(a[i] > a[m])
```

```
                        var temp;
                        //交换单元
                        temp = a[i];
                        a[i] = a[m];
                        a[m] = temp;
                    }
                }
        }
        document.write("<li>排序后：" + a + "<br>");
</script>
</body>
</html>
```

上述代码中使用冒泡排序来对数据进行降序排列，通过 IE 查看该 HTML，结果如图 5-12 所示。

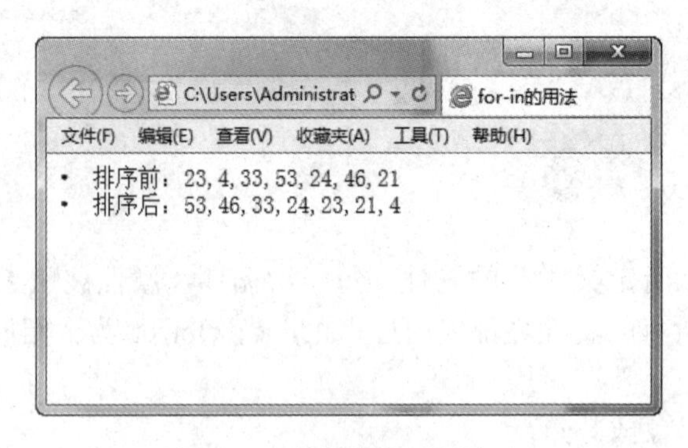


图 5-12　数组排序示例演示

### 3．转移语句

JavaScript 的转移语句用在选择结构和循环结构中，使程序员更方便地控制程序执行的方向。JavaScript 中提供的转移语句有 break 语句、continue 语句和 return 语句。

(1) break 语句。break 语句主要有两种作用：

✧ 在 switch 语句中，用于终止 case 语句序列，跳出 switch 语句。

✧ 在循环结构中，用于终止循环语句序列，跳出循环结构。

当 break 语句用于 for、while、do-while 或 for-in 循环语句中时，可使程序终止循环而执行循环后面的语句。通常 break 语句总是与 if 语句连在一起，即满足条件时便跳出循环。仍然以 for 语句为例来说明，其一般形式为：

```
for(表达式 1; 表达式 2; 表达式 3){
......
if (表达式 4)
        break;
......
}
```

其含义是，在执行循环体过程中，如 if 语句中的表达式成立，则终止循环，转而执行

循环语句之后的其他语句。

【示例 5.14】在 1 到 10 中查找是否有可以被 3 整除的数值。

创建一个名为 BreakEG.html 的页面，其代码如下：

```
<html>
<head>
    <title>Break 语句</title>
    <script type="text/javascript">
        var target = 3;
        for (i=1; i<10; i++ ) {
            if (i % target == 0) {
                document.write('找到目标！');
                break;
            }
        }
        //打印当前的 i 值
        document.write(i);
    </script>
</head>
<body></body>
</html>
```

通过 IE 查看该 HTML，结果如图 5-13 所示。

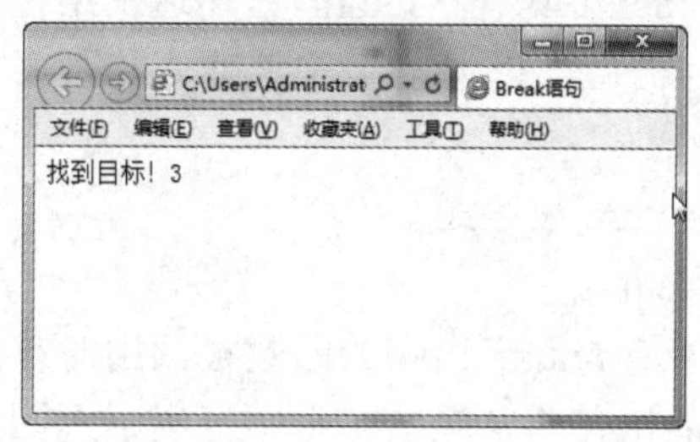


图 5-13 查找目标数字示例演示

(2) continue 语句。continue 语句用于 for、while、do-while 和 for-in 等循环体中时，常与 if 条件语句一起使用，用来加速循环。即满足条件时，跳过本次循环剩余的语句，强行检测判定条件以决定是否进行下一次循环。

以 for 语句为例，其一般形式为：

```
for(表达式 1; 表达式 2; 表达式 3)
{
......
if(表达式 4)
    continue;
......
}
```

其含义是，在执行循环体过程中，如 if 语句中的表达式成立，则终止当前迭代，转而执行下一次迭代。

【示例 5.15】在 1 到 10 中寻找可以被 3 整除的数值，如果找到则打印“找到目标”，否则打印当前值。

创建一个名为 ContinueEG.html 的页面，其代码如下：

```
<html>
<head>
    <title>Continue 语句</title>
    <script type="text/javascript">
        var target = 3;
        for (i = 1; i < 10; i++) {
        if (i % target == 0) {
            document.write('找到目标！ <br/>');
            continue;
        }
        //打印当前的 i 值
        document.write(i + "<br/>");
    }
    </script>
</head>
<body></body>
</html>
```

通过 IE 查看该 HTML，结果如图 5-14 所示。

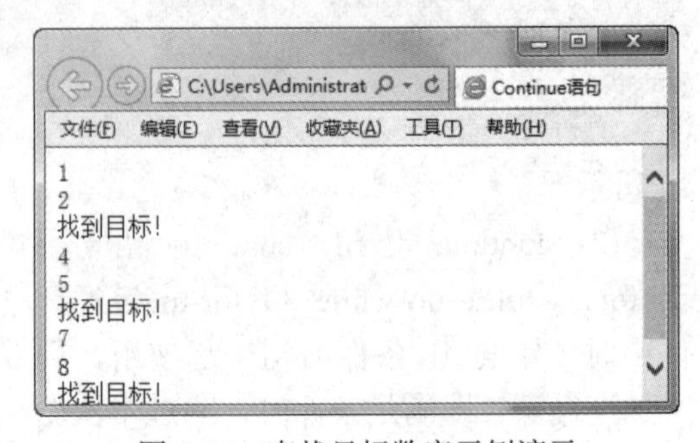


图 5-14　查找目标数字示例演示

(3) return 语句。return 语句通常用在一个函数的最后，以退出当前函数，其主要有如下两种格式：

✧ return 表达式；

✧ return。

当含有 return 语句的函数被调用时，执行 return 语句将从当前函数中退出，返回到调用该函数的语句处。如执行 return 语句的是第一种格式，将同时返回表达式执行结果。第二种格式执行后不返回任何值。

【示例 5.16】计算任意两个数的乘积。

创建一个名为 ReturnEG.html 的页面，其代码如下：

```
<html>
<head>
    <title>Return 语句</title>
    <script type="text/javascript">
        var v1  = prompt("输入乘数：","");
        var v2  = prompt("输入被乘数：","");
        document.write("输入的值分别是："+v1+","+v2+"<br/>");
        var sum = doMutiply (v1,v2);
        document.write("结果是："+v1+"×"+v2+"="+sum);
```

```
            //计算两个数的乘积
            function doMutiply(oper1,oper2){
                    return oper1*oper2;
            }
        </script>
</head>
<body></body>
</html>
```

通过 IE 查看该 HTML，结果如图 5-15 所示。

return 语句使用说明如下：

✧ 在一个函数中，允许有多个 return 语句，但每次调用函数时只可能有一个 return 语句被执行，因此函数的执行结果是唯一的。

✧ 如果函数不需要返回值，则在函数中可省略 return 语句。

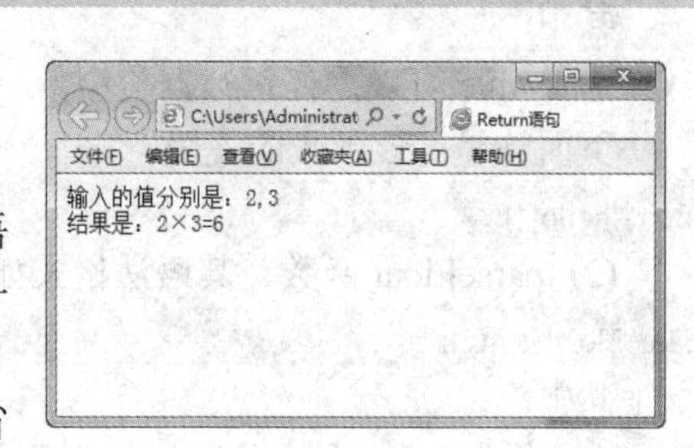


图 5-15　计算乘积示例演示

# 5.3　函数

函数是完成特定功能的一段程序代码，为程序设计人员带来了很多方便。通常在进行一个复杂的程序设计时，总是根据所要完成的功能将程序划分为一些相对独立的部分，每一部分编写一个函数，从而使程序结构清晰，易于阅读、理解和维护。

在 JavaScript 中有两种函数，即内置的系统函数和用户自定义函数。

## 5.3.1　内置函数

JavaScript 常用的内置函数如表 5-6 所示。

表 5-6　常用内置函数

| 函数名 | 说　明 |
|---|---|
| alert | 显示一个较高对话框，包括一个 OK 按钮 |
| confirm | 显示一个确认对话框，包括 OK、Cancel 按钮 |
| prompt | 显示一个输入对话框，提示等待用户输入 |
| escape | 将字符转换成 Unicode 码 |
| eval | 计算表达式的结果 |
| parseFloat | 将字符串转换成浮点型 |
| parseInt | 将字符串转换成整型 |
| isNaN | 测试是否是一个数字 |
| unescape | 返回对一个字符串编码后的结果字符串，其中，所有空格、标点以及其他非 ASCII 码字符都用“%xx”(xx 等于该字符对应的 Unicode 编码的十六进制数)格式的编码替换 |

表 5-6 中的 alert()、confirm()、prompt()函数实际上是 Window 对象的方法，Window 对象会在第 7 章讲述，表中的其他方法则称为全局函数，属于 Global 对象，但该对象从不直接使用，并且不能用 new 运算符创建。它在 JavaScript 引擎被初始化时创建，并且其方法和属性可立即使用。

下面重点介绍 alert、parseInt、parseFloat、isNaN 这四个函数。

(1) alert 函数，该函数用于弹出对话框，其语法格式如下：

```
alert(value)
```

其中：

✧ value 可以是任意数据类型。

下面解释了该函数的使用：

```
alert("hello!");
```

(2) parseFloat 函数，其语法格式如下：

```
parseFloat(string);
```

其中：

✧ 参数 string 是必须的，标识要解析的字符串。

下面解释了该函数的使用：

```
parseFloat("1.2")
```

(3) parseInt 函数，其语法格式如下：

```
parseInt(numstring,[radix]);
```

其中：

✧ 第一个参数 numstring 是要进行转换的字符串。

✧ 第二个参数为可选项是介于 2~36 之间的一个数值，用于指定字符串转换所用的数值类型，如果没有指定，则前缀为“0x”的字符串为十六进制数，前缀为“0”的为八进制数，所有其他字符串为十进制数。另外如果要转换的字符中包含无法转换成数字的字符，那么此函数只对字符串中能进行转换的部分转换。

(4) isNaN 函数，其语法格式如下：

```
isNaN(x);
```

其中：

✧ 当参数 x 不为数字时，该函数返回 true，否则返回 false。

**【示例 5.17】**当输入两个数时，首先判断是否有效，然后计算任意两个数的和。

创建一个名为 FunEG.html 的页面，其代码如下：

```
<html>
<head>
    <title>内置函数语句</title>
    <script type="text/javascript">
        var v1  = prompt("输入乘数：","");
        var v2  = prompt("输入被乘数：","");
        if(isNaN(v1)||isNaN(v2)){
```

```
                alert("输入的数字不是数字类型");
            }else{
                v1 = parseInt(v1);
                v2 = parseInt(v2);
                var sum = v1+v2;
                document.write("结果是："+v1+"+"+v2+"="+sum);
            }
    </script>
</head>
<body></body>
</html>
```

上述代码中，通过 prompt 函数显示一个输入对话框，当用户输入任意值时，通过 isNaN 函数判断输入值是否为一个数字，如果输入的两个值不为数字，那么 alert 函数会输出错误对话框。

通过 IE 查看该 HTML，当输入的数值不合法时，结果如图 5-16 所示。

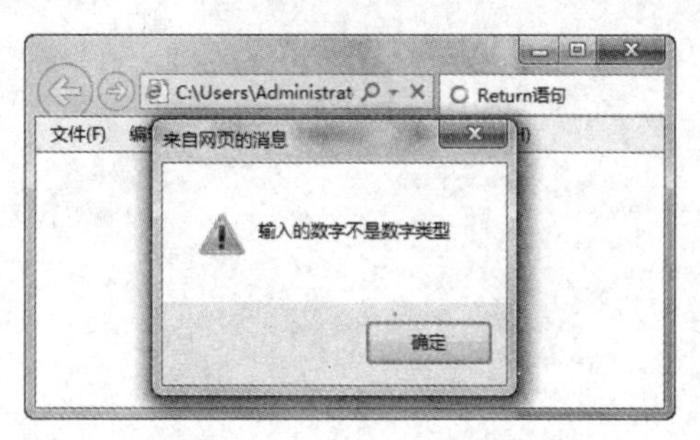


图 5-16　计算两数的和

注 意　如果输入的数字合法，但不使用 parseInt 进行转换时，“+”运算符不会进行加法运算，而是进行两个输入值的字符串连接操作。

## 5.3.2　自定义函数

同其他语言(如 Java 语言)一样，JavaScript 除了内置的系统函数可供调用之外，也可以自定义函数，然后调用执行。在 JavaScript 中，自定义函数的语法格式如下：

```
function funcName([param1][,param2…])
{
    //statements
    ......
}
```

其中：

(1) function：定义函数的关键字。

(2) funcName：函数名。

(3) param：参数列表，是传递给函数使用或操作的值，其值可以是任何类型(如字符串、数值型等)。

在自定义函数时需注意以下事项：

(1) 函数名必须唯一，且区分大小写。

(2) 函数命名的规则与变量命名的规则基本相同，以字母作开头，中间可以包括数

字、字母或下划线等。

(3) 参数可以使用常量、变量和表达式。

(4) 参数列表中有多个参数时，参数间以“,”隔开。

(5) 若函数需要返回值，则使用“return”语句。

(6) 自定义函数不会自动执行，只有调用时才会执行。

(7) 如果省略了 return 语句中的表达式，或函数中没有 return 语句，函数将返回一个 undefined 值。

**【示例 5.18】**编写一个计算器，实现加、减、乘、除的功能，并能对操作数和操作符的有效性进行验证。

创建一个名为 CalculatorEG.html 的页面，其代码如下：

```
<html>
<head>
    <title> 计算器 </title>
</head>
<body>
<script language="javascript">
    //第一个操作数
    var oper1 = prompt("输入操作数","");
    //第二个操作数
    var oper2 = prompt("输入被操作数","");
    //输入运算符号
    var operator = prompt("输入运算符(+,-,*,/)","");
    //先进行数值转换
    parseV();
    //结果
    var result;
    switch (operator)
    {
    case"+":
        //调用加法函数
        result = doSum(oper1,oper2);
        alert(oper1+"+"+oper2+"="+result);
        break;
    case"-":
        //调用减法函数
        result = doSubstract(oper1,oper2);
        alert(oper1+"-"+oper2+"="+result);
        break;
    case"*":
        //调用乘法函数
```

```
            result = doMultiply(oper1,oper2);
            alert(oper1+"*"+oper2+"="+result);
            break;
    case"/":
            //调用除法函数
            if(oper2==0){
                    alert("0 不能做除数！ ");
                    break;
            }
            result = doDivide(oper1,oper2);
            alert(oper1+"/"+oper2+"="+result);
            break;
    default:
            alert("输入的运算符不合法！ ");
    }
    //验证是否为数字，并转换成数字
    function parseV(){
    if(isNaN(oper1)||isNaN(oper2)){
            alert("输入的数字不合法！ ");
    }else{
            oper1 = parseFloat(oper1);
            oper2 = parseFloat(oper2);
    }
    }
    //加法运算
    function doSum(oper1,oper2){
            return oper1+oper2;
    }
    //减法运算
    function doSubstract(oper1,oper2){
            return oper1-oper2;
    }
    //乘法运算
    function doMultiply(oper1,oper2){
            return oper1*oper2;
    }
    //除法运算
    function doDivide(oper1,oper2){
            return oper1/oper2;
    }
```

```
        </script>
</body>
</html>
```

上述代码中，定义了五个函数，分别为 parseV()、doSum()、doSubstract()、doMultiply()、doDivide()。其中，parseV()函数用于把界面上输入的数字转换成数值类型，另外四个函数负责完成加、减、乘、除四个功能。通过 IE 查看该 HTML，结果如图 5-17 所示。

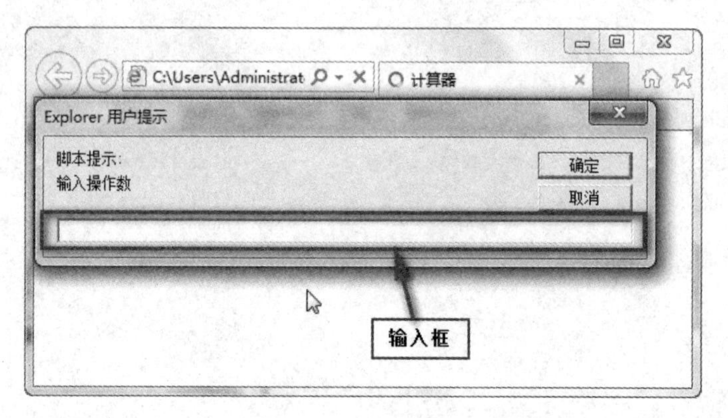


图 5-17　计算器演示

图 5-17 是操作数和操作符输入窗口，一共弹出三个类似的窗口，分别输入“3”、“7”和“*”后，结果如图 5-18 所示。

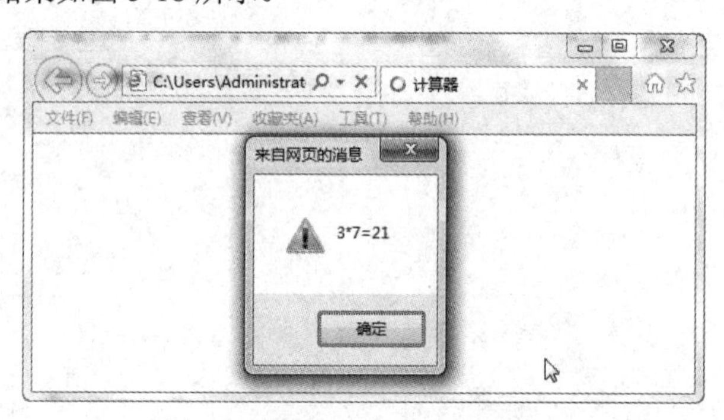


图 5-18　计算结果演示

注 意　该计算器还可以进行非法操作数、非法操作符和 0 作除数的验证，请读者自行验证。

此外，在很多语言中(如 Java)，函数只是语言的语法特征，可以被定义或调用，却不是数据类型，但在 JavaScirpt 中，函数实质上是一种数据类型，因此可以把自定义的函数赋给特定的变量，其语法格式如下：

```
function funcName([param1][,param2…])
{
        //statements
        ......
```

```
}
var fun1 = funcName;
```

其中，变量 fun1 的值就是 funcName 函数的引用，可以通过以下格式调用该函数：

```
fun1([param1][,param2…]);
```

上面调用方式与下面调用方式是完全等价的：

```
funcName([param1][,param2…]);
```

在定义函数的时候，也可以不用给函数命名(匿名函数)，直接把定义的匿名函数引用赋予变量，格式如下：

```
var func1 = function([param1][,param2…])
{
    //statements
    ......
}
```

那么该匿名函数的调用方式如下：

```
fun1([param1][,param2…]);
```

在同一个页面中不能定义名称相同的函数。另外，当用户自定义函数后，需要对该函数进行引用，否则自定义的函数将失去意义。

## 本 章 小 结

通过本章的学习，学生应该能够学会：

✧ JavaScript 语言同其他编程语言一样，有其自身的数据类型、表达式、算术运算符以及基本语句结构。

✧ JavaScript 中有字符串类型、数值型、布尔型、对象型、null 和 undefined 等基本数据类型。

✧ 变量是指程序中一个已经命名的存储单元，其主要作用是为操作提供存放数据的容器。

✧ JavaScript 是一种弱类型的语言，变量在定义时不必指明具体类型，对于同一变量可以赋不同类型的变量值。

✧ JavaScript 中根据变量的作用域可以分为全局变量和局部变量两种。

✧ JavaScript 中的注释分为单行注释和多行注释两种方式。

✧ JavaScript 中运算符主要分为算术运算符、比较运算符和逻辑运算符三类。

✧ JavaScript 常用的程序控制结构包括分支结构、迭代结构和转移语句。

✧ JavaScript 中有两种函数，即内置的系统函数和用户自定义函数。

## 本 章 练 习

1．下列说法正确的是______。

A．JavaScript 是一种解释型的语言

B．JavaScript 是一种强类型的语言

C．必须安装 Java 虚拟机才能运行 JavaScript

D．JavaScript 可以读写客户端硬盘上的文件

2．下列不属于 JavaScript 基本数据类型的是______。(多选)

A．整数　　　B．字符　　　C．字符串　　　D．布尔类型

3．JavaScript 表达式 1 + 2 + "3" + 4 + 5 的运算结果是______。

A．12345　　　B．339　　　C．3345　　　D．语法错误

4．下列代码的运行结果是______。

```
<script>
    var x = 1;
    function test() {
        var x = 2;
        y = 3;
        document.write(x);
    }
    test();
    document.write(x);
    document.write(y);
</script>
```

A．输出 223　　　B．输出 213　　　C．输出 21　　　D．运行错误

5．定义函数 max()，返回所有参数中的最大值。

# 第 6 章　JavaScript 对象

## 本章目标

- 掌握数组对象的创建方式
- 掌握数组对象常用方法的使用
- 掌握字符串对象常用方法的使用
- 掌握日期对象常用方法的使用
- 了解数学对象常用方法的使用
- 了解原型的概念
- 掌握自定义对象的几种创建方式

# 6.1 JavaScript 核心对象

JavaScript 语言是一种基于对象(Object)的语言，其核心对象主要有以下几种：

(1) 数组对象；

(2) 字符串对象；

(3) 日期对象；

(4) 数学对象。

对象是一种特殊的数据类型，它拥有属性和方法。

## 6.1.1 数组对象

数组(Array)是编程语言中常见的一种数据结构，可以用来存储一系列的数据。与其他强类型语言不同，在 JavaScript 中，数组可以存储不同类型的数据。数组中的各个元素可以通过索引进行访问，索引的范围为 0～length-1(length 为数组长度)。

### 1. 创建数组

Array 对象表示数组，创建数组的方式有以下几种：

```
// 不带参数，返回空数组。length 属性值为 0
new Array();
// 数字参数，返回大小为 size 的数组。length 值为 size，数组中的所有元素初始化为 undefined
new Array(size);
// 带多个参数，返回长度为参数个数的数组。length 值为参数的个数
new Array(e1, e2, ..., eN);
```

其中：

✧ size 是数组的元素个数。数组的 length 属性将被设为 size 的值。

✧ 参数 e1，…，eN 是参数列表。使用这些参数来调用构造函数 Array()时，新创建的数组的元素就会被初始化为这些值，它的 length 属性会被设置为参数的个数。

当把构造函数作为函数调用，不使用 new 运算符时，它的行为与使用 new 运算符时完全一样。

### 2. 数组的方法

Array 对象的主要方法及功能说明如表 6-1 所示。

表 6-1　Array 的方法及功能说明

| 方法名 | 功 能 说 明 |
| --- | --- |
| concat() | 连接两个或更多的数组，并返回合并后的新数组 |
| join() | 把数组的所有元素放入一个字符串并返回此字符串。元素通过指定的分隔符进行分隔 |
| pop() | 删除并返回数组的最后一个元素 |
| push() | 向数组的末尾添加一个或更多元素，并返回新的长度 |
| reverse() | 颠倒数组中元素的顺序 |
| sort() | 对数组的元素进行排序 |
| toString() | 把数组转换为字符串，并返回结果 |

注 意　在本书中，经常涉及“函数”和“方法”两个概念，对于对象或自定义对象内的函数都统一用“方法”一词，其他情况统称为“函数”。

【示例 6.1】输入任意多个数，使用数组对象进行升序排序。

创建一个名为 ArrayEG.html 的页面，其代码如下：

```
<html>
<head>
        <title>数组排序</title>
<script language="javascript">
//初始化数组对象
var array = new Array();
//调用初始化方法
init();
//打印排序后的结果
if (array.length == 0) {
                document.write("数组中无任何合法数值");
} else {
                document.write("排序前的结果为：<br/>");
                document.write(array + "<br/>");
                document.write("排序后的结果为：<br/>");
                document.write(array.sort(sortNumber));
}
//比较函数
function sortNumber(a, b)
{
                if (a < b) {
                        return -1;
                } else if (a == b) {
                        return 0;
                } else {
                        return 1;
```

```
                }
}
//任意输入多个数值
function init()
{
        while(true) {
                        var v =   prompt("输入数值，要结束时请输入'end'","");
                        if (v == 'end') {
                                break;
                        }
                        //输入的值为非数值型
                        if (isNaN(v)) {
                                break;
                        }
                        //保存到数组中
                        array.push(parseFloat(v));
                }
}
</script>
</head>
<body>
</body>
</html>
```

上述代码中，首先创建了一个名为 array 的对象，通过调用 init()方法输入任意多个数保存到该数组对象中，如果该数组的大小不为 0，则按升序排序输出。

通过 IE 查看该 HTML，输入对话框每次接收一个整数，可以输入任意个整数，最后输入“end”。例如输入以下数据：–10、68、99、–8、–25、1、23、95、end，结果将如图 6-1 所示。

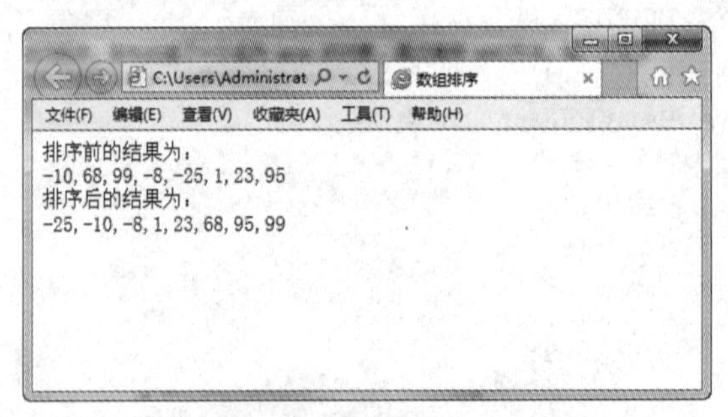


图 6-1　数组排序示例演示

Array 对象的 sort()方法对数组中的数值进行了升序排序，sort()方法的参数为排序规则，示例中传入了 sortNumber 函数的引用，所以会按照 sortNumber 函数的返回值进行排序，规则如下：

✧ 若 a 小于 b，则返回 –1；在排序后的数组中 a 应该出现在 b 之前；

✧ 若 a 等于 b，则返回 0；a 和 b 的位置不变；

✧ 若 a 大于 b，则返回 1；a 应该放在 b 的后面。

如果对数组进行降序排序，则 sortNumber 函数可改为如下代码：

```
//比较函数
function sortNumber(a, b)
{
        if (a > b) {
                return -1;
        } else if (a == b) {
                return 0;
        } else {
                return 1;
        }
}
```

此时，当 a 大于 b，函数返回–1，a 排在 b 的前面，则数组会降序排序。

如果调用 sort()方法时没有指定参数，将会按照字符编码的顺序对数组中的元素进行排序。

## 6.1.2　字符串对象

字符串是 JavaScript 中的一种基本数据类型，而字符串对象则封装了一个字符串，并且提供了许多操作字符串的方法，例如分割字符串、改变字符串的大小写、操作子字符串等。

**1．创建字符串对象**

创建一个字符串对象有几种方法。最常见的方式是用引号将一组字符包含起来，可以将其赋值给一个变量。

(1) 使用字面值创建，其语句如下：

```
var myStr = "Hello, String!";
```

上面语句创建了一个名为 myStr 的字符串。

声明字符串可以用单引号，也可以用双引号。

(2) 使用构造函数创建。上面利用字面值创建的字符串，本质上并不是真正的字符串对象，实际上它只是字符串类型(基本数据类型)的一个值。要创建一个字符串对象，可以使用如下语句：

```
var strObj = new String("Hello, String!");
```

当使用 new 运算符调用 String()构造函数时，它返回一个新创建的 String 对象，该对象存放的是字符串“Hello，String！”的值。

此外，可以使用下面方法创建字符串：

```
var str = String("Hello, String!");
```

上述语句不采用 new 操作符，直接调用 String 构造函数创建，这种方式与使用字面值的方式本质上是相同的，得到的是字符串类型的值。

注 意

使用 typeof 运算符查看会发现，上面的 myStr 和 str 的类型为 string，而 strObj 的类型为 object。

### 2．字符串方法及应用

String 对象提供了多个方法用于对字符串的操作，其主要方法及功能描述如表 6-2 所示。

表 6-2　String 对象的方法及功能描述

| 方法名 | 功 能 描 述 |
|---|---|
| charAt() | 返回在指定位置的字符 |
| concat() | 连接字符串 |
| indexOf() | 检索指定的字符串位置 |
| split() | 把字符串分割为字符串数组 |
| substring() | 提取字符串中两个指定的索引号之间的字符 |
| toLowerCase() | 把字符串转换为小写 |
| toUpperCase() | 把字符串转换为大写 |
| replace() | 替换与正则表达式匹配的子串 |
| anchor() | 创建锚点 |

注 意

JavaScript 的字符串是不可变的(immutable)，String 对象定义的方法都不能改变字符串的内容。像 toUpperCase()这样的方法，返回的是全新的字符串，而不是修改原始字符串。该特性和 Java 语言中的 String 类似。

(1) charAt()方法。charAt()方法从字符串中返回一个字符，其语法格式如下：

```
str.charAt(index)
```

其中，“index”指明返回字符的位置索引，起始索引是 0。

【示例 6.2】给定任意字符串，统计指定字母的个数。

创建一个名为 StringEG.html 的页面，其代码如下：

```
<html>
<head>
    <title> 统计字符个数</title>
</head>
<body>
<script language="javascript">
    //给定源字符串
    var sourceStr = prompt("输入任意字符串：","");
```

```
        //指定待统计的字符
        var ch = prompt("输入指定的字符：","");
        //定义计数器
        var count = 0;
        for (i = 0; i < sourceStr.length; i++)
        {
                if (sourceStr.charAt(i) == ch)
                {
                count++;
                }
        }
        document.write(ch + "的个数为：" + count);
</script>
</body>
</html>
```

上述代码中，使用字符串对象的 charAt()方法来返回指定位置的字符，然后和指定的字符比较，如果相等则计数器加 1，最后打印指定字符的个数。

通过 IE 查看该 HTML，网页会调用 prompt()方法弹出输入对话框，分别输入字符串“abcda”和指定字符“a”后，在页面上输出结果为：

```
a 的个数为 2
```

(2) indexOf()方法。indexOf()方法从特定的位置起查找指定的字符串，其返回值是查找到的第一个位置，如果在指定位置后找不到，则返回–1，其语法格式如下：

```
str.indexOf(string,index)
```

其中：

✧ string：要查找的字符串。

✧ index：查找的起始位置。

**【示例 6.3】**演示 indexOf()的使用方法。

创建一个名为 IndexOfEG.html 的页面，其代码如下：

```
<html>
<head>
        <title>indexOf 方法演示</title>
        <script language="javascript">
                var str = "0123456789";
                document.write("str.indexOf('1')的执行结果为："+
                        str.indexOf('1')+"<br/>");
                document.write("str.indexOf('45')的执行结果为："+
                        str.indexOf('45')+"<br/>");
                document.write("str.indexOf('a')的执行结果为："+
                        str.indexOf('a')+"<br/>");
        </script>
```

```
</head>
<body>
</body>
</html>
```

上述代码中，分别返回了字符串“0123456789”中‘1’、‘45’以及‘a’的位置，通过 IE 查看该 HTML，在页面上输出的结果如下：

```
str.indexOf('1')的执行结果为：1
str.indexOf('45')的执行结果为：4
str.indexOf('a')的执行结果为：-1
```

由上述结果得知，当字符串不包含指定的字符时返回的值为“-1”。

(3) lastIndexOf()方法。lastIndexOf()方法与 indexOf()使用方法相同，区别在于该方法是从字符串的指定位置向前搜索。

(4) substring()方法。substring()方法用于截取子字符，其语法格式如下：

```
str.substring(start,stop)
```

其中：

✧ start：必需。非负整数，规定要提取的子串的第一个字符在 str 中的位置。

✧ stop：可选。非负整数，如果省略该参数，会返回 start 后的所有字符。

该方法会返回一个新的字符串，其内容是从 start 处到 stop-1 处的所有字符，长度为 stop-start。

【示例 6.4】演示 substring()的用法。

创建一个名为 SubstringEG.html 的页面，其代码如下：

```
<html>
<head>
    <title>substring 方法演示</title>
    <script language="javascript">
        var str = "字符串对象演示";
        document.write(str.substring(1,3)+"<br>");
        document.write(str.substring(3,1)+"<br>");
        document.write(str.substring(2));
    </script>
</head>
<body></body>
</html>
```

上述代码中，分别演示了两个参数位置调换以及只有一个参数的情况。

通过 IE 查看该 HTML，在页面上输出的结果如下：

```
符串
符串
串对象演示
```

两个参数的位置无先后顺序，程序会将两个参数中较小的作为截取的起始位置。

(5) toLowerCase()和 toUpperCase()方法。toLowerCase()方法是将给定的字符串中的所有字符转换成小写字母，而 toUpperCase()方法与其作用相反，会全部转换成大写字母。它们的语法格式如下：

```
str.toLowerCase()
str.toUpperCase()
```

【示例 6.5】演示 toLowerCase()和 toUpperCase()方法的用法。

创建一个名为 ChartCaseEG.html 的页面，其代码如下：

```
<html>
<head>
    <title>toLowerCase 和 toUpperCase 方法演示</title>
    <script language="javascript">
        var str = "JavaScript";
        document.write("toLowerCase 方法的输出：" + str.toLowerCase()
            + "<br>");
        document.write("toUpperCase 方法的输出："+str.toUpperCase());
    </script>
</head>
<body></body>
</html>
```

上述代码中，分别使用 toUpperCase()和 toLowerCase()方法对字符串“JavaScript”进行大小写转换。

通过 IE 查看该 HTML，在页面上输出的结果如下：

```
toLowerCase 方法的输出：javascript
toUpperCase 方法的输出:JAVASCRIPT
```

(6) anchor()方法。anchor()方法可以在 HTML 页面中创建一个锚点，其语法格式如下：

```
str.anchor(anchorName)
```

其中：

✧ str 是指要设置锚点的字符串对象。

✧ anchorName 是必需的，它为锚点定义名称。

【示例 6.6】演示 anchor ()方法的用法。

创建一个名为 AnchorEG.html 的页面，其代码如下：

```
<html>
<head>
    <title>anchor 方法演示</title>
</head>
```

```
<body>
	<p>字符的<a href="#anchor1">引用</a></p>
	<script language="javascript">
		var str = "这是一个锚点";
		anchor1 = str.anchor("anchor1");
		document.write(anchor1);
	</script>
</body>
</html>
```

上述代码中，定义了一个名为“anchor1”的锚点，然后通过 document.write()方法在网页中输出，当单击“引用”超链接时会链接到此锚点所在位置。

通过 IE 查看该 HTML，运行结果如图 6-2 所示。

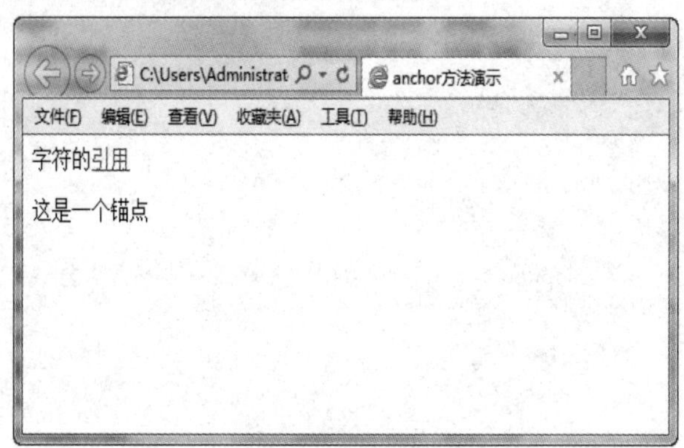


图 6-2 anchor 方法使用演示

### 3. 转义字符

转义字符是 JavaScript 中表示字符的一种特殊形式。通常使用转义字符表示 ASCII 码字符集中不可打印的控制字符和特定功能的字符，如单引号、双引号、反斜杠等。转义字符用反斜杠“\”后面跟一个字符表示。常见的转义字符如表 6-3 所示。

**表 6-3 转 义 字 符**

| 转义字符 | 实 现 方 法 |
|---|---|
| 双引号 | \” |
| 单引号 | \’ |
| 反斜杠 | \\ |
| 退格 | \b |
| Tab | \t |
| 换行 | \n |
| 回车 | \r |
| 进格 | \f |

**【示例 6.7】**演示转义字符的使用方法。

创建一个名为 strEscapeCharEG.html 的页面，其代码如下：

```
<script language="javascript">
    var str = "转义字符\n\"换行符\"和\"双引号\"";
    alert(str);
</script>
```

上述代码中，通过 alert 函数输出了一个字符串，使用了换行符和双引号这两个转义字符。

通过 IE 查看该 HTML，结果如图 6-3 所示。

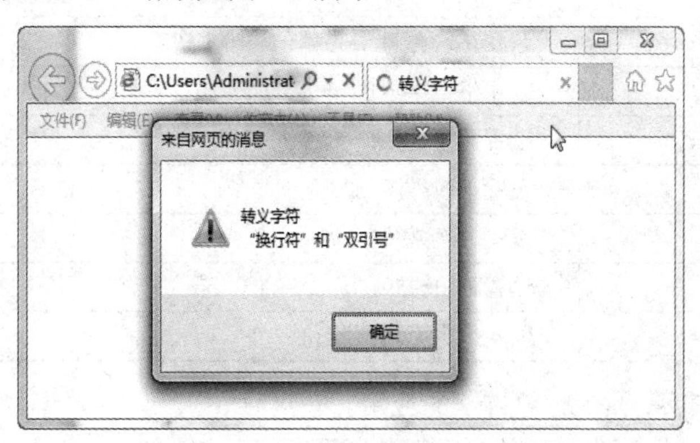


图 6-3　转义字符演示

## 6.1.3　日期对象

JavaScript 提供了处理日期的对象和方法。通过日期对象便于获取系统时间，并设置新的时间。

### 1．创建日期对象

Date 对象表示系统当前的日期和时间，下列语句创建了一个 Date 对象：

```
var myDate = new Date();
```

此外，在创建日期对象时可以指定具体的日期和时间，语法格式如下：

```
var myDate = new Date('MM/dd/yyyy HH:mm:ss');
```

其中：

✧ MM：表示月份，其范围为 0(一月)～11(十二月)。
✧ dd：表示日，其范围为 1～31。
✧ yyyy：表示年份，4 位数，如 2010。
✧ HH：表示小时，其范围为 0(午夜)～23(晚上 11 点)。
✧ mm：表示分钟，其范围为 0～59。
✧ ss：表示秒，其范围为 0～59。

例如：

```
var myDate = new Date('9/25/2010 18:36:42');
```

### 2．日期对象的方法

Date 对象提供了获取和设置日期或时间的方法，如表 6-4 所示。

表 6-4　Date 对象方法

| 方　法 | 说　　明 |
|---|---|
| getDate() | 返回在一个月中的哪一天(1～31) |
| getDay() | 返回在一个星期中的哪一天(0～6)，其中星期天为 0 |
| getHours() | 返回在一天中的哪一个小时(0～23) |
| getMinutes() | 返回在一小时中的哪一分钟(0～59) |
| getMonth() | 返回在一年中的哪一月(0～11) |
| getSeconds() | 返回在一分钟中的哪一秒(0～59) |
| getFullYear() | 以 4 位数字返回年份，如 2010 |
| setDate() | 设置月中的某一天(1～31) |
| setHours() | 设置小时数(0～23) |
| setMinutes() | 设置分钟数(0～59) |
| setSeconds() | 设置秒(0～59) |
| setFullYear() | 以 4 位数字设置年份 |

【示例 6.8】演示 Date 对象方法的应用。

创建一个名为 DateEG.html 的页面，其代码如下：

```
<script language="javascript">
    var date = new Date();
    document.write(date.getFullYear() + "年"
                + (date.getMonth() + 1) + "月"
                + date.getDate() + "日");
    document.write('<br/>');
    document.writeln(date.getHours() + "时"
                        + date.getMinutes() + "分"
                        + date.getSeconds() + "秒");
</script>
```

上述代码中，使用 Date 对象提供的方法输出了系统当前的日期和时间，输出结果如下所示：

```
2015年4月27日
11时0分57秒
```

注 意

在 JavaScript 中 Date()类型的对象取年份的时候，通常情况下用 date.getFullYear()方法，而不用 date.getYear()方法取，原因是在 chrome 浏览器、FireFox 浏览器或者是其他浏览器，甚至是 IE10 浏览器中，date.getYear()方法返回的是“当前年份-1900”的值(即年份基数是 1900)。

【示例 6.9】实现一个动态的数字时钟。

创建一个名为 Timer.html 的页面，其代码如下：

```
<html>
<head>
```

```
    <title>数字时钟</title>
    <script language="javascript">
        function displayTime()
        {
            //定义对象
            var today = new Date();
            //获取当前日期
            var hours = today.getHours();
            var minutes = today.getMinutes();
            var seconds = today.getSeconds();
            //将分秒格式化
            minutes = fixTime(minutes);
            seconds = fixTime(seconds);
            var time = hours+":"+minutes+":"+seconds;
            document.getElementById("txt").innerHTML = time;
            setTimeout('displayTime();',1000);
        }
        //将小于 10 的数字前面加 0
        function fixTime(time)
        {
            if (time < 10)
            {
                time = "0" + time;
            }
            return time;
        }
    </script>
</head>
<body onload = displayTime()>
    <div id="txt"></div>
</body>
</html>
```

上述代码中，使用 Date 对象的属性和方法实现了一个动态的数字时钟，并显示在页面中的 div 中。setTimeout()方法可以在指定时间后调用 JavaScript 代码，例如：

```
setTimeout('displayTime();', 1000);
```

上面代码会在 1 秒钟后调用 displayTime()函数，运行结果如图 6-4 所示。

注 意

【示例 6.9】中使用了 onload 事件，当页面加载时，触发该事件并调用 displayTime()方法。此外，还使用了 document 对象的 getElementById()方法，通过该方法获取 div 对象并设置内容，使其动态的显示系统当前时间，关于事件和 DOM 对象的详细介绍分别参见第 7 章和第 8 章。

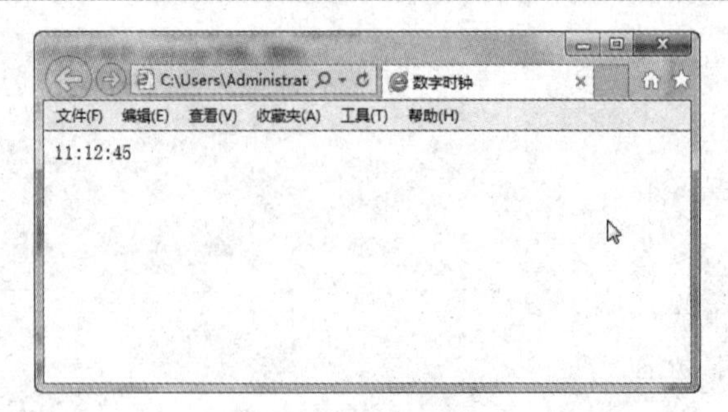


图 6-4　动态时钟演示

### 6.1.4　数学对象

Math 对象提供了一组在进行数学运算时非常有用的属性和方法。

1. Math 对象的属性

Math 对象的属性是一些常用的数学常数，如表 6-5 所示。

表 6-5　常用 Math 属性

| Math 属性 | 说　明 |
|---|---|
| E | 自然对数的底 |
| LN2 | 2 的自然对数 |
| LN10 | 10 的自然对数 |
| LOG2E | 底数为 2，真数为 E 的对数 |
| LOG10E | 底数为 10，真数为 E 的对数 |
| PI | 圆周率的值 |
| SORT1_2 | 0.5 的平方根 |
| SORT2 | 2 的平方根 |

【示例 6.10】演示 Math 对象属性的用法。

创建一个名为 MathPropertyEG.html 的页面，其代码如下：

```
<script language="javascript">
    function CalCirArea(r)
    {
        var x = Math.PI;
        var CirArea = x * r * r;
        document.write("半径为\"" + r + "\"的圆的面积为：" + CirArea);
    }
    var r = 2;
    CalCirArea(r);
</script>
```

上述代码中，使用了 Math 对象的 PI 属性，用以计算圆的半径。

通过 IE 查看该 HTML，在页面上输出的结果如下：

```
半径为"2"的圆的面积为：12.566370614359172
```

注 意　Math 对象与 Date 和 String 对象不同，没有构造函数 Math()，因此不能够手工创建 Math 对象，当调用其属性或方法时可通过“Math.属性名”或“Math.方法名”的形式直接调用，如 Math.PI。

### 2．Math 对象方法

Math 对象方法丰富，可直接引用这些方法来实现数学计算，常用的方法及说明如表 6-6 所示。

表 6-6　常用 Math 方法及说明

| Math 方法 | 说　明 |
| --- | --- |
| sin()/cos()/tan() | 分别用于计算数字的正弦/余弦/正切值 |
| asin()/acos()/atan() | 分别用于返回数字的反正弦/反余弦/反正切值 |
| abs() | 取数值的绝对值，返回数值对应的正数形式 |
| ceil() | 返回大于等于数字参数的最小整数，对数字进行上舍入 |
| floor() | 返回小于等于数字参数的最大整数，对数字进行下舍入 |
| exp() | 返回 E(自然对数的底)的 x 次幂 |
| log() | 返回数字的自然对数 |
| pow() | 返回数字的指定次幂 |
| random() | 返回一个(0，1)之间的随机小数 |
| sqrt() | 返回数字的平方根 |

(1) random()方法。random()方法用于获取随机数。该方法返回一个大于等于 0、小于 1 的随机浮点数。

**【示例 6.11】**随机产生 5 个 0～99 之间的数字，保存到数组中并按升序排序后显示。

创建一个名为 RandomEG.html 的页面，其代码如下：

```
<html>
<head>
<meta http-equiv="Content-Type" content="text/html; charset=gb2312" />
<title>生成随机数</title>
<script language="javascript">
    //定义一个数组
    var array=new Array();
    for (i=0;i<5 ;i++ )
    {
        array[i] = parseInt(Math.random()*100);
    }
    document.write("<li>排序前："+array+"<br>");
    document.write("<li>排序后："+array.sort(sortNumber)+"<br>");
```

```
        //比较函数
        function sortNumber(a,b)
        {
                if (a<b) {
                        return -1;
                } else if(a==b) {
                        return 0;
                } else {
                        return 1;
                }
        }
</script>
</head>
<body>
</body>
</html>
```

上述代码中，使用 random()方法随机产生了 0～99 之间的 5 个数字，然后保存到数组中，通过数组对象的 sort()方法将 5 个随机数进行升序排序，最后输出。

通过 IE 查看该 HTML，在页面上显示的结果为：

```
排序前：68,53,67,34,21
排序后：21,34,53,67,68
```

(2) max()和 min()方法。这两个方法分别用于判断一组数值中的最大值和最小值，都可以接收任意多个参数，其语法格式分别如下：

```
Math.max(数值列表);//返回最大值
Math.min(数值列表);//返回最小值
```

【示例 6.12】演示 max()和 min()的使用方法。

创建一个名为 MaxMinEG.html 的页面，其代码如下：

```
<script language="javascript">
        document.write("最大值为：" + Math.max(3,5,2,73,23) + "<br/>");
        document.write("最小值为：" + Math.min(3,5,2,73,23));
</script>
```

上述代码中，利用 max()和 min()方法分别获取了(3,5,2,73,23)这组数值的最大值和最小值，在页面上输出的结果如下所示：

```
最大值为：73
最小值为：2
```

(3) round()方法。round()方法用于对浮点数进行四舍五入，返回舍入后的整数，其语法格式如下：

```
Math.round(浮点数)
```

【示例 6.13】演示 round()方法的使用。

创建一个名为 RoundEG.html 的页面，其代码如下：

```
<script language="javascript">
        document.write("6.23 四舍五入后的值为：" + Math.round(6.23) + "<br/>");
        document.write("6.52 四舍五入后的值为：" + Math.round(6.52));
</script>
```

上述代码中，通过使用 round()方法分别对数值“6.23”和“6.52”进行四舍五入，输出结果如下所示：

```
6.23 四舍五入后的值为：6
6.52 四舍五入后的值为：7
```

**【示例 6.14】**通过对 Math 对象方法的使用，实现随机生成头像图片的功能。

创建一个名为 RandomImg.html 的页面，其代码如下：

```
<html>
<head>
<meta http-equiv="Content-Type" content="text/html; charset=gb2312" />
<title>随机生成头像图片</title>
<script language="javascript">
        var vNum = Math.random();
        vNum = Math.round(vNum*10);
        var addr = "<img src =\"images/" + vNum + ".gif\">";
        document.write(addr);
</script>
</head>
<body>
</body>
</html>
```

上述代码中，首先使用 Math 对象的 random()方法生成一个 0～1 之间的随机数，然后将此随机数与 10 相乘得到一个 0～10 范围之间的数字，再调用 round()方法进行四舍五入，然后通过 write()函数将 images 文件夹中对应的图片显示在页面中，每刷新一次页面图片就会改变一次。通过 IE 查看该 HTML，结果如图 6-5 所示。

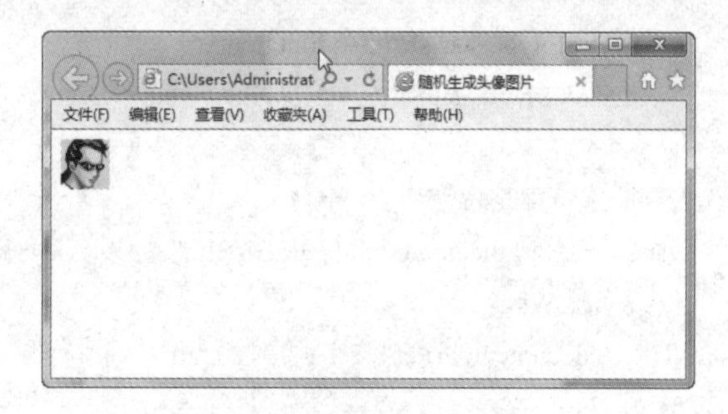


图 6-5　随机生成头像图片

## 6.2　自定义对象

在 JavaScript 中，除了使用 String、Date、Array 等对象之外，还可以创建自己的对象。对象是一种特殊的数据类型，并拥有一系列的属性和方法。

### 6.2.1 原型

在 JavaScript 中，所有的对象都拥有只读的 prototype(原型)属性，通过 prototype 可以为新创建对象或已有对象(如 String)添加新的属性和方法。其语法格式如下：

```
object.prototype.name = value
```

其中：

- ✧ object：被扩展的对象，如 String 对象。
- ✧ prototype：对象的原型。
- ✧ name：需要扩展的属性或方法，如果是属性，则 value 为特定的属性值；如果是方法，则 value 是方法的引用。

【示例 6.15】扩展 String 对象，实现 startsWith()方法和 endsWith()方法，分别用于判断字符串是否以指定的字符串开始和结束。

创建一个名为 StringExtend.html 的页面，其代码如下：

```
<html>
<head>
    <title>prototype 用法 </title>
</head>
<body>
<script language="javascript">
    // 判断字符串是否以指定的字符串结束
    String.prototype.endsWith = function(str) {
        return this.substr(this.length - str.length) == str;
    }
    // 判断字符串是否以指定的字符串开始
    String.prototype.startsWith = function(str) {
        return this.substr(0, str.length) == str;
    }
    //判断字符串是否以"start"开始
    var str = "start the game ; the game is end";
    if(str.startsWith("start")){
        document.write("该字符串以 start 开始<br>");
    }
    if(str.endsWith("end")){
        document.write("该字符串以 end 结束<br>");
    }
</script>
</body>
</html>
```

上述代码中，使用 prototype 属性对 String 对象进行了扩展，把两个匿名函数的引用分

别赋予 endsWith 和 startsWith，从而使得 String 对象拥有了 endsWith 和 startsWith 方法。

通过 IE 查看该 HTML，在页面上输出的结果如下：

```
该字符串以 start 开始
该字符串以 end 结束
```

注 意　上述 startsWith()和 endsWith()两个方法是在 JavaScript 运行期间动态添加的，并且添加的这两个方法只对当前网页有效，如果想要在其他网页中引用这两个函数，可以把它们单独放在 js 文件中，供其他网页引用。

## 6.2.2　对象创建

JavaScript 对象的创建主要有四种方式，即 JSON 方式、构造函数方式、原型方式和混合方式。

### 1. JSON 方式

JSON(JavaScript Object Notation)是一种轻量级的数据交换格式，非常适合于服务器与 JavaScript 的交互。通过使用 JSON 方式可以在 JavaScript 代码中创建对象，也可以在服务器端程序中按照 JSON 格式创建字符串，在 JavaScript 中把该字符串解析成 JavaScript 对象。

JSON 格式的对象语法格式如下：

```
{	//对象内的属性语法(属性名与属性值是成对出现的)
	propertyName:value,
	//对象内的函数语法(函数名与函数内容是成对出现的)
	methodName:function(){...}
};
```

其中：

- ✧ propertyName：属性名称，每个属性名后跟一个“:”，后面跟一个值，该值可以是字符串、数值、对象等类型，并且每个“propertyName:value”对以“,”分割。
- ✧ methodName：方法名称，每个方法名后跟一个“:”，后面跟一个匿名函数。
- ✧ 一个对象以“{”开始，以“}”结束，大括号必不可少。

对于 JSON 格式的 JavaScript 对象有两种创建方式，第一种是直接在 JavaScript 代码中创建；另外一种是通过 eval()函数把 JSON 格式的字符串解析成 JavaScript 对象。

(1) 创建 JSON 格式的对象。

**【示例 6.16】**演示创建 JSON 格式的对象。

创建一个名为 JsonEG.html 的页面，其代码如下：

```
<html>
<head>
	<title>substring 方法演示</title>
	<script language="javascript">
		var user = {
```

```
                    name:"张三",
                    age:23,
                    address:
                    {
                        city:"青岛",zip:"266071"
                    },
                    email:"iteacher@tech-yj.com",
                    showInfo:function(){
                        document.write("姓名："+ this.name + "<br/>");
                        document.write("年龄："+ this.age + "<br/>");
                        document.write("地址："+ this.address.city
                            + "<br/>");
                        document.write("邮编：" + this.address.zip
                            + "<br/>");
                        document.write("E-mail：" + this.email
                            + "<br/>");
                    }
            };
            user.showInfo();
    </script>
</head>
<body></body>
</html>
```

上述代码中，利用 JSON 方式创建了一个 JSON 格式的 JavaScript 对象，然后把该对象赋予变量 user，该对象共有四个属性和一个名为 showInfo()的方法，其中 address 属性值也是一个 JSON 格式的对象。代码中的 this 用于指代当前 JSON 对象。

通过 IE 查看该 HTML，在页面上输出的结果如下：

```
姓名：张三
年龄：23
地址：青岛
邮编：266071
E-mail：iteacher@tech-yj.com
```

(2) 使用 eval 函数解析 JSON 格式的字符串。

**【示例 6.17】**通过使用 eval()函数解析 JSON 格式的字符串。

创建一个名为 JsonStrEG.html 的页面，其代码如下：

```
<html>
<head>
    <title>substring 方法演示</title>
    <script language="javascript">
        var user = '{name:"张三",age:23,'
```

```
                    + 'address:{city:"青岛",zip:"266071"},'
                    + 'email:" iteacher@tech-yj.com ",'
                    + 'showInfo:function(){'
                    + 'document.write("姓名：" + this.name + "<br/>");'
                    + 'document.write("年龄：" + this.age + "<br/>");'
                    + 'document.write("地址：" + this.address.city
                        + "<br/>");'
                    + 'document.write("邮编：" + this.address.zip
                        + "<br/>");'
                    + 'document.write("E-mail：" + this.email
                        + "<br/>");} }';
            var u = eval('('+user+')')
            u.showInfo();
    </script>
</head>
<body></body>
</html>
```

上述代码中，把 JsonEG.html 中的 JSON 格式对象改造成字符串的形式，即 user 变量是一个 JSON 格式的字符串，然后通过 eval()函数把该字符串解析成 JavaScript 对象，并调用其 showInfo()方法，其运行结果与 JsonEG.html 的运行结果完全相同。

注 意

在 Ajax 技术中(《JavaWeb 程序设计》中讲解)使用 eval()函数解析 JSON 格式字符串的方式应用十分广泛，在 eval()函数参数中加上一对圆括号，如上面代码所示，目的是把字符串强制转换成普通的 JavaScript 对象，如果被解析的字符串是数组格式，因数组是一种 JavaScript 对象，则不必使用圆括号。

### 2. 构造函数方式

编写一个构造函数，通过 new 来调用构造函数也可以创建对象。构造函数可以带有参数，其语法格式如下：

```
function funcName() {
    this.property = value;
    ......其他属性;
    this.methodName = function() {......};
    ......其他方法
}
```

其中：

- ✧ 构造函数 funcName 内的属性(property)或者方法(methodName)前必需加上 this 关键字。
- ✧ 函数体内的内容与值用等号分隔，成对出现。
- ✧ 构造函数包含的变量、属性或者方法之间以分号分隔。
- ✧ 方法需要写在构造函数体之内。

【示例 6.18】演示通过构造函数的方式来创建 JS 对象。

创建一个名为 ConstructorEG.html 的页面，其代码如下：

```
<html>
<head>
	<title>substring 方法演示</title>
	<script language="javascript">
		function User(){
			this.name = "张三";
			this.age = 23;
			this.address =
			{
				city:"青岛",zip:"266071"
			};
			this.email = "iteacher@tech-yj.com";
			this.showInfo = function(){
				document.write("姓名："+this.name+"<br/>");
				document.write("年龄："+this.age+"<br/>");
				document.write("地址："+this.address.city+"<br/>");
				document.write("邮编："+this.address.zip+"<br/>");
				document.write("E-mail："+this.email+"<br/>");
			}
		};
		var user = new User();		//利用构造函数创建 User 对象
		user.showInfo();
	</script>
</head>
<body></body>
</html>
```

上述代码中，创建一个名为 User 的构造函数，该函数中包括四个属性和一个方法，与 JsonEG.html 中的代码类似；通过 new 调用构造函数的方式创建了一个名为 user 的 User 类型对象，然后调用 showInfo()方法打印相关信息，运行结果与 JsonEG.html 中的相同。

### 3．原型方式

通过原型的方式也可以创建对象，原型的语法格式在前面已经讲解，不再赘述。

【示例 6.19】演示通过原型的方式来创建 JS 对象。

创建一个名为 PrototypeEG.html 的页面，其代码如下：

```
<html>
<head>
	<title>原型方式创建对象</title>
	<script language="javascript">
```

```
            function User(){
            };
            User.prototype.name = "张三";
            User.prototype.age = 23;
            User.prototype.address =
            {
                    city:"青岛",zip:"266071"
            };
            User.prototype.email = "iteacher@tech-yj.com";
            User.prototype.showInfo = function(){
                    document.write("姓名："+this.name+"<br/>");
                    document.write("年龄："+this.age+"<br/>");
                    document.write("地址："+this.address.city+"<br/>");
                    document.write("邮编："+this.address.zip+"<br/>");
                    document.write("E-mail："+this.email+"<br/>");
            }
            var user = new User();
            user.showInfo();
        </script>
</head>
<body></body>
</html>
```

上述代码中，首先创建了一个空的构造函数，然后通过原型的方式添加了属性和方法，其运行结果与 JsonEG.html 中的相同。

**4．混合方式**

在实际应用中，通常采用构造函数和原型两者混合的方式来创建 JS 对象。因为如果只采用构造函数，那么每创建一个新对象都会创建一次内部的方法，例如，在【示例 6.18】中，每创建一个 User 对象都要创建一次 showInfo()方法；而对于原型方式，因为构造函数没有属性和方法，当属性为对象时，所有被创建对象的对象类型(object)属性值都相同。例如，在 PrototypeEG.html 中创建一个新的对象 user1，代码如下：

```
    <script language="javascript">
    ......省略
            var user = new User();
            var user1 = new User();
            user1.name="李四";
            user1.address.city="济南";
            user.showInfo();
            user1.showInfo();
    </script>
```

上述代码运行结果如下：

```
姓名：张三
年龄：23
地址：济南
邮编：266071
E-mail：iteacher@tech-yj.com
姓名：李四
年龄：23
地址：济南
邮编：266071
E-mail：iteacher@tech-yj.com
```

由此可见，在使用原型方式创建对象时，其对象类型的属性值对于每个对象而言都是相同的。

由于构造函数方式和原型方式在创建对象时都有缺点，所以在实际应用中通常采用两种方式的结合——混合方式来创建对象。

**【示例 6.20】**演示通过混合方式来创建 JS 对象。

创建一个名为 CompositeEG.html 的页面，其代码如下：

```
<html>
<head>
    <title>混合方式创建对象</title>
    <script language="javascript">
        function User(name,age,email){
            this.name = name;
            this.age = age;
            this.email = email;
            this.address =
            {
                city:"青岛",zip:"266071"
            };
        };
        User.prototype.showInfo = function(){
            document.write("姓名："+this.name+"<br/>");
            document.write("年龄："+this.age+"<br/>");
            document.write("地址："+this.address.city+"<br/>");
            document.write("邮编："+this.address.zip+"<br/>");
            document.write("E-mail："+this.email+"<br/>");
        }
        var user1 = new User("张三",23,"zhangsan@163.com");
        var user2 = new User("李四",24,"lisi@163.com");
        user2.address.city="济南";
        user2.address.zip = "123456";
```

```
            user1.showInfo();
            user2.showInfo();
    </script>
</head>
<body></body>
</html>
```

上述代码中，创建了一个名为 User 的构造函数，该构造函数带有三个参数，分别用于初始化 name、age、email 属性，在该构造函数外，利用原型的方式创建了名为 showInfo()的方法。

通过 IE 查看该 HTML，输出结果如下：

```
姓名：张三
年龄：23
地址：青岛
邮编：266071
E-mail：zhangsan@163.com
姓名：李四
年龄：24
地址：济南
邮编：123456
E-mail：lisi@163.com
```

上面通过四种方式依次讲解了 JS 对象的创建，采用类似的代码结构，便于读者进行对比分析。

## 本 章 小 结

通过本章的学习，学生应该能够学会：

✧ JavaScript 对象是由属性和方法构成的。
✧ 常用的 JavaScript 对象有 Array、String、Date 和 Math 等。
✧ 数组是常用的一种数据结构，可用来存储一系列的数据。
✧ 字符串对象封装了一个字符串类型的值，并且提供了相应的操作字符串的方法。
✧ Date 日期对象可用来获取系统时间，并设置新的时间。
✧ Math 对象提供了一些用于数学运算的属性和方法。
✧ 根据 JavaScript 的对象扩展机制，用户可以自定义 JavaScript 对象。
✧ 原型(prototype)是一种创建对象属性和方法的方式，所有的 JavaScript 对象都拥有只读的 prototype 属性。
✧ JSON(JavaScript Object Notation)是一种轻量级的数据交换格式，非常适合于服务器与 JavaScript 之间的数据交互。
✧ 对象的创建主要有四种方式：JSON 方式、构造函数方式、原型方式和混合方式。

## 本 章 练 习

1．可以填入下列代码空白处的是______。(多选)

```
<script>
    __________
    a[10] = 100;
</script>
```

A．var a = new Array();　　B．var a = new Array(10);

C．var a = new Array(11);　　D．var a = [1,2,3];

2．下列代码的输出结果是______。

```
<script>
    var a = new Array();
    document.write(a.length);
    a[1] = 1;
    document.write(a.length);
    a = [1, 2, 3, 4,];
    document.write(a.length);
</script>
```

A．014　　B．024　　C．025　　D．运行错误

3．下列代码中能够以“1949 年 10 月 1 日”的格式输出当前日期的是______。

A．var d = new Date();
document.write(d.getFullYear() + "年"　+ d.getMonth() + "月"
　　+ d.getDate() + "日");

B．var d = new Date();
document.write(d.getFullYear() + "年" + d.getMonth() + 1 + "月"
　　+ d.getDay() + "日");

C．var d = new Date();
document.write(d.getFullYear() + "年" + (d.getMonth() + 1) + "月"
　　+ d.getDay() + "日");

D．var d = new Date();
document.write(d.getFullYear() + "年" + (d.getMonth() + 1) + "月"
　　+ d.getDate() + "日");

4．写一个函数判断字符串是否是回文字符串。回文是指颠倒以后与原来一样的字符串，如“abcdcba”颠倒以后和原来一样，所以是回文。

5．创建一个表示学生的自定义对象，要求包含学号、姓名、性别、生日的属性，以及上课、上自习、考试的方法。

# 第7章　DOM编程

## 本章目标

- 理解事件的概念
- 掌握常用事件的使用
- 理解 DOM 的概念
- 理解 DOM 的结构组成
- 掌握 Window 对象属性、方法及事件的使用
- 掌握 Document 对象属性和方法的使用
- 掌握表单对象属性、方法及事件的使用
- 了解其他 DOM 对象的常用属性、方法及事件

## 7.1 事件

用户在网页上执行操作时会触发各种事件，通过创建事件的处理程序，可以提高网页的交互性。JavaScript 语言是一个事件驱动的编程语言。事件是 JavaScript 程序处理并响应用户动作的唯一途径，通过建立事件与 JavaScript 脚本的一一对应关系，把用户输入状态的改变准确地传给脚本，并予以处理，然后把结果反馈给用户，这样就实现了一个周期的交互过程。

JavaScript 对事件的处理分为定义事件和编写事件脚本两个阶段，可以定义的事件类型几乎影响到 HTML 的每一个元素，如浏览器窗口、窗体文档、图形、链接等。常用的事件列表如表 7-1 所示。

表 7-1　常用事件列表

| 事件 | 说　明 | 事件 | 说　明 |
|---|---|---|---|
| onAbort | 用户中断图形装载 | onMousemove | 鼠标移动 |
| onBlur | 元素失去焦点 | onMouseover | 鼠标移过元素上方 |
| onChange | 元素内容发生改变，如文本域中的文本和选择框的状态 | onMouseout | 鼠标从元素上方移开 |
| onClick | 单击鼠标按钮或键盘按键 | onMousedown | 鼠标按键按下 |
| onDragdrop | 浏览器外的物体被拖到浏览器中 | onMouseup | 鼠标按键抬起 |
| onError | 元素装载发生错误 | onMove | 帧或者窗体移动 |
| onFocus | 元素得到焦点 | onReset | 表单内容复位 |
| onKeydown | 用户按下一个键 | onResize | 元素大小属性发生改变 |
| onKeypress | 用户按住一个键不放 | onSubmit | 表单提交 |
| onKeyup | 用户将按下的键抬起 | onSelect | 元素选中的内容发生改变，如文本域中的文本和下拉选单中的选项 |
| onLoad | 元素装载 | onUnload | 窗口被卸载，也就是离开当前浏览窗口时 |

## 7.2 DOM 简介

1998 年，W3C 发布了第一级的 DOM(Document Object Model，文档对象模型)规范。这个规范允许访问和操作 HTML 页面中每一个单独的元素，所有的浏览器都执行了该标准。DOM 可被 JavaScript 用来读取、改变 HTML、XHTML 以及 XML 文档。

### 7.2.1 DOM 特性

根据 W3C(万维网联盟) DOM 规范，DOM 具有下述几点特性：

(1) DOM 是一种与浏览器、平台、语言无关的接口，编程人员通过 DOM 可以访问页面中其他的标准组件。

(2) DOM 解决了 Netscape 的 JavaScript 和 Microsoft 的 JavaScript 之间的冲突，给予 Web 设计师和开发者一个标准的方法，让其来访问站点中的数据、脚本和表现层对象。

(3) DOM 是以层次结构组织的节点或信息片断的集合。DOM 是一种树形的结构，开发人员可在节点树中导航寻找特定信息。解析该结构通常需要加载整个文档，解析完毕后才能够操作节点。

## 7.2.2 DOM 对象模型结构

浏览器是用于显示 HTML 文档内容的应用程序，浏览器还提供了一些可以在 JavaScript 脚本中访问和使用的对象。

浏览器对象是一个分层结构，也称为文档对象模型，如图 7-1 所示。

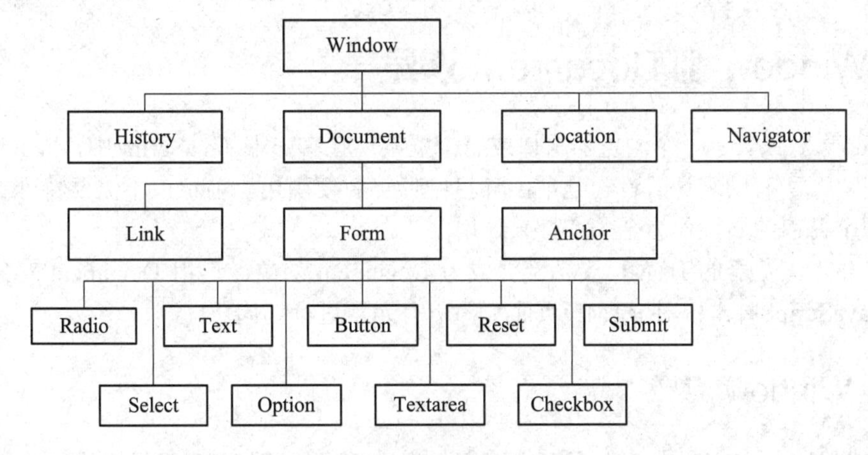


图 7-1　浏览器对象的分层结构

在图 7-1 中，Window 对象是最顶层的对象，它是指浏览器窗口本身。对于每一个页面，浏览器都会自动创建 Window 对象、Document 对象、Location 对象、Navigator 对象和 History 对象。

(1) Window 对象。Window 对象在层次图中位于最高一层，Document 对象、Location 对象和 History 对象都是它的子对象。Window 对象中包含的属性是应用于整个窗口的，如在框架集结构中，每个框架都包含一个 Window 对象。

(2) Document 对象。Document 对象在层次图中位于最核心的地位，页面上的对象都是 Document 对象的子对象。Document 对象中包含的属性是整个页面的属性，如表单对象、背景颜色、标题等。

(3) Location 对象。Location 对象中包含了当前 URL 地址的信息。

(4) Navigator 对象。Navigator 对象中包含了当前使用的浏览器的信息，其中包括客户端浏览器支持的 MIME 类型信息和所安装的插件信息。

(5) History 对象。History 对象中包含了客户端浏览器过去访问的 URL 地址信息。

在使用上面几个对象时，统一使用小写形式。

此外，基于这个层次结构，还可以创建其他对象。例如，如果在页面中有一个名为“MyForm”的表单对象，则在 JavaScript 代码中引用 MyForm 对象的方式如下：

```
window.document.MyForm
```

其中，Document 对象是 Window 对象的属性，而 Form 对象是 Document 对象的属性。这样从最顶层对象开始，可以一层一层找到相应的对象。

在 JavaScript 中如果要引用某个对象的属性，必须通过整个对象属性的完整路径来进行引用，即必须指明这个对象属性的所有父对象。例如，在页面上表单对象的名称为“MyForm”，而在表单中有一个文本框，名称为“MyTextBox”，如果想要获取这个文本框中用户输入的字符串内容，则必须从最顶层对象即 Window 对象开始引用。引用方式如下：

```
window.document.MyForm.MyTextBox.value
```

## 7.3 Window 和 Document 对象

Window 对象表示一个浏览器窗口或一个框架。在客户端 JavaScript 中，Window 对象是全局对象，所有的表达式都在当前的环境中计算。要引用当前窗口不需要特殊的语法，可以把那个窗口的属性作为全局变量来使用。

每个载入浏览器的 HTML 文档都会成为 Document 对象。运用 Document 对象编程人员可在 JavaScript 脚本中对 HTML 页面中的所有元素进行访问。

### 7.3.1 Window 对象

在浏览器中，Window 对象是所有对象的根对象，只要打开了浏览器窗口，不管该窗口中是否有打开的网页，当遇到 body、frameset 或 frame 元素时，都会自动创建 Window 对象的实例。该对象封装了当前浏览器的环境信息。此外，一个 Window 对象中可能包含几个 frame(框架)对象，那么浏览器将为每一个框架创建一个 Window 对象，同时也为原始文档(包含 frameset 或 frame 的文档)创建一个 Window 对象，该 Window 对象是其他 Window 对象的父对象。

#### 1. Window 对象的属性

Window 对象的主要属性及说明如表 7-2 所示。

表 7-2 Window 对象的属性

| 属性名 | 说　明 |
|---|---|
| name | 可读写属性，表示当前窗口的名称 |
| parent | 只读属性，如果当前窗口有父窗口，表示当前窗口的父窗口对象 |
| opener | 只读属性，表示产生当前窗口的窗口对象 |
| self | 只读属性，表示当前窗口对象 |
| top | 只读属性，表示最上层窗口对象 |
| defaultstatus | 可读写属性，表示在浏览器的状态栏中显示的缺省内容 |
| status | 可读写属性，表示在浏览器的状态栏中显示的内容 |

### 2．Window 对象的方法

Window 对象的方法众多，其方法及说明如表 7-3 所示。

表 7-3　Window 对象的方法

| 方法名 | 说　明 |
| --- | --- |
| alert() | 显示带有一段消息和一个确认按钮的警告框 |
| blur() | 把键盘焦点从顶层窗口移开 |
| clearInterval() | 取消由 setInterval()设置的计时器 |
| clearTimeout() | 取消由 setTimeout()方法设置的计时器 |
| close() | 关闭浏览器窗口 |
| confirm() | 显示带有一段消息以及确认按钮和取消按钮的对话框 |
| createPopup() | 创建一个 pop-up 窗口 |
| focus() | 把键盘焦点给予一个窗口 |
| moveBy() | 可相对窗口的当前坐标把它移动指定的像素 |
| moveTo() | 把窗口的左上角移动到一个指定的坐标 |
| open() | 打开一个新的浏览器窗口或查找一个已命名的窗口 |
| print() | 打印当前窗口的内容 |
| prompt() | 显示可提示用户输入的对话框 |
| resizeBy() | 按照指定的像素调整窗口的大小 |
| resizeTo() | 把窗口的大小调整到指定的宽度和高度 |
| scrollBy() | 按照指定的像素值来滚动内容 |
| scrollTo() | 把内容滚动到指定的坐标 |
| setInterval() | 按照指定的周期(以毫秒计)来调用函数或计算表达式 |
| setTimeout() | 在指定的毫秒数后调用函数或计算表达式 |

下面重点介绍 Window 对象中常用的方法。

(1) open()方法。open()方法用以打开一个新窗口，其语法格式如下：

```
window.open(url,name,features,replace)
```

其中：

✧ url：可选字符串，通过该参数，可以在新窗口中显示对应的网页内容。如果省略该参数，或者参数值为空字符串，则新窗口不会显示任何文档。

✧ name：可选字符串，该参数是一个由逗号分隔的特征列表，其中包括数字、字母和下划线，该参数声明了新窗口的名称。这个名称可以用作标签<a>和<form>的属性 target 的值。如果该参数指定了一个已经存在的窗口，那么 open()方法就不再创建一个新窗口，而只是返回对指定窗口的引用。在这种情况下，features 参数将被忽略。

✧ features：可选字符串，该参数是一个由逗号分隔的特征列表，声明了新窗口要显示的标准浏览器的特征。如果省略该参数，新窗口将具有所有标准特征，关于 features 特征说明如表 7-4 所示。

✧ replace：可选布尔值。规定了装载到窗口的 URL 是在窗口的浏览历史中创建一个新条目，还是替换浏览历史中的当前条目。如果 replace 值为 true，则 URL 替换浏览历史中的当前条目；如果为 false，则 URL 在浏览历史中创建新的条目。

由上述介绍可知，open()方法中的 features 参数定义新建窗口的特征，该属性的详细说明如表 7-4 所示。

表 7-4　窗口特征

| 属性名 | 说　明 |
|---|---|
| channelmode | 是否使用 channel 模式显示窗口，默认为 no，可选值为 yes\|no\|1\|0 |
| directories | 是否添加目录按钮。默认为 yes，可选值为 yes\|no\|1\|0 |
| fullscreen | 是否使用全屏模式显示浏览器，默认是 no。处于全屏模式的窗口必须同时处于 channel 模式，可选值为 yes\|no\|1\|0 |
| height | 文档显示区的高度，单位是像素 |
| left | x 坐标，单位是像素 |
| location | 是否显示地址字段，默认是 yes，可选值为 yes\|no\|1\|0 |
| menubar | 是否显示菜单栏，默认是 yes，可选值为 yes\|no\|1\|0 |
| resizable | 是否可调节尺寸，默认是 yes，可选值为 yes\|no\|1\|0 |
| scrollbars | 是否显示滚动条，默认是 yes，可选值为 yes\|no\|1\|0 |
| status | 是否添加状态栏，默认是 yes，可选值为 yes\|no\|1\|0 |
| titlebar | 是否显示标题栏，默认是 yes，可选值为 yes\|no\|1\|0 |
| toolbar | 是否显示浏览器的工具栏，默认是 yes，可选值为 yes\|no\|1\|0 |
| top | y 坐标，单位是像素 |
| width | 文档显示区的宽度，单位是像素 |

通过 open()方法打开新窗口，在定义多个窗口特征属性时，使用“,”隔开。

【示例 7.1】创建一个宽度为 200，高度为 200，有状态栏，无地址栏、工具栏、菜单栏，并且可以调节尺寸大小的新窗口，用于显示网页的内容。

创建一个名为 OpenEG.html 的页面，其代码如下：

```
<html>
<head>
    <title>Window 对象的 Open 方法</title>
    <script language="javascript">
        function OpenNewWin()
        {
            window.open("newWindow.html","a",
                        "height=200,width=200,status=yes,toolbar=no,
                         menuba=no,location=no,resizable=yes");
        }
    </script>
```

```
</head>
<body>
        <p>单击按钮，打开一个新的窗口</p>
                <input type="button" value="新建窗口" onClick="OpenNewWin()"/>
</body>
</html>
```

上述代码中，当单击“新建窗口”按钮时，会触发按钮的“onClick”事件；然后系统调用 OpenNewWin()函数进行事件处理，使用 open()方法创建了一个宽度为 200，高度为 200，有状态栏，没有地址栏、工具栏、菜单栏，并且可以调节尺寸大小的新窗口，并把 newWindow.html 网页的内容显示在该窗口中。

其中，newWindow.html 文件的代码如下所示：

```
<html>
<head>
        <title>一个新建的窗口</title>
</head>
<body>
        <p>一个新建的窗口</p>
</body>
</html>
```

通过 IE 查看该 HTML，在弹出的网页中单击“新建窗口”按钮，运行结果如图 7-2 所示。

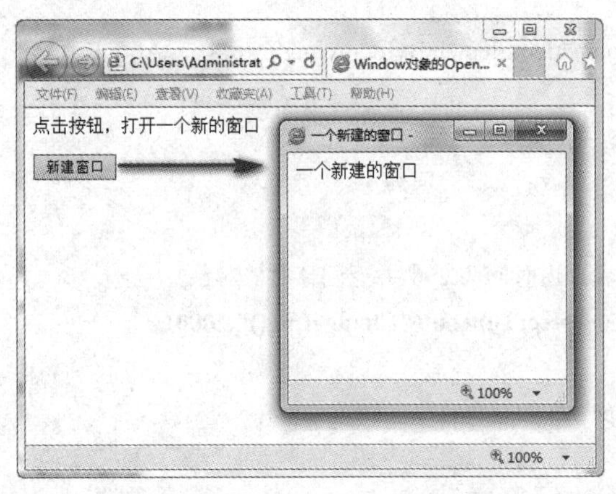


图 7-2　open()方法演示结果

(2) setTimeout()和 clearTimeout()方法。setTimeout()方法用来设置一个计时器，该计时器以毫秒为单位，当所设置的时间到时，会自动调用一个函数，该方法有返回值，代表一个计时器对象。其语法格式如下：

```
setTimeout(funcName,millisec)
```

其中：

✧ funcName：必需，要调用的函数名；

✧ millisec：必需，在执行被调用函数前需等待的毫秒数。

注 意

setTimeout()只执行 funcName()函数一次。如果要多次调用，可使用 setInterval()或者让 funcName()函数自身再次调用 setTimeout()。

clearTimeout()方法用于取消由 setTimeout()方法设置的计时对象，其语法格式如下：

```
clearTimeout(timeout)
```

其中，timeout 为必填项，是 setTimeout()返回的 timeout 对象，表示要取消的延迟执行函数。

【示例 7.2】分时显示 3 张图片。

创建一个名为 SetTimeoutEG.html 的页面，其代码如下：

```
<html>
<head>
    <title>SetTimeOut 方法</title>
<script type="text/javascript">
        //图片数组
        var imgArray =
            new Array("img/img1.jpg","img/img2.jpg","img/img3.jpg");
        //计时器对象
        var timeout;
        //图片索引
        var n = 0;
        function ChangeImg()
        {
            document.getElementById('myImg').src = imgArray[n];
            n++;
            if(n>=3){
                n=0;
            }
            //设置延迟时间为 2 秒,并返回计时器对象
            timeout = setTimeout("ChangeImg()",2000);
        }
        function stopChange()
        {
            //清除计时器对象
            clearTimeout(timeout);
        }
</script>
</head>
<body>
<div align="center">
    <input type="button" value="分时显示" onClick="ChangeImg()"/>
```

```
         
        <input type="button" value="停止显示" onClick="stopChange()"/>
        <br/>
        <br/>
        <img id ="myImg" name="myImg" src="img/img1.jpg" width="240px"
        height="320px"/>
</div>
</body>
</html>
```

上述代码中，定义了 ChangeImg()和 stopChange()两个函数，其中，ChangeImg()函数的作用是每隔两秒按顺序显示图片；stopChange() 函数的作用是清除 setTimeout()设置的计时器对象。

通过 IE 查看该 HTML，结果如图 7-3 所示。当单击“分时显示”按钮时，图片每隔两秒按顺序显示一张图片，当单击“停止显示”按钮时，图片不再分时显示。

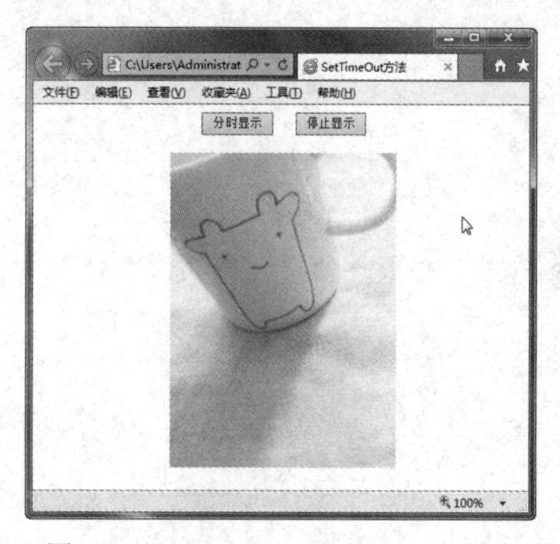


图 7-3　setTimeout()/clearTimeout()用法

(3) setInterval()和 clearInterval()方法。setInterval()方法可按照指定的周期(以毫秒计)来调用函数或计算表达式，其语法格式如下：

```
setInterval(funcName,millisec)
```

其中：

✧ funcName：必需，要调用的函数名；

✧ millisec：必需，周期性调用 funcName 函数的时间间隔，以毫秒计。

clearInterval()方法用来取消由 setInterval()方法设置的计时对象，其语法格式如下：

```
clearInterval(timeout)
```

其中，timeout 为必填项。由 setInterval()返回的 timeout 对象，表示要取消的延迟执行函数。

【示例 7.3】改进 SetTimeoutEG.html 中的 JavaScript 代码，演示 setInterval()和 clearInterval()的用法。

创建一个名为 SetIntervalEG.html 的页面，其代码如下：

```
<html>
<head>
        <title>SetInterval 方法</title>
<script type="text/javascript">
                //图片数组
```

```
            var imgArray =
                    new Array("img/img1.jpg","img/img2.jpg","img/img3.jpg");
            //设定计时器对象
            var timeout;
            //图片索引
            var n = 0;
            function ChangeImg()
            {
                    document.getElementById('myImg').src = imgArray[n];
                    n++;
                    if(n>=3){
                            n=0;
                    }
            }
            function stopChange()
            {
                    //清除计时器对象
                    clearInterval(timeout);
            }
            function startChange()
            {
                    //设置延迟时间为 2 秒,并返回计时器对象
                    timeout = setInterval("ChangeImg()",2000);
            }
</script>
</head>
<body>
  <div align="center">
        <input type="button" value="分时显示" onClick="startChange()"/>
         
        <input type="button" value="停止显示" onClick="stopChange()"/>
        <br/>
        <br/>
        <img id ="myImg" name="myImg" src="img/img1.jpg" width="240px"
                height="320px"/>
</div>
</body>
</html>
```

上述代码中，定义了 ChangeImg()、stopChange()和 startChange()三个函数。其中，ChangeImg()函数的作用是按顺序显示图片；startChange()的作用是设置定时器，周期性的

每隔 2 秒调用 ChangeImg()函数一次；stopChange()函数的作用是清除 startChange()设置的计时器对象。

由代码可知，setInterval()不需要像 setTimeout()一样递归调用。SetIntervalEG.html 运行的结果与 SetTimeoutEG.html 运行结果完全相同。

## 7.3.2　Document 对象

Document 对象是指在浏览器窗口中显示的 HTML 文档。Document 对象作为 Window 对象的子对象，可以利用“window.document”访问当前文档的属性和方法，如果当前窗体中包含框架对象，可以使用表达式“window.frames(n).document”来访问框架对象中显示的 Document 对象，式中的“n”表示框架对象在当前窗口的索引号。

### 1. Document 对象的属性

Document 对象的主要属性及说明如表 7-5 所示。

表 7-5　Document 对象的属性

| 属性名 | 说　明 |
|---|---|
| bgColor | 设置或获取表明对象后面的背景颜色的值。 |
| fgColor | 设置或获取文档的前景(文本)颜色。 |
| linkColor | 设置或获取对象文档链接的颜色。 |
| body | 提供对<body>元素的直接访问。对于定义了框架集的文档，该属性引用最外层的 <frameset> |
| cookie | 设置或返回与当前文档有关的所有 cookie |
| domain | 返回当前文档的域名 |
| lastModified | 返回文档被最后修改的日期和时间 |
| referrer | 返回载入当前文档的 URL |
| title | 返回当前文档的标题 |
| URL | 返回当前文档的 URL |

下面重点介绍 Document 对象中常用的属性。

(1) linkColor、bgColor 和 fgColor 属性。linkColor 用于设置当前文档中超链接显示的颜色，使用格式如下：

```
window.document.linkcolor="red"
```

而 bgColor 和 fgColor 分别用来读取或设置 document 对象所代表的文档的背景和前景颜色，使用方法和 linkColor 的方法相同。

(2) cookie 属性。cookie 是一段信息字符串，由浏览器保存在客户端的 cookies 文件中。它包含了客户机的状态信息，这些信息服务器都可以访问到。该属性是一个可读可写的字符串，可使用该属性对当前文档的 cookie 进行读取、创建、修改和删除操作，其使用格式如下：

```
document.cookie=sCookie
```

其中，sCookie 是要保存的 cookie 值，由以下几部分组成：

✧ 键值对(name-value)：每个 cookie 都有一个包含实际信息的键值对。当读取 cookie 的信息时可以搜索该名字来读取。
✧ expires(过期时间)：每个 cookie 都有一个过期时间，当超过这个时间时 cookie 就会被回收。如果没有设定时间，当浏览器被关掉后立即过期。过期时间是 UTC(格林威治)时间格式，可用 Date.toGMTString()方法来创建此格式的时间。
✧ domain(域)：每个 cookie 可以包含域(此处可以理解为域名)。域负责告诉浏览器哪个域的 cookie 应被送交。如果不指定域，则域值就是设定此 cookie 的页面的域。
✧ path(路径)：路径是标识 cookie 可活动的目录。如果想要 cookie 只在/test 目录下的页面有效，就把路径设置为“/test”。通常路径被设置为“/”，即整个域下都有效。

【示例 7.4】统计用户访问当前页面的次数。

创建一个名为 CookieEG.html 的页面，其代码如下：

```
<html>
<head>
    <title>统计用户访问次数</title>
    <script language="javascript">
    //设置 Cookie
    function setCookie(name,value,expires,path,domain)
    {
        //当前 cookie，并把 value 进行编码
        var currentCookie = name+"="+escape(value);
        //过期时间
        var expDate = (expires ==null)?'':
                    (';expires='+expires.toGMTString());
        //路径
        var cPath    = (path ==null)?'':(';path='+path);
        //域名
        var cDomain = (domain ==null)?'':(';domain='+domain);
        //设定 cookie 值
        currentCookie = currentCookie+expDate+cPath+cDomain;
        if(currentCookie.length<=4000)
        {
            document.cookie = currentCookie;
        }else if(confirm("cookie 的最大为 4K,当前值将要被截断"))
        {
            document.cookie = currentCookie;
        }
    }
```

```
//根据名称获取 Cookie 的 value
function getCookie(name)
{
        //设定前缀
        var prefix = name+"=";
        var startIndex = document.cookie.indexOf(prefix);
        if(startIndex == -1)
        {
        return null;
        }
        //按照字符串格式，查找第一次出现";"的位置
        var endIndex = document.cookie.indexOf(";",
                startIndex+prefix.length);
        if(endIndex == -1)
        {
        endIndex = document.cookie.length;
        }
        //得到 name 对应的 value 值
var value = document.cookie.substring(startIndex+prefix.length,
                endIndex);
        //进行解码后，返回该值
        return unescape(value);
}
//访问次数
var visits = getCookie("counter");
if(!visits)
{
        visits = 1;
}else
{
        visits=parseInt(visits)+1;
}
var now = new Date();
//设置过期时间为 2 天
now.setTime(now.getTime()+2*24*60*60*1000);
//设置 cookie
setCookie("counter",visits,now);
//打印次数
document.write("<font size='5'>Welcome，您是第" + visits
        + "次访问本站！</font>");
```

```
    </script>
</head>
<body>
</body>
</html>
```

上述代码中，共定义了 setCookie()函数和 getCookie()函数，其中，setCookie()根据给定的参数设定 cookie，在 IE 下该 cookie 信息默认保存路径是：

```
C:\Documents and Settings\Administrator\Local Settings\Temporary Internet Files
```

getCookie()函数用于检索用户的 cookie 信息，通过传递 name 值获得 name 对应的 value 值。

通过 IE 查看该 HTML，并在网页上刷新 28 次，结果如图 7-4 所示。

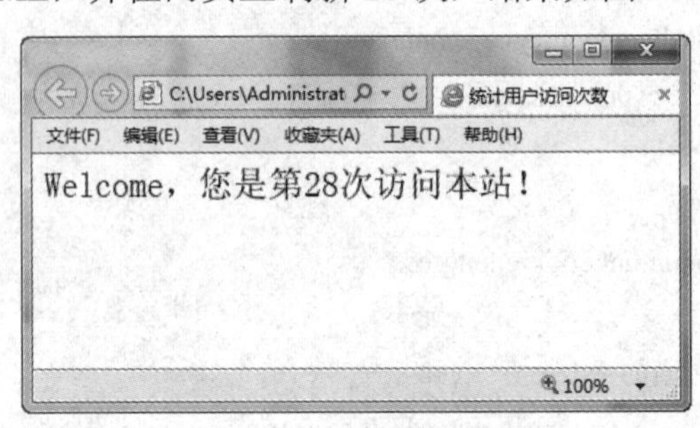


图 7-4　cookie 的用法

### 2. Document 对象的方法

Document 对象的方法众多，其方法及说明如表 7-6 所示。

表 7-6　Document 对象的方法

| 方法名 | 说　明 |
|---|---|
| getElementById() | 返回对拥有指定 id 的第一个对象的引用 |
| getElementsByName() | 返回带有指定名称的对象集合 |
| getElementsByTagName() | 返回带有指定标签名的对象集合 |
| write() | 向文档写 HTML 表达式或 JavaScript 代码 |
| writeln() | 等同于 write() 方法，不同的是在每个表达式之后写一个换行符 |

(1) write()和 writeln()方法。这两个方法都是用于将一个字符串写入当前文档中。如果是一般文本，将在页面显示；如果是 HTML 标签，将被浏览器解释。两者唯一的区别是 writeln()方法在输出字符串后会自动加入一个回车符。

(2) getElementById()方法。getElementById()方法是通过元素的 ID 访问该元素，这是一种访问页面元素的方法，在 JavaScript 的代码中应用广泛，本书的前面章节中多次用到该方法。

注 意

在操作网页文档的一个特定的元素时，最好给该元素设置一个 id 属性，即在文档中为它指定一个唯一的名称，然后就可以通过 getElementById()获得此元素了。

【示例 7.5】演示 getElementById()方法的使用。

创建一个名为 GetElementByIdEG.html 的页面，其代码如下：

```
<html>
<head>
<meta http-equiv="Content-Type" content="text/html; charset=gb2312" />
<title>getElementById 示例</title>
</head>
<body>
	<input type="text" id="divId"></input>
	<div id="divId">
		<p>这是第一个 Div</p>
	</div>
	<div id="divId">
		<p>这是第二个 Div</p>
	</div>
	<script type="text/javascript">
		var div = document.getElementById('divId');
		alert(div.nodeName);
	</script>
</body>
</html>
```

上述代码中分别定义了三个 id 均为 “divID” 的元素，getElementById 只返回第一个符合条件的元素。通过 IE 查看该 HTML，结果如图 7-5 所示。

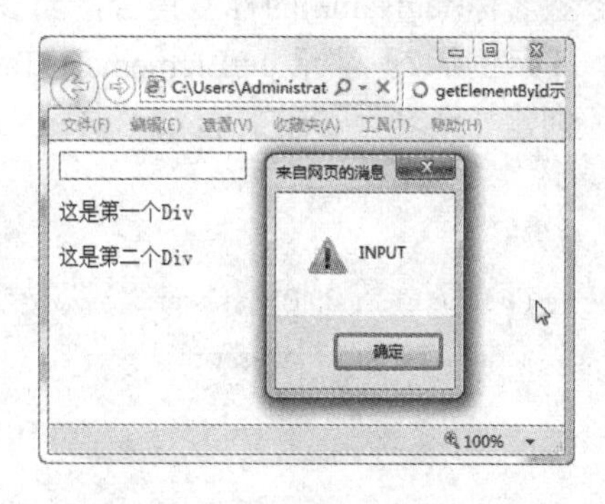


图 7-5　getElementById()方法演示

(3) getElementsByName(name) 方法。getElementsByName()方法用于返回指定名称的元素集合。

【示例 7.6】演示 getElementsByName()方法的使用。

创建一个名为 GetElementsByNameEG.html 的页面，其代码如下：

```
<html>
<head>
<meta http-equiv="Content-Type" content="text/html; charset=gb2312" />
<title>getElementsByName 示例</title>
</head>
<body>
	<input type="text" name="text" value="a" /><br/>
	<input type="text" name="text" value="b" /><br/>
	<input type="text" name="text" value="c" /><br/>
```

```
        <input type="text" name="text1" value="d" /><br/>
        <script type="text/javascript">
                var text =  document.getElementsByName('text');
                document.write("name=text的元素个数为："+text.length);
        </script></script>
</body>
</html>
```

上述代码中，定义了四个<input>元素，其中三个元素的 name 属性值为 text，最后一个元素的 name 属性值为 text1。通过 getElementsByName()方法获得的返回个数为 3。

通过 IE 查看该 HTML，结果如图 7-6 所示。

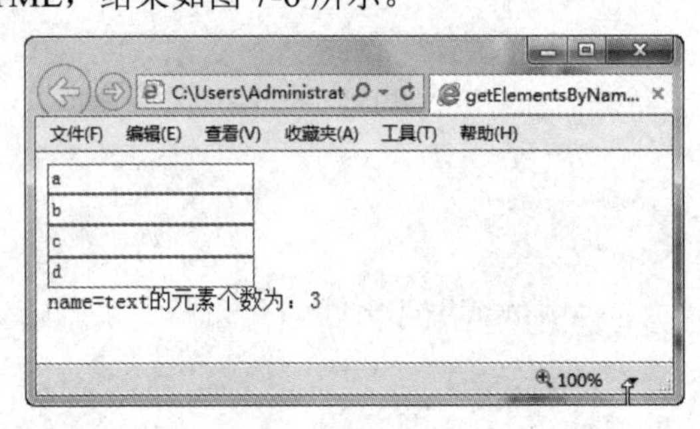


图 7-6　getElementsByName()方法演示

(4) getElementsByTagName(tagName)方法。getElementsByTagName()方法用于返回指定标签名称(tagName)的标签集合，当参数值为“*”时返回当前页面中所有的标签元素。

【示例 7.7】演示 getElementsByTagName()方法的使用。

创建一个名为 GetElementsByTagNameEG.html 的页面，其代码如下：

```
<html>
<head>
        <title>getElementsByTagName 方法示例</title>
        <script type="text/javascript">
                function test()
                {
                        //获取 tagName 为 body 的元素
                        var myTag = document.getElementsByTagName("body");
                        var myBody = myTag.item(0);
                        //获取 body 中的 p 元素
                        var myBodyTag = myBody.getElementsByTagName("p");
                        //获取第 2 个 p 元素
                        var myPTag = myBodyTag.item(1);
                        //输出 p 元素的值
                        alert(myPTag.firstChild.nodeValue);
                }
        </script>
```

```
</head>
<body onLoad="test();">
        <p>Hi</p>
        <p>Hello</p>
</body>
</html>
```

上述代码中，通过 getElementsByTagName()方法获取页面中的第 2 个“p”标签并将其内容输出。通过 IE 查看该 HTML，结果如图 7-7 所示。

图 7-7　getElementsByTagName()方法演示

## 7.4　其他 DOM 对象应用

常用的 DOM 对象还有 Location 对象、History 对象、Navigator 对象和表单对象，通过这些对象可以方便地控制浏览器的行为。

### 7.4.1　Location 对象

Location 对象用于提供当前打开的窗口的 URL 或者特定框架的 URL 信息。

#### 1．Location 对象的属性

(1) href 属性。href 属性是 JavaScript 中比较常用的一个属性，它提供了一个指定窗口对象的整个 URL 字符串。例如可通过下面的语句链接到百度网站：

```
document.location.href = "http://www.baidu.com/ "
```

(2) host 属性。Location 对象的 host 属性可以返回网页主机名以及所连接的 URL 的端口。

(3) protocol 属性。protocol 属性用来返回当前使用的协议。例如，现在正在浏览器中访问 FTP 站点，那这个属性将返回字符串“ftp”。

#### 2．Location 对象的方法

Location 对象支持以下三种方法：

(1) assign()：将当前 URL 地址设置为其参数所给出的 URL。

(2) reload()：重载当前网址。

(3) replace()：用参数中给出的网址替换当前网址。

## 7.4.2 History 对象

History 对象包含用户(在浏览器窗口中)访问过的 URL。该对象是 Window 对象的子对象，可通过 window.history 属性对其进行访问。

History 对象主要有一个属性：length。该属性用来返回浏览器历史列表中的 URL 数量。

History 对象的属性及说明如表 7-7 所示。

**表 7-7 History 对象的属性及说明**

| 属性名 | 说　明 |
|---|---|
| back() | 加载 history 列表中的前一个 URL |
| forward() | 加载 history 列表中的下一个 URL |
| go() | 加载 history 列表中的某个具体页面，具体使用方法是 history.go(n)，如果 n<0 则后退 n 个地址，反之前进 n 个地址；如果 n=0，则刷新当前页面，相当于 location.reload()方法 |

**【示例 7.8】**演示 History 对象方法的使用。

创建一个名为 HistoryEG.html 的页面，其代码如下：

```
<html>
<head>
    <title>History 对象的属性和方法</title>
    <script language="javascript">
        //后退
        function BackIE(){
            window.history.back();
        }
        //前进
        function FowardIE()
        {
            window.history.forward();
        }
        function GoBackIE()
        {
            window.history.go(2);
        }
    </script>
</head>
<body>
    <p><font color="green" size="3px"><strong>历史记录</strong></font></p>
    <form>
        <input type="button" name="back" value="后退"
            onClick="BackIE()" />
```

```
            <input type="button" name="foward" value="前进"
                    onClick="FowardIE()" />
            <input type="button" name="goback" value="Go 方法"
                    onClick="GoBackIE()" />
    </form>
</body>
</html>
```

通过 IE 查看该 HTML，结果如图 7-8 所示。

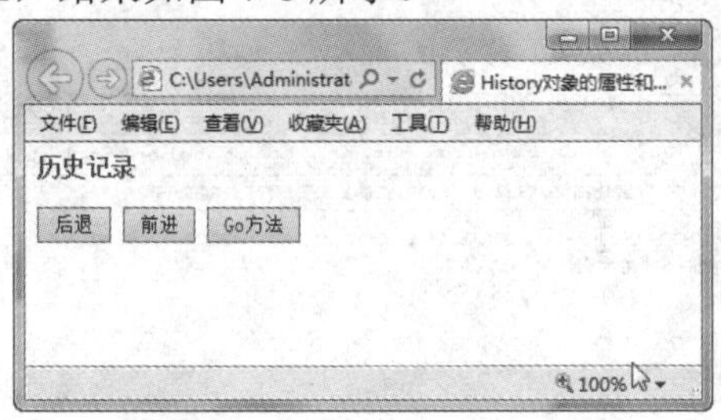


图 7-8　历史记录

在上述窗口中，单击“前进”、“后退”和“Go 方法”按钮，可实现对历史记录的访问。

## 7.4.3　Navigator 对象

Navigator 是一个独立的对象，用于提供用户所使用的浏览器以及操作系统等信息，该对象的主要属性及说明如表 7-8 所示。

表 7-8　Navigator 对象的属性及说明

| 属性名 | 说　明 |
|---|---|
| appName | 返回浏览器的名称 |
| appVersion | 返回浏览器的平台和版本信息 |
| browserLanguage | 返回当前浏览器的语言 |
| cookieEnabled | 返回指明浏览器中是否启用 cookie 的布尔值 |
| onLine | 返回指明系统是否处于脱机模式的布尔值 |
| platform | 返回运行浏览器的操作系统平台 |
| systemLanguage | 返回 OS 使用的默认语言 |

【示例 7.9】在网页中显示当前浏览器的版本和当前操作系统的平台。

创建一个名为 NavigatorEG.html 的页面，其代码如下：

```
<html>
<head>
    <title>Navigator 对象的属性</title>
    <script language="javascript">
        var browser=navigator.appName;
        var platform=navigator.platform;
```

```
            document.write("浏览器名称: "+ browser+"<br/>");
            document.write("操作系统平台: "+ platform);
    </script>
</head>
<body> </body>
</html>
```

上述代码中，通过 Navigator 对象的 appName 和 platform 属性返回了当前 IE 浏览器的名称和当前操作系统的平台。

通过 IE 查看该 HTML，结果如图 7-9 所示。

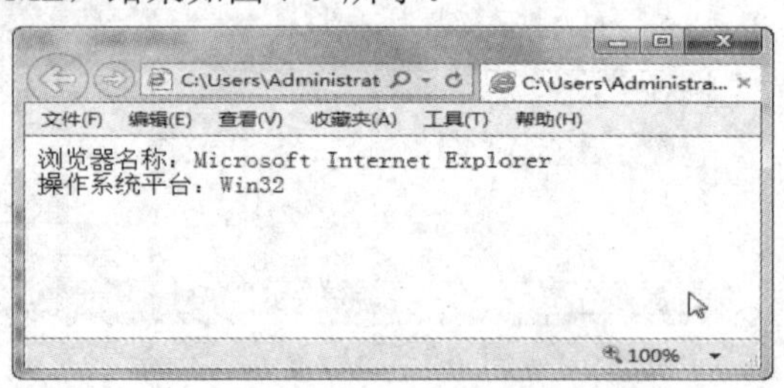


图 7-9 Navigator 的属性演示

## 7.4.4 表单对象

表单对象是 Document 对象的子对象，通过以下方式可以访问表单对象及其属性或方法：

```
document.表单名称.属性
document.表单名称.方法(参数)
document.forms[索引].属性
document.forms[索引].方法(参数)
```

### 1. 表单的属性和方法

表单对象的属性及说明如表 7-9 所示。

表 7-9 表单对象的属性及说明

| 属性名 | 说明 |
|---|---|
| acceptCharset | 服务器可接受的字符集 |
| action | 设置或返回表单的 action 属性 |
| enctype | 设置或返回表单用来编码内容的 MIME 类型，如果表单没有 enctype 属性，那么当提交文本时的默认值是 “application/x-www-form-urlencoded”；当 input 标签的 type 是“file”时，值是“multipart/form-data” |
| id | 设置或返回表单的 id |
| length | 返回表单中的元素数目 |
| method | 设置或返回将数据发送到服务器的 HTTP 方法，常用的方法为 get\|post |
| name | 设置或返回表单的名称 |
| target | 设置或返回表单提交结果的 Frame 或 Window 名 |

表单对象的方法及说明如表 7-10 所示。

**表 7-10　表单对象的方法及说明**

| 方法名 | 说　明 |
| --- | --- |
| handleEvent() | 使事件处理程序生效 |
| reset() | 重置 |
| submit() | 提交 |

### 2. 表单元素

表单中包含很多种表单元素，表单中的元素按照其功能主要分为文本、按钮和单选按钮三类。可以通过下述格式调用表单中元素的属性或方法：

```
document.forms[索引].elements[索引].属性
document.forms[索引].elements[索引].方法(参数)
document.表单名称.元素名称.属性
document.表单名称.元素名称.方法(参数)
```

对于表单中的元素，它们主要的属性及说明如表 7-11 所示。

**表 7-11 表单元素的属性及说明**

| 属性名 | 说明 |
| --- | --- |
| defaultValue | 该元素的 value 属性 |
| form | 该元素所在的表单 |
| name | 该元素的 name 属性 |
| type | 该元素的 type 属性 |
| value | 该元素的 value 属性 |

**【示例 7.10】**演示表单元素的用法。

创建一个名为 ElementEG.html 的页面，其代码如下：

```
<html>
<head>
	<title>History 对象的属性和方法</title>
	<script type="text/javascript">
		var i = 0;
		function movenext(obj,i)
		{
			if(obj.value.length==4)
			{
				document.forms[0].elements[i+1].focus();
			}
		}
		function result()
		{
			fm = document.forms[0];
```

```
                    num = fm.elements[0].value +
                    fm.elements[1].value +
                    fm.elements[2].value +
                    fm.elements[3].value ;
                    alert("你输入的信用卡号码是"+ num);
            }
        </script>
</head>
<body onLoad=document.forms[0].elements[i].focus()>
        请输入你的信用卡号码：
        <form>
        <input type="text" size="3" maxlength="4" onKeyup="movenext(this,0)">
         -
        <input type="text" size="3" maxlength="4" onKeyup="movenext(this,1)">
         -
        <input type="text" size="3" maxlength="4" onKeyup="movenext(this,2)">
         -
        <input type="text" size="3" maxlength="4" onKeyup="movenext(this,3)">
        <input type="button" value="显示" onClick="result()">
        </form>
</body>
</html>
```

上述代码中有 4 个文本框，每个文本框只能输入 4 位数字，当第一个文本框中输入了 4 位数字后会自动地将焦点移动到第二个文本框中，以此类推。当用户输入完信用卡卡号后，单击“显示”按钮会将输入的卡号输出。

通过 IE 查看该 HTML，结果如图 7-10 所示。

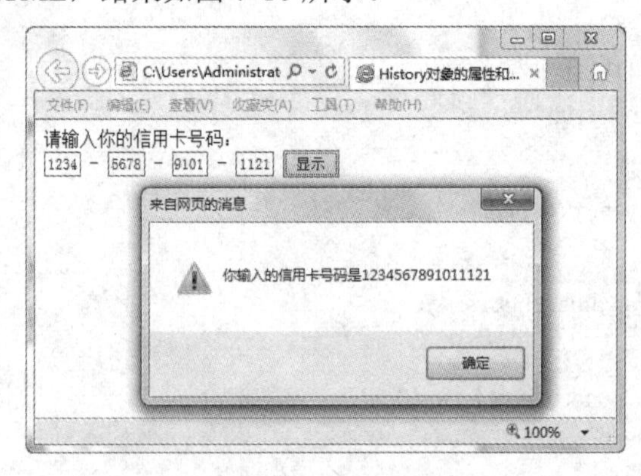


图 7-10　表单元素演示

## 本 章 小 结

通过本章的学习，学生应该能够学会：

- ✧ DOM 是一种与浏览器、平台、语言无关的接口，使得编程人员可以访问页面的标准组件。
- ✧ DOM 是以层次结构组织的节点或信息片断的集合。
- ✧ 对于每一个 HTML 页面，浏览器都会自动创建 Window 对象、Document 对象、Location 对象、Navigator 对象以及 History 对象。
- ✧ Document 对象是指在浏览器窗口中显示的 HTML 文档。
- ✧ Location 对象用于提供当前打开的窗口的 URL 或者特定框架的 URL 信息。
- ✧ Navigator 是一个独立的对象，用于提供用户所使用的浏览器以及操作系统等信息。
- ✧ 表单对象是 Document 对象的子对象，可以通过“document.表单名称.属性名|方法名”来访问其属性或方法。

## 本 章 练 习

1．关于 DOM 的说法正确的是______。(多选)

A．DOM 的全称是文档对象模型

B．DOM 是 JavaScript 专用的一种技术

C．使用 DOM 时，所有的对象都需要程序员创建

D．DOM 使用树形的组织结构

2．在浏览器的 DOM 中，根对象是______。

A．document

B．location

C．navigator

D．window

3．下列选项中属于 window 对象的方法的是______。(多选)

A．alert()

B．setTimeout()

C．toString()

D．open()

4．下列选项中______可以设定网页背景色。

A．window.bgColor

B．window.backgroundColor

C．document.bgColor

D．document.backgroundColor

5．针对下述 HTML 片断，可以修改此文本框内容的是______。(多选)

```
<input type="text" id="test" name="test" />
```

A．document.getElementById("test").value = "abcdefg";

B．document.getElementsByName("test").value = "abcdefg";

C．document.getElementsByName("test")[0].value = "abcdefg";

D．document.getElementsById("test")[0].value = "abcdefg";

6．下列选项中能够使当前页面变为 http://www.sohu.com 的是______。(多选)

A．location = "http://www.sohu.com"

B．location.href = "http://www.sohu.com"

C．document.location = "http://www.sohu.com"

D．window.location = "http://www.sohu.com"

7．能够使页面退回到浏览历史的上一页的是______。(多选)

A．history.back()

B．history.go(1)

C．history.go(-1)

D．history.goback()

8．新建一个 HTML，其中放置一个按钮和若干输入控件，当单击此按钮时，使用 alert()显示页面所有输入控件的 value。

# 第 8 章　表单验证及特效

## 本章目标

- 掌握常用的表单数据验证
- 熟悉 onBlur 和 onFocus 事件
- 理解鼠标事件的应用
- 理解键盘事件的应用
- 了解使用 JavaScript 控制 CSS 样式特效
- 掌握 DIV 层的隐藏和显示

# 8.1 表单验证

在网站上注册用户时，一般通过表单将用户填写的注册信息提交给网站的服务器，但是这些信息有时候很可能是错误的，不符合网站注册的要求。因此网站的设计人员在用户提交信息之前应该首先对信息进行检查，将发现的问题反馈给用户从而避免错误信息的提交。JavaScript 最常见的用法之一就是验证表单数据。

## 8.1.1 常见的表单验证

常见的表单验证可分为以下几类：

(1) 验证必填项。最基本的表单验证就是表单中必填项是否输入了内容。例如，在注册用户时，用户名和密码是必须要输入的。通过 JavaScript 来判断元素值是否为空就可以对必填项进行验证。

(2) 验证长度。同样以注册用户为例，用户输入的密码通常有一个长度限制，因为如果密码长度太短很容易被破解。判断值的长度是通过输入框 value 值的 length 属性来验证。

(3) 验证输入内容的格式。有时系统要求用户名的开头只能由数字和字母组成，这时需要检查输入的用户名是否符合要求，可通过正则表达式来验证。

(4) 验证两个表单项的值是否相同。在注册用户时，密码需要输入两次以进行确认。要比较两次输入的密码是否相同只需比较两个密码输入框的 value 值是否相同即可。

(5) 验证邮箱的输入是否合法。很多网站在注册的时候会让用户输入电子邮箱，当用户忘记密码时，通过密码提示问题，网站会将用户的密码以邮件的形式发送到用户预留的电子邮箱中。因此验证邮箱的合法性在表单验证中使用非常频繁，通常通过正则表达式来验证邮箱的合法性。

注 意

正则表达式表示了一种字符串匹配的模式，可用于检查一个字符串是否含有某种子串、将匹配的子串做替换或从某个字符串中取出符合某个条件的子串等。

## 8.1.2 表单验证示例

下面以用户注册页面为例来了解表单的验证，用户注册页面如图 8-1 所示。

每一项都是必须要输入的，其中用户名只能以小写字母开头，而且只能由小写字母、数字、下划线组成。密码和确认密码则需要输入相同的值，最后的复选框则需要选中，只有都满足了这些条件才能成功提交注册信息。

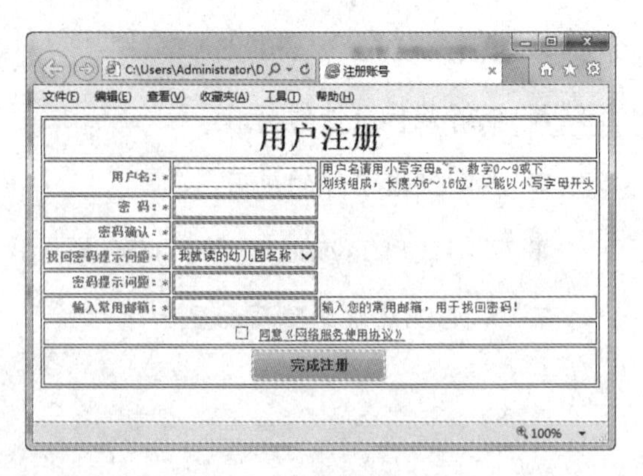


图 8-1 用户注册页面

【示例 8.1】演示对注册用户信息的验证。

创建一个名为 FormCheckEG.html 的页面，其代码如下：

```
<script language="javascript">
        function CheckData()
        {
            //判断用户名是否为空
            var userNmLen = document.form1.userName.value.length;
            if (userNmLen ==0 )
            {
                alert("用户名不能为空，请输入！");
                document.form1.userName.focus();
                return false;
            }
            //判断用户名的长度是否>6
            if (userNmLen < 6 || userNmLen > 16)
            {
                alert("用户名长度应介于 6~16 位，请重新输入！");
                document.form1.userName.value = "";
                document.form1.userName.focus();
                return false;
            }
            //判断用户名是否以字母开头
            var txtUserNm = document.form1.userName.value;
            var reNm = /^-?\\d+$/;//校验整数
            var reChar = /^\w+$/;//校验字母和下划线
            if (!reNm.test(txtUserNm.substring(0,1))
             && !reChar.test(txtUserNm.substring(0,1)))
            {
                alert("用户名必须以数字、字母或下划线开头，请重新输入！");
                document.form1.userName.value = "";
                document.form1.userName.focus();
                return false;
            }
            //判断用户名是否以字母、数字或下划线组成
            for (var i= 0;i<userNmLen;i++ )
            {
                if (!reNm.test(txtUserNm) && !reChar.test(txtUserNm))
                {
                    alert("用户名必须由数字、字母或下划线组成，请重新输入！");
                    document.form1.userName.value = "";
```

```
                document.form1.userName.focus();
                return false;
            }
        }
        //判断密码是否为空
        if (document.form1.userPsd.value.length == 0)
        {
            alert("密码不能为空，请输入！");
            document.form1.userPsd.focus();
            return false;
        }
        //判断确认密码是否为空
        var userPsdValue = document.form1.userPsdConfirm.value;
        if (userPsdValue.length == 0)
        {
            alert("确认密码不能为空，请输入！");
            document.form1.userPsdConfirm.focus();
            return false;
        }
        //判断密码是否输入一致
        if (userPsdValue != document.form1.userPsdConfirm.value)
        {
            alert("密码前后输入不一致，请重新输入！");
            document.form1.userPsd.value = "";
            document.form1.userPsdConfirm.value = "";
            document.form1.userPsd.focus();
            return false;
        }
        //判断密码提示问题是否为空
        if (document.form1.userAnswer.value.length == 0)
        {
            alert("密码提示问题不能为空，请输入！");
            document.form1.userAnswer.focus();
            return false;
        }
        //判断常用邮箱是否为空
        if (document.form1.userEMail.value.length == 0)
        {
            alert("常用邮箱不能为空，请输入！");
            document.form1.userEMail.focus();
```

```
                        return false;
                }
                //判断邮箱格式是否正确
                var reEmail=/^\w+((-\w+)|(\.\w+))*\@[A-Za-z0-9]
                +((\.|-)[A-Za-z0-9]+)*\.[A-Za-z0-9]+$/;
                var eMail = document.form1.userEMail.value;
                if (!reEmail.test(eMail))
                {
                        alert("您输入的邮箱不合法，请输入！");
                        document.form1.userEMail.focus();
                        document.form1.userEMail.value="";
                        return false;
                }
                //判断 checkbox 是否选中
                if (!document.form1.checkAgree.checked)
                {
                        alert("您没有同意网络协议！");
                }
                document.form1.submit();
        }
</script>
......省略 HTML 代码
```

上述代码中，定义了 CheckData()函数，该函数用于对用户输入的信息进行初始验证。其中，验证用户输入的内容是否为空有两种方式：一种是判断字符串长度是否为 0；另外一种是判断字符串内容是否为空。例如：

```
if (document.form1.userPsd.value.length == 0)
```

上面语句判断密码的长度是否为 0，以此判断密码是否为空，等价于下面语句：

```
if (document.form1.userPsd.value == "")
```

另外，判断“字符串是否以字母、数字或下划线组成”和“邮件格式是否正确”都采用正则表达式验证的方式。其中，匹配整数的正则表达式是：

```
/^-?\\d+$/
```

匹配字母和下划线的正则表达式是：

```
/^\w+$/
```

匹配邮箱的正则表达式是：

```
/^\w+((-\w+)|(\.\w+))*\@[A-Za-z0-9] +((\.|-)[A-Za-z0-9]+)*\.[A-Za-z0-9]
```

常用的正则表达式见实践篇第 7 章知识拓展。

通过 IE 查看该 HTML，不在表单中填写任何内容，单击“完成注册”按钮，结果如图 8-2 所示。

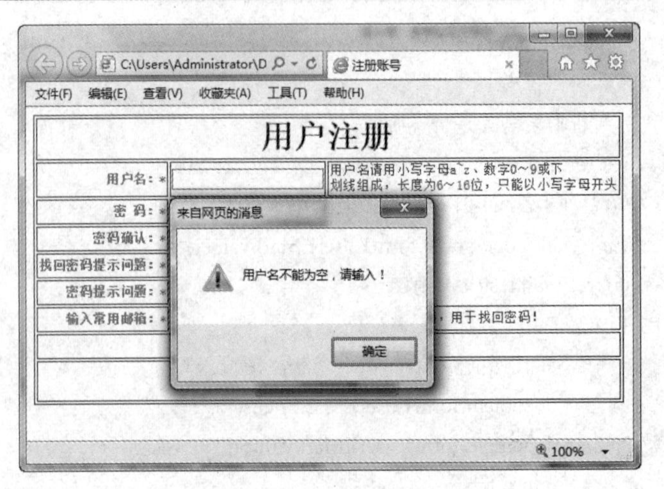


图 8-2　表单验证

注 意　用户信息中其他项目验证不再演示，请读者自行验证和理解。

## 8.2　事件应用

第 7 章列举了 JavaScript 中的事件，本节进一步介绍编写 JavaScript 程序时常用到的几个事件。

### 8.2.1　onBlur 和 onFocus 事件

表单元素在失去焦点或光标移出元素时，就会触发 onBlur 事件。而 onFocus 事件和 onBlur 事件的触发动作正好相反，当 HTML 元素在得到焦点后会触发 onFocus 事件。

【示例 8.2】演示 onBlur 和 onFocus 事件的用法。

创建一个名为 BlurAndFocusEG.html 的页面，其代码如下：

```
<html>
<head>
    <title>Blur 和 Focus 事件</title>
    <script type="text/javascript">
        function ClearUser()
        {
            document.formUser.txtUser.value = "";
        }
        function ClearPsd()
        {
            document.formUser.txtPsd.value = "";
        }
```

```
			function CheckUser()
			{
				if (document.formUser.txtUser.value == "user")
				{
					document.formUser.txtPsd.focus();
				}
			}
			function CheckPsd()
			{
				if (document.formUser.txtPsd.value == "123456")
				{
					alert("密码验证正确！");
				}
			}
		</script>
</head>
<body>
		<p>
		<font color="green" size="3px">
			<strong>Blur 和 Focus 事件演示</strong></font></p>
			<form name="formUser">
			用户名：<input type="text" name="txtUser" value="请输入用户名..."
		onBlur="CheckUser()" onFocus="ClearUser()"/>
			密码：<input type="password" name="txtPsd" value=""
				onBlur="CheckPsd()" onFocus="ClearPsd()"/>
		</form>
</body>
</html>
```

上述代码中，当用户名的文本框获取焦点后会清空其内容，用户在输入正确的用户名“user”后，单击页面的任何地方，这时密码框会获取焦点，输入密码“123456”后让出光标，这时会触发密码框 onBlur 事件，弹出提示框。

通过 IE 查看该 HTML，在用户名和密码框中分别填入“user”和“123456”后，使密码框失去焦点，结果如图 8-3 所示。

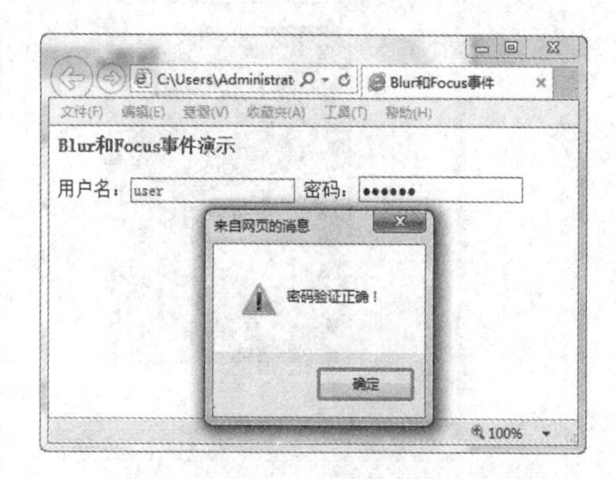


图 8-3　onBlur 和 onFocus 事件演示

## 8.2.2 鼠标事件

当光标移到元素上时，会触发元素的 onMouseOver 事件；将光标移出元素时，就会触发元素的 onMouseOut 事件。onMouseOver 和 onMouseOut 鼠标事件主要应用于层或图片链接。

【示例 8.3】演示 onMouseOver 事件和 onMouseOut 事件的用法。

创建一个名为 MouseOverAndOutEG.html 的页面，其代码如下：

```
<html>
<head>
    <title>MouseOver 和 MouseOut 事件</title>
</head>
<body>
    <p>
        <font color="green" size="3px">
            <strong>MouseOver 和 MouseOut 事件演示</strong>
        </font>
    </p>
    <img src = "img/img1.jpg" name="picture" width="240px" height="320px"
    onMouseOver="src='img/img2.jpg'" onMouseOut="src='./img/img1.jpg'" />
</body>
</html>
```

上述代码中，首先使用<img>标签在页面上导入了一张图片“img1.jpg”，当鼠标移到其上方时会触发 onMouseOver 事件，此时会显示图片“img2.jpg”；当鼠标移走后会触发 onMouseOut 事件，此时又会显示图片“img1.jpg”。

通过 IE 查看该 HTML，结果如图 8-4 所示。

图 8-4　鼠标事件演示

如图 8-4 所示，当鼠标移动到图一所示的图片上方后，会触发 onMouseOver 事件，然后变为图二所示的结果。

## 8.2.3　键盘事件

键盘事件主要包括 onKeyDown、onKeyPress 和 onKeyUp 三种，每次敲击键盘都会依次触发这三种事件，其中 onKeyDown 和 onKeyUp 是比较低级的接近于硬件的事件，这两个事件可以捕获到用户敲击了键盘中某个键；而 onKeyPress 是相对于字符层面的较为高级的事件，这个事件能够捕捉到用户键入了哪个字符。例如，用户敲击了“A”键，onKeyDown 和 onKeyUp 事件只是知道用户敲击了 A 键，并不区分用户敲的是大写的 A 还是小写 a，只是以“键”为单位，对于大写的 A，只会当成“Shift”和“A”两个键而已；但是 onKeyPress 事件可以捕捉到用户敲入的是大写的 A 还是小写的 a。

对于键盘中的键可分为两类：

(1) 字符键：是可打印的键，如 A~Z 和数字键等；

(2) 功能键：是不可打印的键，如 Backspace、Enter、Escape、方向键、PageUp、Page Down、F1~F12 等键。

键盘事件的事件对象 event 中包含一个 keyCode 属性。在 onKeyDown 和 onKeyUp 事件中，keyCode 属性表示用户具体按下的键；在 onKeyPress 事件中 keyCode 属性指的是用户键入的字符。

注 意

功能键不会触发 onKeyPress 事件，因为 onKeyPress 对应的就是可打印的字符。

此外，键盘事件 event 对象还有三个其他的属性：altKey、ctrlKey 和 shiftKey，用来判断按下一个键的时候是否同时按下了 Alt、Ctrl 或 Shift 等键。

【示例 8.4】利用键盘事件实现打字游戏。

创建一个名为 KeyEventEG.html 的页面，其代码如下：

```
<html>
<head>
    <title>键盘事件</title>
    <script type="text/javascript">
        function PrintChar()
        {
            var div = document.getElementById("charArea");
            div.innerHTML = "您的输入是：</br>";
            div.innerHTML =
            "您的输入是：</br>"+String.fromCharCode(event.keyCode);
        }
    </script>
</head>
```

```
<body onKeyPress="PrintChar()">
        <div id="charArea" style="font-size:40px;font-weight:bold;
                font-color:green; border-right:3px outset;
                border-top:3px outset;background:#ffffff;
                border-left:3px outset;border-bottom:3px outset;
                width:50%;height:50%">
        </div>
</body>
</html>
```

上述代码中，在<body>标签中添加 onKeyPress 事件，用于获取用户输入的字母或数字并在页面中显示。

通过 IE 查看该 HTML，当该窗口获得焦点时，敲击键盘上的“A”键，结果如图 8-5 所示。

图 8-5　键盘事件示例演示

## 8.3　CSS 特效

通过定义 CSS 样式，可以制作出绚丽多彩的页面。为了能够动态地改变页面或局部区域的显示外观，还需要使用 JavaScript 控制 CSS 样式，这就是 CSS 样式特效。CSS 样式特效的使用非常广泛，本节主要介绍一些商业网站中常见的经典样式特效，如层的隐藏和显示、图片的隐藏和显示等。

### 8.3.1　层的隐藏和显示特效

Div 层的隐藏和显示主要使用 display 属性，其取值如表 8-1 所示。

表 8-1　display 的取值说明

| 属性值 | 说　明 |
| --- | --- |
| block | 默认值，按块显示，换行显示 |
| none | 不显示，不为被隐藏对象保留其物理空间 |
| inline | 按行显示，和其他元素同一行显示 |

【示例 8.5】实现管理系统中模块的树形结构，使得该树形结构具有层特效。

创建一个名为 DivDisplayEG.html 的页面，其代码如下：

```
<html>
        <head>
                <title>物料系统</title>
......省略样式
                <script language="javascript" type="text/javascript">
                        if (document.getElementById)
```

```
            {
                document.write('<style type="text/css">\n')
                document.write('.submenu{display: none;}\n')
                document.write('</style>\n')
            }
            function SwitchMenu(obj)
            {
                if(document.getElementById)
                {
                    var el = document.getElementById(obj);
                    var ar = document.getElementById("masterdiv")
                    .getElementsByTagName("span");
                    if(el.style.display != "block")
                    {
                        for (var i=0; i<ar.length; i++)
                        {
                            if (ar[i].className=="submenu")
                            ar[i].style.display = "none";
                        }
                        el.style.display = "block";
                    }else
                    {
                        el.style.display = "none";
                    }
                }
            }
            function killErrors()
            {
                return true;
            }
            window.onerror = killErrors;
        </script>
        <link rel="stylesheet" type="text/css"
            href="DivDisplayStyle.css">
        <base target="main">
</head>
<body topmargin="0" leftmargin="2" rightmargin="2" bottommargin="2"
        >
        <div id="masterdiv">
            <table border="0" width="170" id="table1" cellpadding="4"
```

```
            style="border-collapse:collapse;" bgcolor="#CCFFFF">
            <tr>
                <td align="center">
                    <font size="3" color="#4B0082">
                        <b>物料管理系统</b>
                    </font>
                </td>
            </tr>
            <tr>
                <td>
                    <p align="center">
                        <a target="_parent"   href="#">
                        <font size="2">[安全退出]</font></a>
                        <a target="_parent" href="#">
                        <font size="2">[返回首页]</font></a>
                </td>
            </tr>
        </table>
        <div class="menutitle" onClick="SwitchMenu('sub1')">
            .系统管理
            <hr size="1" color="#00008B">
        </div>
        <span class="submenu" id="sub1">
            <table cellspacing="1" cellpadding="4" width="158"
                class="tableborder">
                    <td height=25 width="100%"
                    align="center" bgcolor="#D6E0EF">
                          
                        <img border="0"
                        src="./img/divdisplay.gif" width="13"
                            height="13">
                        <a class="menu" target="main"
                            href="#">用户管理</a>
                    </td>
                </tr>
                <tr class=altbg1>
                    <td height=25 width="100%"
                    align="center"   bgcolor="#D6E0EF">
                          
                        <img border="0"
                        src="./img/divdisplay.gif" width="13"
```

```
                                        height="13">
                                    <a class="menu" target="main"
                                        href="#">角色管理</a>
                                </td>
                            </tr>
                        </table>
                    </span>
                    <div class="menutitle" onClick="SwitchMenu('sub8')">
                        .部件管理
                        <hr size="1" color="#00008B">
                    </div>
                    <span class="submenu" id="sub8">
                        <table cellSpacing="0" cellPadding="0" width="158"
                            background="images/menu_2.gif"
                             border="0" class="tableborder">
                            <tr>
                                <td height=25 width="100%"
                                align="center" bgcolor="#D6E0EF">
                                    <img border="0"
                                src="./img/divdisplay.gif" width="13"
                                        height="13">
                                    <a class="menu" target="main"
                                        href="#">新增项目</a>
                                </td>
                            </tr>
                            <tr>
                                <td height=25 width="100%" align="center"
                                        bgcolor="#D6E0EF">
                                    <img border="0"
                                    src="./img/divdisplay.gif" width="13"
                                        height="13">
                                    <a class="menu" target="main"
                                        href="#">项目维护</a>
                                </td>
                            </tr>
                        </table>
                    </span>
                </div>
        </body>
</html>
```

在上述代码中，<script>标签中定义了 SwitchMenu 函数；当单击 Div 层时，触发

onClick 事件并调用该函数；该函数通过当前 Div 层的状态(如隐藏)来决定是否隐藏还是显示该层。

通过 IE 查看该 HTML，结果如图 8-6 所示。当鼠标分别单击“系统管理”、“部件管理”时，其下方的区域会显示各自的模块，而对应的其他部分的模块会收起。

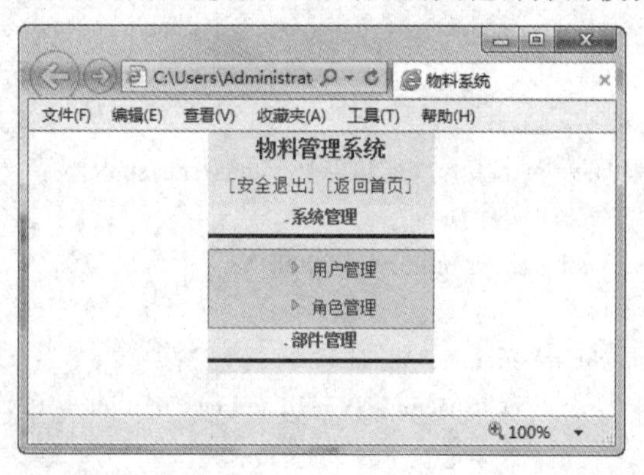


图 8-6　Div 层的隐藏和显示

## 8.3.2　图片隐藏和显示特效

在层的隐藏和显示的基础上可以实现图片的自动切换，这种技术主要使用了层的 display 属性，并且通过 JavaScript 的 setInterval()函数来实现图片的自动切换。

【示例 8.6】实现图片集的制作。

创建一个名为 ImgDisplay.html 的页面，其代码如下：

```
<html>
<head>
	<title>图片隐藏和显示特效</title>
</head>
<body>
<table width="400" border="0" align="center" cellPadding="0" cellSpacing="0"
background="./img/background.jpg">
	<tr>
		<td height="470"align="center">
			<div id="fc"
			style="width:240px; height:454px;
			border:1px solid #D85C8A">
				<div style="display:block;cursor:hand">
				<img   height="454" src="img/img4.jpg"
					width="320" border="2"/>
			</div>
			<div style="display:none;cursor:hand">
				<img   height="454" src="img/img5.jpg"
```

```
                    width="320" border="2"/>
        </div>
        <div style="display:none;cursor:hand">
            <img   height="454" src="img/img6.jpg"
                    width="320" border="2"/>
        </div>
        <div style="display:none;cursor:hand">
            <img   height="454" src="img/img7.jpg"
                    width="320" border="2"/>
        </div>
        </div>
    </td>
</tr>
<tr>
    <td height="99" valign="top">
        <table align="center" cellPadding="0"
            cellSpacing="1" id="num">
            <tr>
                <td id="0">
                    <img src="img/img4.jpg" onclick="plays(0)"
                        width="57" height="99"
                        style="cursor:hand;
                        border:1px solid green" >
                </td>
                <td id="1">
                    <img src="img/img5.jpg" onclick="plays(1)"
                        width="57"   height="99"
                        style="cursor:hand;
                        border:1px solid green" >
                </td>
                <td id="2">
                    <img src="img/img6.jpg" onclick="plays(2)"
                        width="57" height="99"
                        style="cursor:hand;
                        border:1px solid green" >
                </td>
                <td id="3">
                    <img src="img/img7.jpg" onclick="plays(3)"
                        width="57" height="99"
                        style="cursor:hand;
```

```
                                        border:1px solid green" >
                                </td>
                        </tr>
                </table>
        </td>
    </tr>
</table>
    <script>
        var n=0;
        //获得名为 fc 的 div 对象
        var fc = document.getElementById("fc");
        //设置计时器对象
        setInterval("auto()", 2000);
        function plays(value)
        {
            for(i=0;i<4;i++)
            {
                if (i == value)
                {
                    //显示特定的图片
                    fc.children[i].style.display="block";
                }
                else
                {
                    //隐藏特定的图片
                    fc.children[i].style.display="none";
                }
            }
        }
        //当图片切换到最后一张时，从头开始显示图片
        function auto()
        {
            n++;
            if(n>3)
            {
                n=0;
            }
            plays(n);
        }
    </script>
```

```
</body>
</html>
```

上述代码中，在页面中导入四幅图片，每间隔 2 秒就会在大相框中切换一副图片。

通过 IE 查看该 HTML，结果如图 8-7 所示。

图 8-7　图片的隐藏和显示

## 本 章 小 结

通过本章的学习，学生应该能够学会：

✧ 表单验证可以减轻服务器负担，提高系统效率。

✧ 表单验证可以验证输入是否为空、日期是否有效、E-mail 是否正确等。

✧ 鼠标事件有 onClick、onDblClick、onMouseDown、onMouseUp、onMouseOver、onMouseMove 和 onMouseOut。

✧ 键盘事件有 onKeyPress、onKeyDown 和 onKeyUp。

✧ 为了能够动态地改变页面或局部区域的显示外观，需要使用 JavaScript 控制 CSS 样式，即 CSS 样式特效。

✧ Div 层的隐藏和显示主要通过使用 Div 的 display 属性来实现。

## 本 章 练 习

1．对于 id 为“name”的文本框，判断其输入不为空的正确 JavaScript 代码是_____。(多选)

A．if (document.getElementsByName("name").value.length == 0)
    alert("输入不能为空");

B．if (document.getElementByName("name").value == "")
    alert("输入不能为空");

C．if (document.getElementById("name").value.length == 0)
    alert("输入不能为空");

D．if (document.getElementById("name").value == "")
    alert("输入不能为空");

2．控件失去焦点的事件是______。

A．onfocus　　B．onlostfocus　　C．onblur　　D．onchange

3．鼠标进入的事件是______。

A．onmousein　　B．onmousemove

C．onmousedown　　D．onmouseover

4．下述代码实现的效果是______。

```
<input id="name"
onmouseover="this.style.color='red'"
onmouseout="this.style.color='black'"/>
```

A．当鼠标经过文本框时，背景色变为红色，鼠标离开文本框时，背景色变为黑色

B．当鼠标经过文本框时，鼠标指针变为红色，鼠标离开文本框时，鼠标指针变为黑色

C．当鼠标经过文本框时，文字变为红色，鼠标离开文本框时，文字变为黑色

D．当鼠标经过文本框时，边框变为红色，鼠标离开文本框时，边框变为黑色

5．可以使下述 Div 显示的 JavaScript 代码是______。(多选)

```
<div id="div1" style="display:none" >aaaaaaa</div>
```

A．document.getElementById("div1").style.display = "true";

B．document.getElementById("div1").style.display = "inline";

C．document.getElementById("div1").style.display = "block";

D．document.getElementById("div1").style.display = "";

6．下述选项中，______可以实现每隔 1 秒钟调用一次 test()函数的功能。

A．setTimeout("test()", 1)

B．setTimeout("test()", 1000)

C．setInterval("test()", 1)

D．setInterval("test()", 1000)

7．创建一个 HTML 页面，实现当鼠标移动时在浏览器状态栏显示鼠标当前坐标的功能。

8．创建一个 HTML 页面，其中放置一张图片，实现通过键盘的上、下、左、右键控制图片移动的功能。

# 第9章 XML概述

## 本章目标

- 了解 XML 的历史
- 了解 XML 的特点
- 了解 XML 的基本特征
- 掌握 XML 的文档结构
- 掌握 XML 文档的组成要素及其使用
- 掌握格式良好的 XML 文档的规则
- 了解有效 XML 文档的实现方式
- 掌握基本 XML 文档的编写

# 9.1 XML 概述

XML(eXtensible Markup Language，可扩展标记语言)是一种元标记语言，是 Internet 环境中跨平台的、依赖于内容的技术，也是当今处理分布式结构信息的有效工具。

## 9.1.1 XML 的历史

XML 有两个先驱：SGML 和 HTML，这两个语言都是非常成功的标记语言，但是都有一些与生俱来的缺陷。XML 正是为了解决它们的不足而诞生的。

### 1. SGML

早在 Web 未发明之前，SGML(Standard Generalized Markup Language，标准通用标记语言)就已存在，正如它的名称所言，SGML 是国际上定义电子文件结构和内容描述的标准。SGML 具有非常复杂的文档结构，主要用于大量高度结构化数据的访问和其他各种工业领域，在分类和索引数据中非常有用。

虽然 SGML 的功能很强大，但是它不适用于 Web 数据描述，而且 SGML 软件的价格非常昂贵；另外，SGML 十分庞大，既不容易学，又不容易使用，在计算机上实现也十分困难；不仅如此，几个主要的浏览器厂商都明确拒绝支持 SGML，这无疑是 SGML 在网上传播遇到的最大障碍。鉴于这些因素，Web 的发明者——欧洲核子物理研究中心的研究人员，根据当时(1989 年)的计算机技术，发明并推出了 HTML。

### 2. HTML

1989 年，HTML 诞生，它抛弃了 SGML 复杂庞大的缺点，继承了 SGML 的很多优点。HTML 最大的特点是简单性和跨平台性。

HTML 是一种界面技术，它只使用了 SGML 中很少的一部分标记，例如 HTML 4.0 中只定义了 70 余种标记。为了便于在计算机上实现，HTML 规定的标记是固定的，即 HTML 语法是不可扩展的。HTML 这种固定的语法使它易学易用，在计算机上开发 HTML 的浏览器也十分容易。正是由于 HTML 的简单性，使得基于 HTML 的 Web 应用得到了极大的发展。

### 3. XML 的产生

随着 Web 应用的不断发展，HTML 的局限性也越来越明显地显现了出来，如 HTML 无法描述数据、可读性差、搜索时间长等。人们又把目光转向 SGML，再次改造 SGML 使之适应现在的网络需求。随着先辈的努力，1998 年 2 月 10 日，W3C(World Wide Web Consortium，万维网联盟)公布 XML 1.0 标准，XML 诞生了。

XML 最初的设计目的是为了 EDI(Electronic Data Interchange，电子数据交换)，确切地说是为 EDI 提供一个标准数据格式。

当前的一些网站内容建设者们已经开始开发各种各样的 XML 扩展，比如数学标记语言 MathML、化学标记语言 CML 等。此外，一些著名的 IT 公司，如 Oracle、IBM 以及微

软等都积极地投入人力与财力研发 XML 相关软件与服务支持，这无疑确定了 XML 在 IT 产业的重要地位。

## 9.1.2 XML 的基本特征

XML 是一个精简的 SGML 子集，它将 SGML 的丰富功能与 HTML 的易用性结合到 Web 的应用中。XML 保留了 SGML 的可扩展功能，这使得 XML 从根本上有别于 HTML。XML 要比 HTML 强大得多，它不再是固定的标记，而是允许定义不限数量的标记来描述文档中的资料，允许存在嵌套的信息结构。HTML 只是 Web 显示数据的通用方法，而 XML 则提供了直接处理 Web 数据的通用方法。

XML 具有以下一些特点：

(1) XML 可以从 HTML 中分离数据。即能够在 HTML 文件之外将数据存储在 XML 文档中，这样可以使开发者集中精力使用 HTML 做好数据的显示和布局，并确保数据改动时不会导致 HTML 文件也需要改动，从而方便维护页面。XML 也能够将数据以“数据岛”的形式存储在 HTML 页面中，开发者依然可以把精力集中到使用 HTML 格式化和显示数据上。

(2) XML 可用于交换数据。基于 XML 可以在不兼容的系统之间交换数据，计算机系统和数据库系统所存储的数据有 $N^N$ 种形式，对于开发者来说，最耗时间的工作就是在遍布网络的系统之间交换数据。把数据转换为 XML 格式存储将大大减少交换数据时的复杂性，还可以使这些数据能被不同的程序读取。

(3) XML 可应用于 B2B 中。例如在网络中交换金融信息，目前 XML 正成为遍布网络的商业系统之间交换信息所使用的主要语言，许多与 B2B 有关的完全基于 XML 的应用程序正在开发中。

(4) 利用 XML 可以共享数据。XML 数据以纯文本格式存储，这使得 XML 更易读、更便于记录、更便于调试，使不同系统、不同程序之间的数据共享变得更加简单。

(5) XML 可以充分利用数据。XML 是与软件、硬件和应用程序无关的，数据可以被更多的用户、设备所利用，而不仅仅限于基于 HTML 标准的浏览器。其他客户端和应用程序可以把 XML 文档作为数据源来处理，就像操作数据库一样，XML 的数据可以被各种各样的“阅读器”处理。

(6) XML 可以用于创建新的语言。比如，WAP 和 WML 语言都是由 XML 发展来的。WML(Wireless Markup Language，无线标记语言)是用于标识运行于手持设备上(比如手机)的 Internet 程序的工具，它就采用了 XML 的标准。

总之，XML 使用一个简单而又灵活的标准格式，为基于 Web 的应用提供了一个描述数据和交换数据的有效手段。但是，XML 并非是用来取代 HTML 的。HTML 着重如何描述将文件显示在浏览器中，而 XML 与 SGML 相近，它着重描述如何将数据以结构化方式表示。就网页显示功能来说，HTML 比 XML 强，但就文件的应用范畴来说，XML 比 HTML 超出很多。XML 和 HTML 在各个方面上的对比如表 9-1 所示。

表 9-1　XML 和 HTML 的对比

| 对比项 | XML | HTML |
| --- | --- | --- |
| 可扩展性 | 可扩展，能够定义新的标记元素 | 不可扩展，标记元素都是固定的 |
| 侧重点 | 侧重于结构化地描述数据 | 侧重于如何显示数据 |
| 语法 | 语法严格，要求标记嵌套、配对和遵循 DTD 树形结构 | 不要求标记的嵌套、配对等，不要求标记之间具有一定的顺序 |
| 可读性 | 结构清晰、易于阅读 | 难于阅读 |
| 可维护性 | 易于维护 | 难于维护 |
| 数据和显示关系 | 数据描述与显示方式相分离，具有保值性 | 数据和显示整合为一体，不具保值性 |

## 9.1.3　XML 定义

XML 是元标记语言，定义了用于定义与其他特定领域有关的、语义的、结构化的标记语言句法的语言。可以从以下几个方面来定义 XML：

(1) XML 是一种类似于 HTML 的标记语言；

(2) XML 是用来描述数据的；

(3) XML 的标记不是在 XML 中预定义的，用户可以自定义标记；

(4) XML 使用文档类型定义(DTD)或者模式(Schema)来描述数据。

【示例 9.1】使用 XML 描述学生信息，并使用 IE 查看数据结果。

创建一个名为 student.xml 的文档，其代码如下：

```
<?xml version="1.0" ?>
<!-- File Name:student.xml -->
<students>
        <student sex = "male">
                <name>Tom</name>
                <age>14</age>
                <tel>88889999</tel>
        </student>
        <student sex = "female">
                <name>Rose</name>
                <age>16</age>
                <tel>66667777</tel>
        </student>
        <student sex = "male">
                <name>Jack</name>
                <age>15</age>
        </student>
</students>
```

上述代码只能让读者感性地认识 XML，并不能实现什么具体应用，它只是用 XML 标记存储信息的文件。

对于 XML 文件，可以用 IE5.0 或以上版本来查看其内容。如果在 IE 中打开一个 XML 文档，它将用颜色显示文档编码的根和子元素，如图 9-1 所示。

可以单击元素左边的加号(+)或减号(-)来展开或收缩元素的结构。如果想查看原始的 XML 源文件，就必须从浏览器菜单中选择“查看源(V)”(View Source)。如果打开的 XML 文件是错误的，IE 就会报告错误，如图 9-2 所示。

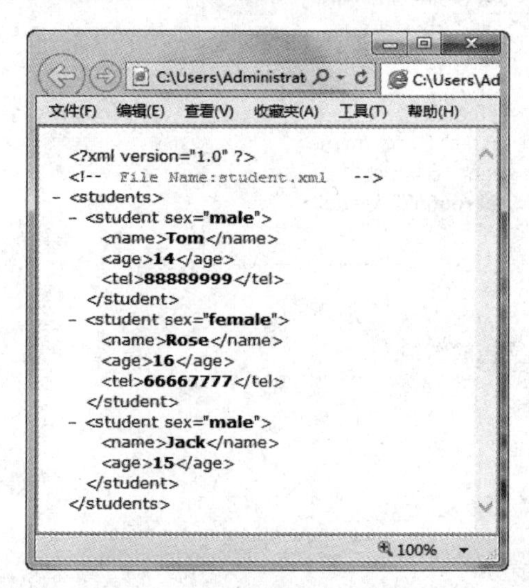


图 9-1　IE 查看 XML 文件结果

图 9-2　出错时的显示结果

XML 是自由的、可以扩展的，XML 标记(tags)并不是事先定义好的。在 XML 中，用户可以根据需要定义自己的标记以及文档结构。比如，上面例子中<students>、<name>、<age>等标记都是这个 XML 文档的作者创建出来的。而在 HTML 文档中必须使用 HTML 规范中定义好的标记，如<P>、<hr>、<a>、</a>等。

## 9.2　XML 文档结构

XML 的语法规则既简单又严格，非常容易学习和使用。XML 文档使用了自描述的和简单的语法，如果熟悉 HTML，就会发现它的文档和 HTML 非常相似。

XML 文档有两个主要组成部分：序言(prolog)和文档元素(document element，即根元素)。

序言出现在 XML 文档的顶部，其中包含关于该文档的一些信息，有点像 HTML 文档中的<head>部分。在上述 XML 文档 student.xml 中，序言包含了一个 XML 声明。序言也可以包含其他元素，如注释、处理指令或是 DTD(文档类型定义)。

任何 XML 文档必须有且只有一个文档元素(或称根元素)，用来包含可能有的其他内容。XML 文档中的所有内容都应该出现在根元素的内部。在遵守 XML 命名规则的前提下，用户可以为元素和属性选择任何名字(命名应遵循简单易懂的原则)。XML 文档的结构如图 9-3 所示。

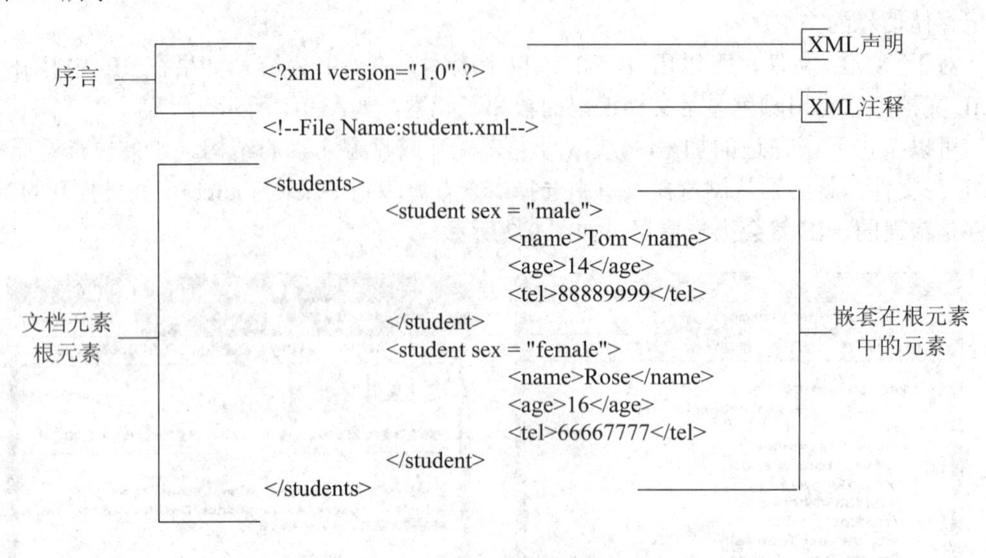


图 9-3　XML 文档的结构

## 9.2.1　序言

XML 序言由两行组成：

```
<?xml version="1.0" ?>
<!—File Name:student.xml-->
```

其中：

✧ 第一行是 XML 声明，表明这是一个 XML 文档，并且遵循的是 XML 1.0 版的规范。

✧ 第二行是注释。引入注释可以增强文档的可读性，XML 文档的注释是可选的。

XML 声明由“<?”开始，“?>”结束。“<?”表示该行是一个命令；在“<?”后面紧跟“xml”，表示该文件是一份 XML 文件(注意必须小写)，这是处理指令的名称。在其后可声明 XML 的版本、采用的字符集等属性；在“<”和“?”之间、“?”和“>”之间，以及第一个“?”和“xml”之间不能有空格。在第二个“?”之前可以没有、也可以有一个或多个空格。

XML 声明语句中通常可以有如下属性：

(1) version：该属性是必须的，且必须小写，用于表明 XML 的版本，解析器对不同版本的解析会有区别。

(2) encoding：该属性是可选的，用于表明该文档所使用的字符编码方式。XML 支持多种字符集类型。例如，使用下面的语句指明文档中的字符编码方式为 GB2312 编码：

```
<?xml version="1.0" encoding="GB2312" ?>
```

(3) standalone：该属性定义了是否可以在不读取任何其他文件的情况下处理该文档，其属性值可以是 yes 或 no。如果 XML 文档没有引用任何其他文件，则可以指定 standalone="yes"，否则 standalone="no"。standalone 的缺省值是 no。

注 意

如果同时设置了 encoding 和 standalone 属性，standalone 属性要位于 encoding 属性之后。

对于含有中文字符的 XML，可以采用“Unicode”或“GB2312”等支持中文字符的编码来表示，如果文档中的字符使用的是 GB2312 编码，则必需设置 encoding 属性值为 GB2312。

【示例 9.2】创建含有中文字符的 XML 文件，并查看数据结果。

创建一个名为 student_gb2312.xml 的文档，其代码如下：

```
<?xml version="1.0" encoding="GB2312" ?>
<学生花名册>
        <学生 性别 ="男">
                <姓名>汤米</姓名>
                <年龄>14</年龄>
                <电话>88889999</电话>
        </学生>
        <学生 性别 ="女">
                <姓名>罗斯</姓名>
                <年龄>16</年龄>
                <电话>66667777</电话>
        </学生>
        <学生 性别 ="男">
                <姓名>杰克</姓名>
                <年龄>15</年龄>
        </学生>
</学生花名册>
```

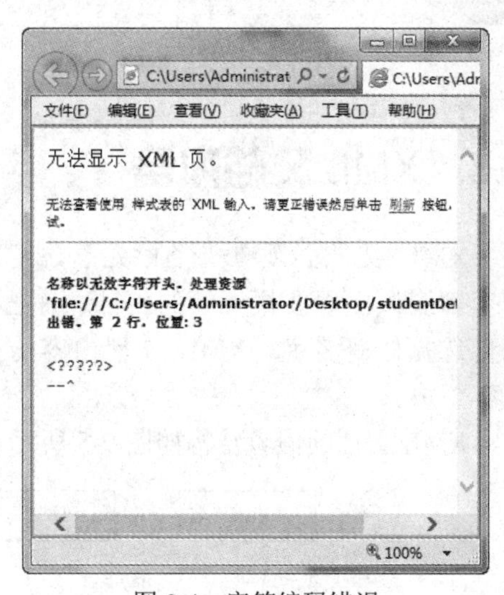


图 9-4　字符编码错误

上述 XML 代码中，由于存在中文字符，需要在 XML 声明中引入 encoding 属性，并设置属性值为“GB2312”，否则将会显示字符编码错误，如图 9-4 所示。

提示的错误信息是“文本内容中发现无效字符”，这是因为在 XML 文档声明语句中没有明确指定文档中的字符编码方式，浏览器就会用默认的 Unicode 编码来解析该文档，而该文档中的字符实际上使用的是 GB2312 编码，而非 Unicode 编码。

注 意

XML 支持多种字符集类型。但常用的编码有如下几种：简体中文码(GB2312)、繁体中文码(BIG5)、UTF-8。使用 Dreamweaver CS6 创建 XML 时，使用的编码格式默认就是 Unicode(UTF-8)，所以不使用 encoding 属性也能正常编译解析，但这种做法不提倡。当 XML 文档中包含中文时建议使用 encoding 属性指定编码格式。

另外，序言部分还可以包括下列可选组成部分：

(1) 文档类型声明(DTD)，它定义了文档的类型和结构。

(2) 一个或多个处理指令，它提供了 XML 处理器传递给应用的信息。

### 9.2.2 文档元素

XML 文档的第二个主要部分是文档元素。在 XML 文档中，元素指出了文档的逻辑结构，并且包含了文档的信息内容(在示例文档中是学生的信息，例如姓名、年龄和电话)。一个典型的元素有起始标签、元素内容和结束标签。元素的内容可以是字符数据、其他(嵌套的)元素或者两者的组合。

整个 XML 文档就是由标记和字符数据混合成的。标记是用来描述文档结构的定界文本，即元素的起始标签、元素的结束标签、空元素标签、注释、文档类型声明、处理指令、CDATA 节定界符、实体引用和字符引用等。

在示例文档中，其起始标签是<students>，结束标签是</students>，其内容是两个嵌套的 student 元素，每个 student 元素同样包括一系列的嵌套元素。

注 意

XML 文档中的文档元素类似于 HTML 页中的<BODY>元素，但 XML 文档元素可以具有任意合法的名称。

## 9.3 XML 文档内容

XML 文档必须有一个根元素，用来包含可能有的其他内容。XML 文档中的所有内容都应该出现在根元素的内部。在遵守 XML 命名规则的前提下，用户可以为元素和属性选择任何名字。XML 文档内容的主体部分一般由根元素、子元素、属性、注释和内容组成。

XML 文档的内容结构如图 9-5 所示。

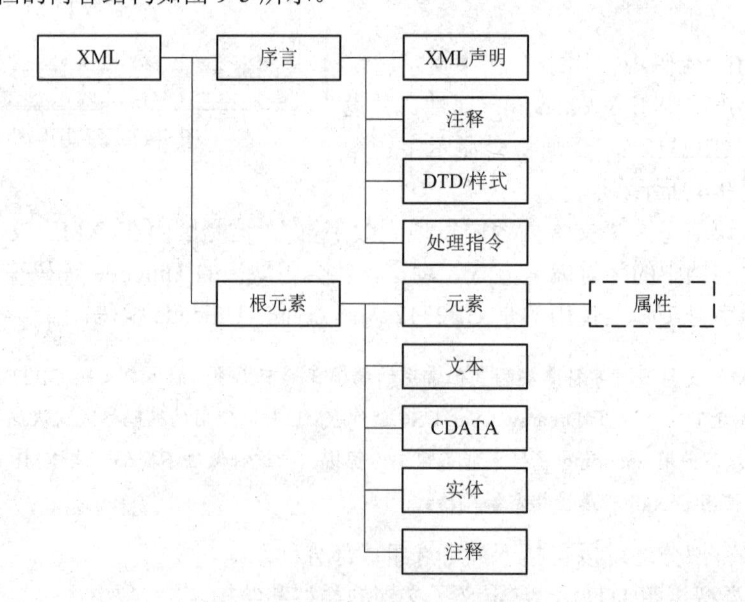


图 9-5　XML 文档的内容结构图

### 9.3.1　XML 元素

元素是 XML 文档的基本组成部分。它们可以包含其他的元素、字符数据、字符引用、实体引用、PI(Processing Instruction，处理指令)、注释或 CDATA 部分——这些合在一起称做元素内容(element content)。所有的 XML 数据(除了注释、PI 和空白外)都必须包容在元素中。

XML 文档中其他所有元素都是根元素的后代(子元素)，student.xml 中的根元素是<students>，而<student>、<name>、<age>、<tel>都是它的子元素。

在 XML 文档中，元素有很多作用，它们可以标记内容、为它们标记的内容提供一些描述、为数据的顺序和相对重要性提供信息，以及展示数据之间的关系。

XML 中的元素使用标记进行分隔，标记由一对尖括号(“<>”)围住元素名称(一个字符串)构成。每一个元素都必须由一个起始标记和一个结束标记分隔开。

在 XML 中，基本上没有什么保留字，可以用任何字符串来作为元素名称，但是 XML 元素的命名必须遵守下列规范：

(1) 元素的名字可以包含字母、数字和其他合法字符，且区分大小写。

(2) 元素的名字不能以数字或者标点符号开头。

(3) 元素的名字不能以 XML(或者 xml、Xml、xMl 等)开头。

(4) 元素的名字不能包含空格，并且避免使用“-”、“.”、“:”等特殊字符。

(5) 元素的命名应该遵循简单易读的原则。

(6) 如果 XML 文档与数据表对应，应尽量让 XML 文档中元素的命名和数据库中字段的命名保持一致，这样可以方便数据变换。

(7) 非英文字符、字符串也可以作为 XML 元素的名字，例如<姓名>、<年龄>等，但为了得到更好的支持，建议使用英文字母来进行命名。

**1. 起始标记**

一个元素开始的分隔符被称做起始标记。起始标记是一个包含在尖括号里的元素名称，可以把起始标记看做是“打开”了一个元素。下面是一些合法的起始标记：<student>、<Student>、<STUDENT>。需要特殊说明的是，元素名称可以使用任何合法字母，而不一定是 ASCII 码字符。

**2. 结束标记**

一个元素最后的分隔符被称做结束标记。结束标记由一个斜杠(“/”)和元素名称组成，被括在一对尖括号中。每一个结束标记都必须与一个起始标记相匹配，可以把结束标记理解为关闭了一个由起始标记打开的元素。下面是一些合法的结束标记，它们与前面列举的起始标记相对应：</student>、</Student>、</STUDENT>。

带有完整的起始、结束标记的元素应该是如下形式：

```
<自定义标记>包含的内容</自定义标记>
```

**3. 元素分类**

XML 文档中一共有四类元素：空元素、仅含文本的元素、仅含子元素的元素和含子元素、文本的混合元素的元素。

(1) 空元素。如果元素中不包含任何文本或子元素，那么它就是个空元素。对于空元素，可以只加入起始标记和结束标记而不在其中包含任何内容，其代码如下所示：

```
<student></student>
```

空元素的精简表示方式是：由一个元素名称紧跟一个斜杠组成，并括在一对尖括号中。下面代码与上述代码的功能是一致的：

```
<student/>
```

(2) 仅含文本的元素。有些元素含有文本内容。下述代码中<name>和<age>都是含有文本的元素：

```
<name>Rose</name>
<age>16</age>
```

(3) 仅含子元素的元素。一个元素可以包含其他的元素。容器元素称为父(parent)元素，被包含的元素称为子(child)元素。例如，<student>元素就是一个包含子元素的元素：

```
<student sex = "male">
        <name>Tom</name>
        <age>14</age>
        <tel>88889999</tel>
</student>
```

(4) 混合元素。混合元素既含有文本，也含有子元素。下面的代码片段显示了一个混合元素：

```
<student sex = "male">
大一四班
        <name>Tom</name>
        <age>14</age>
        <tel>88889999</tel>
</student>
```

4．元素嵌套

XML 对元素有一个非常重要的要求——它们必须正确嵌套。也就是说，如果一个元素(通过起始标签和结束标签来分隔)在另一个元素内部开始，那么也必须在同一个元素内部结束。例如，下列这些元素是格式良好的：

```
<student>
        <name>Tom</name>
        <age>14</age>
        <tel>88889999</tel>
</student>
```

而下列这些元素的格式不正确：

```
<student>
        <name>Tom
        <age>14</age>
```

```
    <tel>88889999</tel>
</student></name>
```

当遇到没有被正确使用的嵌套标记时，XML 解析器会立刻报告一个“not well-formed(非格式良好的)”错误报告，在 IE 中的错误信息如图 9-6 所示。

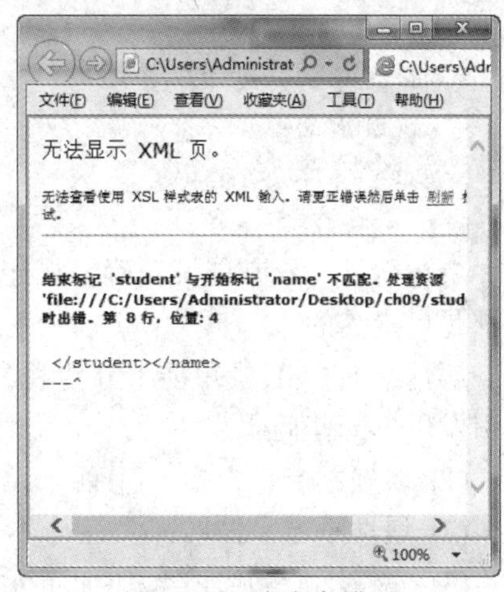


图 9-6　元素嵌套错误

综上所述，在 XML 文档中使用元素时应注意以下几点要求：

(1) 元素必须含有开始标签和结束标签。

(2) 在没有内容(空元素)的情况下，建议使用省略写法。

(3) 标签名称必须符合 XML 命名规则。

(4) 元素必须正确地嵌套。

## 9.3.2　XML 属性

XML 元素可以拥有属性。属性是对标记进一步的描述和说明，一个标记可以有多个属性。XML 中的属性与 HTML 中的属性是一样的，每个属性都有它自己的名字和数值，属性是标记的一部分。例如：

```
<student sex = "male">
</student>
```

XML 中的属性也是由用户自己定义的，属性由“名称/值”对组成，其中值是包含于单引号或双引号中的。一个元素可以有多个属性，它的基本格式为：

```
<元素名 属性名="属性值">
```

特定的属性名称在同一个元素标记中只能出现一次，属性值不能包括“<”、“>”、“&”。

例如，student 元素中可以使用属性表示学生的性别：

```
<student sex = "male"></student>
```

也可以这样写：

```
<student sex = 'male'></student>
```

上面的两种写法在一般情况下是没有区别的，双引号的写法更普遍一些。

当元素包含属性时，常称为复合类型(complex type)元素，是书写 XML 模式文档时常见的应用模式。

在 XML 中，可以将属性改写为嵌套的子元素。例如，对于下列代码：

```
<student sex = "female">
    <name>Rose</name>
    <age>16</age>
    <tel>66667777</tel>
</student>
```

可以改写为：

```
<student>
        <sex>female</sex>
        <name>Rose</name>
        <age>16</age>
        <tel>66667777</tel>
</student>
```

上述两种写法都能够正确地描述数据，哪种写法更好并没有一个明确的规则，两种写法都是可接受的。

属性在 HTML 中可能十分便利，但在 XML 中，最好避免使用属性，因为使用属性时会引发以下一些问题：

(1) 属性不能包含多个值(而子元素可以)；

(2) 属性不容易扩展；

(3) 属性不能够描述结构(而子元素可以)；

(4) 在使用程序代码进行处理时，属性比子元素要难解析；

(5) 属性值很难通过 DTD 进行测试；

(6) 使用属性来存储数据，XML 文档比较难以阅读和操作。

注 意

在 XML 定义中经常用到属性，但在描述数据时建议尽量使用元素，仅在描述那些与数据关系不大的额外信息时使用属性。

## 9.3.3 注释

XML 中，注释以“<!--”开始，以“-->”结束，除了在 XML 声明之前，注释可以出现在 XML 文档的其他任何位置。进行 XML 解析时，注释内的任何标记都被忽略，如果希望除去 XML 文档的一块较大部分，只需用注释括住那个部分即可。

在 XML 中，注释的语法如下：

```
<!-- 这里是注释信息 -->
```

例如：

```
<!-- File Name:student.xml -->
```

加入注释通常是为了便于阅读和理解，注释并不影响 XML 文档的处理。在添加注释时需要遵循以下规则：

(1) 注释里不能包含文本“--”；

(2) 注释不能包含于标记内部；

(3) 元素中的开始标签或结束标签不能被单独注释掉。

## 9.3.4 字符引用和实体引用

与 SGML 和 HTML 一样，XML 为显示非 ASCII 码字符集中的字符提供了两种方法：字符引用和实体引用。

### 1. 字符引用

实际处理过程中，不在键盘上的字符或是图形字符无法直接输入，这种情况下，可以使用 Unicode 码将它们以字符引用的形式加入。比如，可以将版权符号“©”编码成“©”。以“&#”开始并以“;”结束的引用都是字符引用，中间的数字是所需字符的 Unicode 编码。如果编码写成十六进制形式，应该使用一个“x”作为前缀，比如“©”也可表示为“©”。下述代码是两个示例：

```
&#AAAAA;
&#XXXXX;
```

上面的字符串“AAAAA”和“XXXXX”可能是一个或多个数字，对应着任何 XML 允许的 Unicode 字符值，可以是十进制数字或十六进制数字。

【示例 9.3】演示如何使用字符引用。

创建一个名为 chars.xml 的文档，其代码如下：

```
<?xml version="1.0" ?>
<chars>
	<ch>&#169;</ch>
	<ch>&#xA9;</ch>
	<ch>&#174;</ch>
	<ch>&#xAE;</ch>
</chars>
```

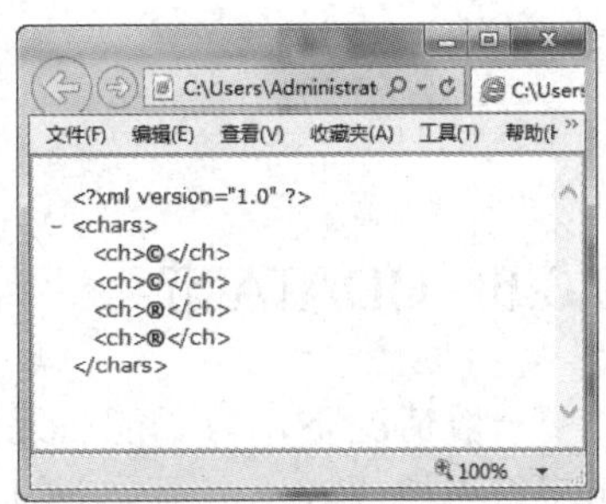


图 9-7　字符引用演示

通过 IE 查看结果如图 9-7 所示。

### 2. 实体引用

实体引用允许在元素内容或属性值中插入任何字符串，这就为字符引用提供了一种助记的替代方式。实体引用方式是在一个合法的 XML 名字前面加上一个符号“&”，后面加上一个分号“;”，如下所示：

```
&name;
```

有五个实体被定义为 XML 的固有部分，它们通常用作 XML 标记分隔符号的转义序列，如表 9-2 所示。

**表 9-2　XML 的转义字符**

| 实　　体 | 用　　途 |
|---|---|
| < | 通常用来替换小于号(<) |
| > | 通常用来替换大于号(>) |
| & | 通常用来替换字符(&) |
| " | 通常用来替换双引号(") |
| ' | 通常用来替换单引号(') |

【示例 9.4】演示如何使用实体引用。

创建一个名为 chars2.xml 的文档，其代码如下：

```
<?xml version="1.0" ?>
<chars>
	<ch>&lt;</ch>
```

```
        <ch>&gt;</ch>
        <ch>&amp;</ch>
        <ch>&quot;</ch>
        <ch>&apos;</ch>
</chars>
```

通过 IE 查看结果如图 9-8 所示。

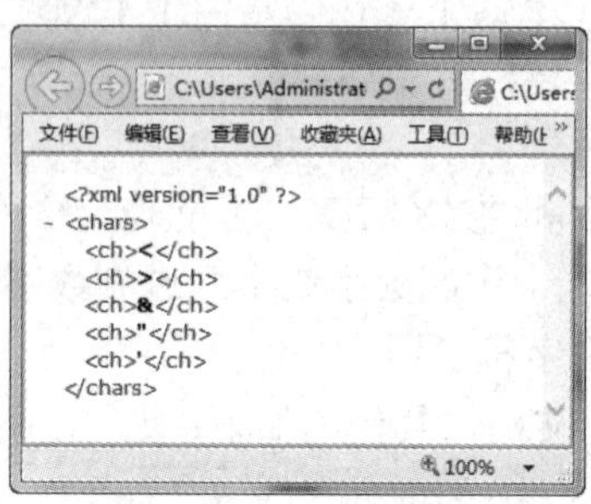


图 9-8　实体引用演示

## 9.3.5　CDATA 节

一般情况下，为了能在元素内容的字符数据中插入特殊字符(如<、>、&等)，可使用字符引用或者一个预定义的通用实体引用。但如果存在大量的特殊字符，使用这种方式就很笨拙而且使数据难以阅读。在这种情况下，可以将包含限制字符的文本放在 CDATA 节中。

CDATA 节以“<![CDATA[”开始，并以“]]>”结束。在这两个限定字符组之间，可以输入除了“]]>”之外(因为它会被解释为 CDATA 节的结束)的任意字符。CDATA 节中的所有字符都会被当作元素字符数据的常量部分，而不是 XML 标记。

【示例 9.5】演示 CDATA 节的使用。

创建一个名为 CDATA.xml 的文档，其代码如下：

```
<?xml version="1.0" encoding="GB2312"?>
<files>
        <file>
                <name>special.txt</name>
                <!--使用CDATA节可以输入除]]外的任何字符 -->
                <content><![CDATA[some special charactor " ' < > & ]]></content>
        </file>
        <file>
                <name>special.txt</name>
                <!--不使用CDATA节需要使用字符引用或实体引用来输入特殊字符 -->
                <content>some special charactor &quot; &apos; &lt; &gt; &amp;                </content>
        </file>
</files>
```

通过 IE 查看结果如图 9-9 所示。

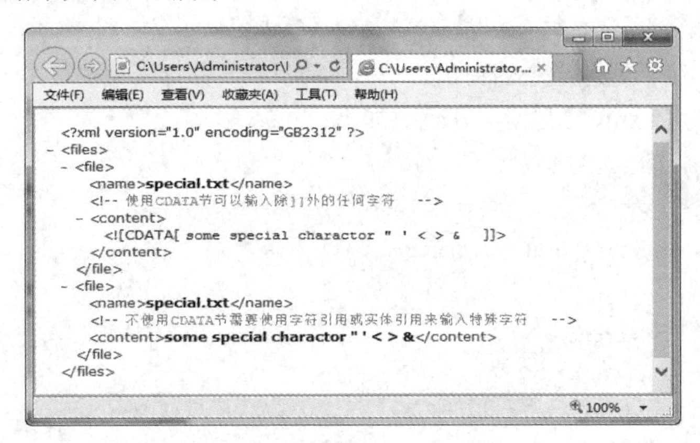


图 9-9　CDATA 节演示

在使用 CDATA 节时，应注意以下几个细节：

(1) CDATA 节可以在任何出现字符数据的地方使用，但不能出现在 XML 标记中；

(2) CDATA 节必须包含在元素中；

(3) CDATA 节之间不能再包含 CDATA 节(不能嵌套)。

如下是格式不正确的示例。

```
<?xml version="1.0" encoding="GB2312"?>
<files>
    <file>
        <!--包含在标记中 -->
        <name <![CDATA[some description]]>>special.txt</name>
        <!--CDATA嵌套 -->
        <content><![CDATA[outer <![CDATA[inner]]> ]]></content>
    </file>
</files>
```

## 9.3.6　处理指令

XML 并不预先假设元素或者其内容的处理办法，这是 XML 的优势之处。实际开发过程中，经常需要把某些信息通过文档传递给应用程序，处理指令(Processing Instruction，PI)正是 XML 为此目的提供的一种机制。

处理指令的语法形式如下：

```
<? target instruction ?>
```

其中：

✧ target：指令所指向的应用的名称，是必须的部分，而且必须是有效的 XML 名称。

✧ instruction：一个字符串表示，它可能包含任何有效的字符(除了“?>”)。

可以把处理指令插入到 XML 文档中除其他标记之外的任何地方，即可以把它插入到与插入注释相同的地方：在文档的序言中、在文档元素的后面或者在元素的内容中。一个

几乎随处可见的 PI 的用途就是将一个样式单和 XML 数据对象关联起来：

```
<?xml-stylesheet ... ?>
```

【代码 9.6】演示处理指令的使用。

创建一个名为 PI.xml 的文档，其代码如下：

```
<?xml version="1.0" encoding="GB2312"?>
<!-- 序言中的处理指令 -->
<?xml-stylesheet type="text/css" href="student.css" ?>
<students>
        <!-- 元素内部的处理指令 -->
        <?ScriptA level="A" ?>
        <student sex = "male">
                <name>Tom</name>
                <age>14</age>
                <tel>88889999</tel>
        </student>
        <student sex = 'female'>
                <name>Rose</name>
                <age>16</age>
                <tel>66667777</tel>
        </student>
</students>
```

【示例 9.7】该 XML 文档关联了一个 student.css 文件，用于设置 XML 文档中元素的样式。

创建一个名为 student.css 的文档，其代码如下：

```
student{
    display:block;
    margin-top:12pt;
    font-size:10pt
}
name{
    font-style:italic;
    font-size:20pt
}
age{
    font-weight:bold
}
tel{
    font-size:20pt
}
```

图 9-10 处理指令演示

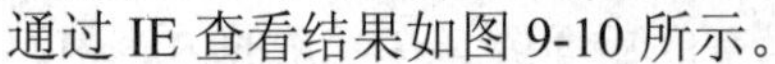

通过 IE 查看结果如图 9-10 所示。

在 XML 中使用 PI 有如下好处：

(1) 可以作为脚本或服务端包含文件的挂钩(避免类似 HTML 语法中“<!-- -->”注释语法的泛滥成灾)；

(2) 可以作为扩展模式的机制(否则它们就不能被修改)；

(3) 是一种无需改变 DTD 认证就可以扩展文档的方法；

(4) 在不影响文档结构的情况下，通过在 XML 文件中嵌入处理指令，将信息以文档的形式传递给应用程序。

处理指令不能放入 XML 标记中声明。

## 9.4 XML 文档规则

XML 语法虽然简单，但要遵循“良好格式”的规则才能编写出合法的 XML 应用。

### 9.4.1 格式良好的 XML 文档规则

#### 1. 必须有声明语句

XML 声明是 XML 文档的第一句，其格式如下：

```
<?xml version="1.0" standalone="yes/no" encoding="UTF-8"?>
```

XML 声明的作用是告诉浏览器或者其他处理程序：这个文档是 XML 文档。

#### 2. 注意大小写

在 XML 文档中，大小写是有区别的。“<P>”和“<p>”是不同的标记。注意在写元素时，前后标记的大小写要保持一致。例如：<Author>TOM</Author>写成<Author>TOM</author>是错误的。

最好养成一种习惯，或者全部大写，或者全部小写，或者大写第一个字母，这样可以减少因为大小写不匹配而产生的文档错误。

#### 3. XML 文档有且只有一个根元素

良好格式的 XML 文档必须有一个根元素，就是紧接着声明后面建立的第一个元素，其他元素都是这个根元素的子元素，根元素完全包括文档中其他所有的元素。根元素的起始标记要放在所有其他元素的起始标记之前；根元素的结束标记要放在所有其他元素的结束标记之后。

#### 4. 属性值使用引号

在 HTML 代码里面，属性值可以加引号，也可以不加。例如：“<font color=red>word</font>”和“<font color="red">word</font>”都可以被浏览器正确解释。但是 XML 规定，所有属性值必须加引号(可以是单引号，也可以是双引号，建议使用双引号)，否则将被视为错误。

#### 5. 所有的标记必须有相应的结束标记

在 HTML 中，标记可以不成对出现，而在 XML 中，所有标记必须成对出现，有一个开始标记，就必须有一个结束标记，否则将被视为错误。

**6．所有的空标记也必须被关闭**

空标记是指标记对之间没有内容的标记，比如“<img>”等标记。在 XML 中，规定所有的标记必须有结束标记。

**7．标记必须正确嵌套**

标记之间不得交叉。在 HTML 文件中，可以这样写：

```
<B><H>Today is Saturday.</B></H>
```

其中，<B>和<H>标记之间有相互重叠的区域，而在 XML 中，是严格禁止这样标记交错的写法，标记必须以规则性的次序出现。

**8．处理特殊字符**

在 XML 文件中，如果要用到特殊字符，必须用相应符号代替。如“<”已用作标签使用，不能出现在 XML 文件中，应以相应的实体引用代替。

对于空白字符，XML 的处理方式和 HTML 不一样。HTML 标准规定，不管有多少个空白，都当作一个空白来处理。例如在 HTML 中，“Today                    is Saturday.”将会被显示成“Today is Saturday.”，HTML 解析器会自动把句子中多余的空白部分去掉。而 XML 中规定，所有标记以外的空白，解析器都要全部交给应用程序处理，即解析器会保留内容中所有的空白字符并不加修改地传递给应用程序。

## 9.4.2 格式良好的 XML 文档

一个遵守 XML 语法规则，且遵守 XML 规范的文档称为格式良好的 XML(Well-formed XML)。XML 必须是格式良好的才能够被解析器正确地解析出来。一个格式良好的 XML 文档需满足下列条件：

(1) 语法合乎 XML 规范；

(2) 元素构成一个层次树，只有一个根节点；

(3) 除非提供了 DTD，否则没有对外部实体的引用。

## 9.4.3 有效的 XML 文档

在 XML 文件中，用的大多都是自定义的标记。但是如果两个同行业的公司 A 和 B 要用 XML 文件相互交换数据的话，他们之间必须有一个约定，即可以用哪些标记，父元素中能够包括哪些子元素，各个元素出现的顺序，元素中的属性怎样定义等，这样双方在用 XML 交换数据时才能够畅通无阻。这种约定规则可以用 DTD(Document Type Definition，文档格式定义)或 XML Schema(XML 模式)来表述。

注 意

ML Schema 是基于 XML 的 DTD 的替代品，W3C 使得 DTD 和 Schema 可以相互替代。关于 DTD 和 Schema，请参考 XML 验证方面的书籍。

一个有效的 XML 文档首先应该是一个格式良好的 XML 文档，其次还必须符合 DTD 或是 XML 模式所定义的规则，所以说格式良好的 XML 文档不一定是有效的 XML 文

档，但有效的 XML 文档一定是格式良好的 XML 文档。

【示例 9.8】基于 DTD，演示有效 XML 文档的定义。

创建一个名为 product.dtd 的文档，其代码如下：

```
<?xml version="1.0" encoding="GB2312"?>
<!ELEMENT PRODUCTS (PRODUCT)+>
<!ELEMENT PRODUCT (PRODUCTNAME,DESCRIPTION,PRICE,QUANTITY)>
<!ELEMENT PRODUCTNAME (#PCDATA)>
<!ELEMENT DESCRIPTION (#PCDATA)>
<!ELEMENT PRICE (#PCDATA)>
<!ELEMENT QUANTITY (#PCDATA)>
<!ATTLIST PRODUCT PRODUCTID ID #REQUIRED CATEGORY (BOOKS|TOYS) "TOYS">
```

下面的 product.xml 是一个应用上述 DTD 文档的有效 XML 文档，其代码如下：

```
<?xml version="1.0" encoding="GB2312"?>
<!DOCTYPE PRODUCTDATA SYSTEM "product.dtd">
<PRODUCTS>
    <PRODUCT PRODUCTID="P001" CATEGORY="TOYS">
        <PRODUCTNAME>乱世佳人</PRODUCTNAME>
        <DESCRIPTION>以美国内战为背景进行叙事</DESCRIPTION>
        <PRICE>26.80</PRICE>
        <QUANTITY>60</QUANTITY>
    </PRODUCT>
</PRODUCTS>
```

通过 IE 查看结果如图 9-11 所示。

DTD 定义了 XML 文档中可用的合法元素，它通过定义一系列合法的元素决定了 XML 文档的内部结构。

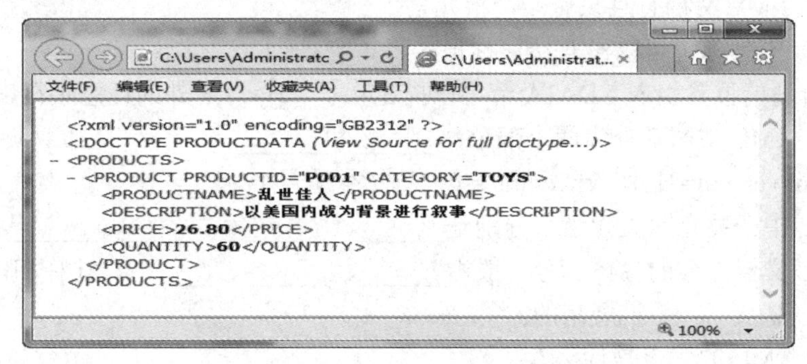


图 9-11　DTD 演示

## 本 章 小 结

通过本章的学习，学生应该能够学会：

✧ XML 是一种类似于 HTML 的标记语言，是一种元标记语言。

✧ XML 是用来描述数据的，不是 HTML 的替代品。
✧ XML 的标记不是在 XML 中预定义的，用户可以自定义标记。
✧ XML 有两个先驱：SGML 和 HTML，XML 正是为了解决它们的不足而诞生的，XML 是一个精简的 SGML 子集。
✧ XML 文档有两个主要组成部分：序言和根元素。
✧ XML 文档内容的主体部分一般由根元素、子元素、属性、注释和内容组成。
✧ 元素是 XML 文档的基本组成部分。它们可以包含其他的元素、字符数据、字符引用、实体引用、PI、注释或 CDATA 部分。
✧ 字符引用和实体引用是 XML 处理特殊字符的两种方式。
✧ 引入 CDATA 节可以描述除了“]]>”之外的任意字符串。
✧ 处理指令可以把某些信息以文档的形式传递给应用程序。
✧ XML 必须是格式良好的才能够被解析器正确的解析。
✧ 一个有效的 XML 文档应该是格式良好的，同时还必须是符合 DTD 或是 XML Schema 所定义规则的 XML 文档。

## 本章练习

1．属性______用来表示 XML 文档所使用的字符集。
A. version　　B. encoding　　C. standalone　　D. language
2．含有简体中文字符的 XML 文档中，encoding 属性值可设为______。(多选)
A. UTF-8　　B. BIG5　　C. GB2312　　D. ISO-8859-1
3．实体引用前面带有一个符号______。
A. &　　B. #　　C. +　　D. ;
4．下述关于 XML 文档的描述正确的是______。(多选)
A．XML 不区分大小写
B．任何 XML 文档有且只有一个根元素
C．XML 中的标记可以没有结束标记
D．在合适的位置引入 CDATA 节可以描述除了“]]>”之外的任意字符串
5．每个 XML 文档都分为两个部分：______和______；
<?xml version="1.0"　encoding="gb2312"?>是一个______。
6．XML 中一共有四类元素，分别是______、______、______、______。
7．XML 文档内容的主体部分一般由______、______、______、注释和内容组成。
8．XML 是从______扩展来的。
9．使用 XML 的优点是什么？
10．相对于 EDI 的结构化信息技术而言，XML 的优势有哪些？
11．简要描述 XML 的命名规范。
12．简要描述格式良好的 XML 文档应遵循的规则。

# 第10章　运用DOM处理XML

## 本章目标

- 了解DOM处理XML的优势
- 掌握DOM的文档结构
- 理解DOM的常用节点
- 了解常用的XML解析器及其特点
- 了解JAXP的基本结构
- 掌握JAXP处理XML的基本步骤
- 掌握常用的DOM API
- 掌握基于DOM的增、删、改、查操作
- 了解DOM解析器各属性的作用

## 10.1 文档对象模型

XML 为数据交换提供了一种与平台无关的语言，W3C(万维网联盟) DOM 规范提供了一种与浏览器、平台、语言皆无关的接口，使得程序设计人员能够用任何编程语言访问 XML 数据。

### 10.1.1 概述

XML DOM(XML Document Object Model，XML 文档对象模型)定义了访问和处理 XML 文档的标准方法。DOM 是以层次结构组织在一起的节点或信息片断的集合，允许开发人员在树状的数据结构中导航寻找特定信息，分析时通常需要加载整个文档并构造层次结构，之后才能进行相关工作。

DOM 提供了一套 API，为 XML 文档处理提供了标准的功能定义，通过该接口，程序设计人员可以对文档中的数据、文档的结构进行各种操作。DOM 提供的对象和方法可以和任何编程语言(Java、C++、VB)一起使用，也可以与 VBScript、JavaScript 等脚本语言一起使用。

使用 DOM 处理 XML 有以下几点优越性：

(1) DOM 能够保证 XML 文档的语法正确和格式正规。由 DOM 将文本文件转化为抽象的节点树表示，因此能够完全避免无结束标记和不正确的标记嵌套等问题。使用 DOM 操作 XML 文档时，开发人员不必担心文档的文本表示，只需要关注父子关系和相关的信息即可。另外，DOM 能够避免文档中不正确的父子关系。例如，一个 Attr 对象永远也不能成为另一个 Attr 对象的父对象。

(2) DOM 能够从语法中提取内容。由 DOM 创建的节点树是 XML 文件内容的逻辑表示，它显示了文件提供的信息，以及它们之间的关系，而不受限于 XML 语法。例如，节点树蕴含的信息可以用于更新关系数据库，或者创建 HTML 页面，开发人员不必纠缠于 XML 的语法规范。

(3) DOM 能够简化内部文档操作。使用 DOM 比使用传统的文件操作机制更加简单。DOM 提供了一套 API，通过该标准，程序设计人员可以从文档中读取、搜索、修改、增加和删除数据，操纵 XML 文档的内容和结构。

(4) DOM 能够贴切地反映典型的层次数据库和关系数据库的结构。DOM 表示数据元素关系的方式非常类似于现代的层次型和关系型数据库表示信息的方法。这使得利用 DOM 在数据库和 XML 文件之间移动信息变得相当简单。

### 10.1.2 DOM 文档结构

在 DOM 中，一般将 XML 逻辑结构描述成树。DOM 通过解析 XML 文档，为 XML 文档在逻辑上建立一个树模型(DOM 树)，树的节点是一个个的对象。所以通过操作这棵

树及其中的对象就可以完成对 XML 文档的操作，为处理文档的所有方面提供了一个完美的概念性框架。

例如，对于如下 XML 文档，其 DOM 树如图 10-1 所示。

```
<?xml version="1.0" encoding="GB2312"?>
<!-- DOM 示例-->
<bookstore>
    <book>
        <title lang="en">RESTful Web Services</title>
        <price>29.00</price>
    </book>
    <book>
        <title lang="zh">Java 编程基础</title>
        <price>46.00</price>
    </book>
</bookstore>
```

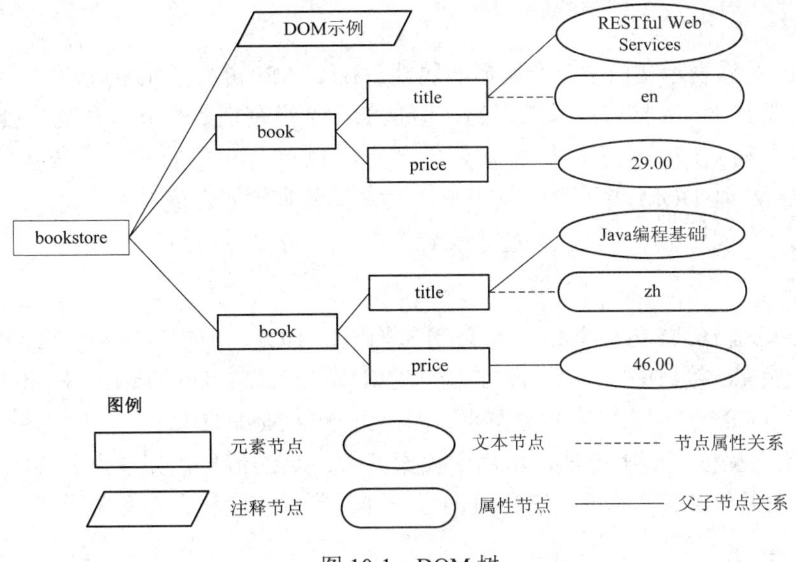


图 10-1　DOM 树

W3C 将 DOM 分成层而不是版本。DOM 的 Level1(核心)表示文档中内容的层次；Level2 提供了一套核心接口和模块，以改进 Level1 中所表示的一般结构。DOM 的 Level1 以节点(Node)对象的层次结构来表示文档，这些节点中的任何一个都可以有 0 个或多个不同类型的子节点，并且可以在其下形成子树。如图 10-1 所示 DOM 树结构中，可把每个 XML 标记(和它的值)看做是一个节点(Node)对象。节点对象是 DOM 树的基本对象，XML 中共有 12 种节点类型，其中最常见的节点类型有文档、元素、属性、文本和注释等 5 种。

注意　下述正文中所提及的接口基于 JAXP 工具包，其提供了处理 XML 文档中不同类型元素的多种接口。关于 JAXP 将在 10.2.2 章节中介绍。

### 1. 文档

XML 树中所有节点的容器称为文档根。Document 接口指定 DOM 树的顶部节点，并且包含完整的文档(XML 或 HTML)，它提供了对文档元素和数据的访问。由于所有其他节点必须在文档内，所以此接口包含创建其他节点的方法，以及操作文档结构和属性的方法，Document 接口继承自 Node 接口。

### 2. 元素

元素(Element 接口)是 XML 的基本构件，它可以包含其他元素、文本节点或两者的组合，用来作为其子节点。Element 接口从 Node 接口继承而来，提供了一些方法用来设置或检索元素的属性，是唯一允许带有属性的节点。上述 XML 文档中的 book、title、price 都是 DOM 文档的元素。

### 3. 文本

文本接口(Text)表示元素或属性值的文本内容(XML 中的字符数据)，它可以包含信息也可以是空白，Text 节点没有子节点。Text 接口从 Node 接口和 CharacterData 接口继承而来。

### 4. 属性

Attribute 对象表示文档中一个元素的属性。Java API 定义了元素属性的 Attr 接口。虽然 Attr 接口是从 Node 接口继承而来的，但是 DOM 没有把属性节点看做单独的节点，而是作为与节点相关联的元素的属性。属性节点可以包含简单的文本值或实体引用(与在 XML 中一样)，但 DOM 并不区分其类型，而是把所有的属性值看做字符串。因此，属性节点没有父节点或兄弟节点，且在整个文档树中是不可以访问的。

### 5. 节点

Node 接口是 DOM 树的重心，Node 对象构成了 DOM 树的核心结构。DOM 树的整体架构是基于 Node 接口的，如上面讨论的 DOM 数据类型：Document、Element、Text 和 Attribute，在 DOM 树中都可表示为节点，都是继承自 Node 接口。

Node 接口提供了一些方法，可用于检索有关节点的信息，如节点名称、节点值、节点属性、相关子节点等。此外，它还提供了一种机制以获取和操作有关子节点的信息。

### 6. NodeList

NodeList 接口表示一个节点对象的集合。该接口提供一种便利机制，可以把树状文档节点转化为熟知的列表进行访问。通过该接口可以循环某个节点集合，并且对文档结构所做的任何改变(如添加或删除节点)，在节点列表中会立即反映出来。该结构对于 DOM 树的操作尤其有用。

在 DOM 结构树中，不同对象是相互关联的，这种节点关系可以是子节点、父节点、兄弟节点等，该层次如图 10-2 所示。从图 10-2 中可以看出，Document 对象必须位于层次的顶部，文档由 Element 对象组成，文档的实际数据或文本内容存储为 Text 对象，属性用于提供有关元素的附加信息，属性值也表示为文本对象。需要重点强调的是，DOM 结构中的对象不能任意放置，元素的嵌套方式要符合 DOM 规范的逻辑和次序。

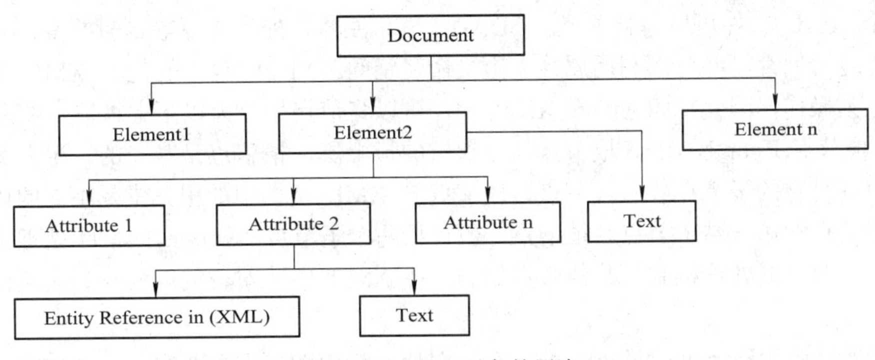


图 10-2　DOM 对象的层次

## 10.1.3　XPath

XML 是一个完整的树状结构文档，在转换 XML 文档时需要按照某种规则处理 XML 的数据(节点)。XPath 就是一种专门用来在 XML 文档中定位和查找信息的语言，通过 XPath 可对 XML 文档中的元素和属性进行遍历，是很多高级 XML 应用的基础。XPath 隶属 XSLT，是 W3C XSLT 标准的主要元素，因此通常会将 XSLT 语法和 XPath 语法混在一起介绍。

可以这样理解 XPath，如果将 XML 文档看做一个数据库，XPath 就是 SQL 查询语言；如果将 XML 文档看成 DOS 目录结构，XPath 就是 cd、dir 等目录操作命令的集合。

XPath 查询语言具有如下特点：

(1) XPath 使用路径识别 XML 元素，这些路径表达式看起来很像计算机的文件系统。

(2) XPath 定义了一个标准函数库，可以帮助精确寻找需要的节点。

(3) XPath 是 XSLT 的一个主要元素，在 XSLT 文档中，XPath 主要用于 match、select、test 属性。

(4) XPath 是一个 W3C 标准，也可以被用于 XPointer 等其他 XML 解析软件。

(5) XPath 并不使用 XML 规则来构造表达式，它有着自己的规则。

### 1. XPath 数据类型

XPath 主要有四种数据类型：

(1) 节点集。节点集是通过路径匹配返回的符合条件的一组节点的集合，其他类型的数据不能转换为节点集。

(2) 布尔类型。布尔类型是由函数或布尔表达式返回的条件匹配值，有 true 和 false 两个值。布尔类型和数值类型或字符串类型可通过 boolean()函数相互转换。

(3) 字符串类型。字符串即包含一系列字符的集合，XPath 中提供了一系列的字符串函数，字符串可与数值类型、布尔类型的数据相互转换。

(4) 数值类型。在 XPath 中，数值为浮点数，可以是双精度 64 位浮点数，也可以和布尔类型、字符串类型相互转换。

其中，布尔类型、字符串类型和数值类型与其他编程语言中相应的数据类型差不多，但是节点集是 XML 文档树的特有产物。

一个 XML 文件可以包含元素、CDATA 节、注释、处理指令等逻辑要素，其中，元素还可以包含属性，并可以利用属性来定义命名空间。XPath 包含的是对 XML 文档结构树的一系列操作，因此，相应地在 XPath 中，可以将节点划分为以下七种节点类型。

(1) 根节点(Root Node)。根节点是一棵树的最上层，根节点是唯一的。树上其他所有元素节点都是它的子节点或后代节点。根节点与 XML 文档中的根元素是不同的概念，根元素是根节点的第一层子节点。根节点一般包括两个子节点：xml-stylesheet 处理指令和根元素。对根节点的处理机制与其他节点相同，在 XSLT 中，对树的匹配总是先从根节点开始的。

(2) 元素节点(Element Node)。元素节点对应文档中的每一个元素，一个元素节点的子节点可以是元素节点、注释节点、处理指令节点和文本节点，可以为元素节点定义一个唯一的标识 id。元素节点都可以有扩展名，它由两部分组成：一部分是命名空间 URI，另一部分是本地的命名。

(3) 文本节点(Text Node)。文本节点包含了一组字符数据，即 CDATA 中包含的字符。任何一个文本节点都不会有紧邻的兄弟文本节点，而且文本节点没有扩展名。

(4) 属性节点(Attribute Node)。每一个元素节点有一个相关联的属性节点集合，元素是每个属性节点的父节点，但属性节点却不是其父元素的子节点。这就是说，通过查找元素的子节点可以匹配出元素的属性节点，但反过来不成立。另外，元素的属性节点没有共享性，即不同的元素节点不共有同一个属性节点。

对缺省属性的处理等同于定义了的属性。如果一个属性是在 DTD 声明的，但声明为 #IMPLIED，而该属性没有在元素中定义，则该元素的属性节点集中不包含该属性。此外，与属性相对应的属性节点都没有命名空间的声明。命名空间属性对应着另一种类型的节点。

(5) 命名空间节点(Namespace Node)。每一个元素节点都有一个相关的命名空间节点集。在 XML 文档中，命名空间是通过保留属性声明的，因此，在 XPath 中，该类节点与属性节点极为相似，它们与父元素之间的关系是单向的，并且不具有共享性。

(6) 处理指令节点(Processing Instruction Node)。处理指令节点对应 XML 文档中的每一条处理指令。它也有扩展名，扩展名的本地命名指向处理对象，而命名空间部分为空。

(7) 注释节点(Comment Node)。注释节点对应文档中的注释。

2. XPath 节点关系

XPath 中，节点之间的关系有父(parent)、子(children)、同胞(sibling)、先辈(ancestor)、后代(descendant)。

例如，对于下述 XML 文档：

```
<?xml version="1.0" encoding="GB2312"?>
<bookstore>
    <book>
        <title lang="en">RESTful Web Services</title>
        <author>Leonard Richardson</author>
        <year>2007</year>
        <price>29.00</price>
```

```
    </book>
</bookstore>
```

其中：

✧ book 元素是 title、author、year 和 price 元素的父节点。每个元素以及属性都有一个父节点。

✧ title、author、year 和 price 元素都是 book 元素的子节点。元素节点可有零个、一个或多个子节点。

✧ title、author、year 和 price 元素都是同胞节点。同胞节点拥有相同的父节点。

✧ title 元素的先辈是 book 元素和 bookstore 元素。先辈可以是某节点的父节点、父节点的父节点等。

✧ bookstore 的后代是 book、title、author、year 和 price 元素。后代可以是某个节点的子节点、子节点的子节点等。

## 10.1.4 XPath 表达式

XPath 将 XML 文档看做由节点构成的层次树。每棵树包括元素节点、属性节点、文本节点、处理指令节点、注释节点和命名空间节点。可以通过编写 XPath 表达式来定位树中特定的节点，XPath 使用路径表达式在 XML 文档中选取节点，常用的路径表达式如表 10-1 所示。

表 10-1　XPath 路径表达式

| 表达式 | 描　述 |
|---|---|
| nodename | 选取此节点 |
| / | 从根节点选取 |
| // | 从匹配选择的当前节点选择文档中的节点，而不考虑它们的位置 |
| . | 选取当前节点 |
| .. | 选取当前节点的父节点 |
| @ | 选取属性 |

其中，“/”和“//”是 XPath 表达式用来定位节点的两种表示方法。“/”代表这是绝对路径，表示当前文档的根节点，类似 DOS 目录分割符；“//”则表示相对路径，表示当前文档所有的节点，类似查看整个目录，此时文件中所有符合模式的元素都会被选出来，即使是处于树中不同的层级也会被选出来。

下述示例的讲解将基于如下 XML 文档。

```
<?xml version="1.0" encoding="GB2312"?>
<bookstore>
    <book>
        <title lang="en">RESTful Web Services</title>
        <price>29.00</price>
```

```
    </book>
    <book>
        <title lang="zh">Java 编程基础</title>
        <price>46.00</price>
    </book>
</bookstore>
```

如表 10-2 所示，列举了部分 XPath 表达式实例。

表 10-2 XPath 表达式实例

| 路径表达式 | 描　述 |
| --- | --- |
| bookstore | 选取 bookstore 元素 |
| /bookstore | 选取根节点 bookstore 元素 |
| /bookstore/book/price | 选取 bookstore 元素下所有 book 元素的所有 price 元素 |
| /bookstore/book/* | 选取/bookstore/book 的所有子元素 |
| bookstore/book | 选取 bookstore 元素下所有的 book 子元素 |
| //bookstore | 选取文档中所有的 bookstore 元素，无论它在什么层次 |
| bookstore//book | 选取在 bookstore 元素下所有的 book 元素，无论它们位于 bookstore 之下的什么位置 |
| /bookstore/*/price | 选取 bookstore 子元素中包含有 price 作为子元素的元素 |
| //* | 选取文件中的所有元素 |
| //@lang | 选取所有名为 lang 的属性 |

注 意　想要存取不分层级的元素，XPath 语法必须以两个斜线开头(//)，想要存取未知元素用星号(*)，星号只能代表未知名称的元素，不能代表未知层级的元素。

XML 中，可以使用谓语来查找某个特定的节点或者包含某个指定的值的节点，谓语被嵌在方括号中。下面的 XPath 表达式表示从 bookstore 的子元素中取出第一个叫做 book 的元素。XPath 中第 1 个元素的下标从 1 开始。

```
/bookstore/book[1]
```

如表 10-3 所示，列出了带有谓语的一些路径表达式，以及表达式的结果。

表 10-3 XPath 谓语表达式实例

| 路径表达式 | 描　述 |
| --- | --- |
| /bookstore/book[last()] | 选取属于 bookstore 子元素的最后一个 book 元素 |
| /bookstore/book[last()-1] | 选取属于 bookstore 子元素的倒数第二个 book 元素 |
| /bookstore/book[position()<3] | 选取前两个属于 bookstore 元素的子元素的 book 元素 |
| //title[@lang] | 选取所有拥有名为 lang 的属性的 title 元素 |
| //title[@lang="en"] | 选取所有 title 元素，且这些元素拥有值为 eng 的 lang 属性 |
| /bookstore/book[price>15.00] | 选取所有 bookstore 元素的 book 元素，且其中的 price 元素的值须大于 15.00 |
| /bookstore/book[price>15.00]/title | 选取所有 bookstore 元素中的 book 元素的 title 元素，且其中的 price 元素的值须大于 15.00 |
| //title[@*] | 选取所有带有属性的 title 元素 |

如果需要选择一个以上的路径，可以在 XPath 表达式中使用“|”运算符。表 10-4 描述了一些路径表达式，以及这些表达式的结果。

**表 10-4　XPath 路径表达式实例**

| 路径表达式 | 描　述 |
|---|---|
| //book/title \| //book/price | 选取所有 book 元素的 title 和 price 元素 |
| //title \| //price | 选取文档中所有的 title 和 price 元素 |
| /bookstore/book/title \| //price | 选取所有属于 bookstore 元素的 book 元素的 title 元素，以及文档中所有的 price 元素 |

在 XPath 表达式中可以使用常规的算术运算符、关系运算符、逻辑运算符等，常用的运算符如表 10-5 所示。

**表 10-5　XPath 表达式的运算符**

| 运算符 | 描述 | 实　例 |
|---|---|---|
| \| | 计算两个节点集 | //book \| //cd，返回所有带有 book 和 cd 元素的节点集 |
| + | 加法 | 6 + 4， |
| - | 减法 | 6 - 4 |
| * | 乘法 | 6 * 4 |
| div | 除法 | 8 div 4 |
| = | 等于 | price=15 |
| != | 不等于 | price!=15 |
| < | 小于 | price<15 |
| <= | 小于或等于 | price<=15 |
| > | 大于 | price>15 |
| >= | 大于或等于 | price>=15 |
| or | 或 | price=15 or price=35 |
| and | 与 | price>15 or price<35 |
| mod | 计算除法的余数 | 5 mod 2 |

**【示例 10.1】**使用微软的 XML DOM 对象来载入 XML 文档，并使用 selectNodes()函数从 XML 文档选取节点，演示 XPath 的使用。

创建一个名为 bookstore.xml 的 XML 测试文件，其代码如下：

```
<?xml version="1.0" encoding="GB2312"?>
<bookstore>
    <book category="THINKING">
        <title lang="cn">设计模式</title>
        <author>青岛誉金</author>
        <year>2015</year>
        <price>50.00</price>
    </book>
```

```
        <book category="JAVA">
                <title lang="cn">JAVA 编程基础</title>
                <author>青岛誉金</author>
                <year>2015</year>
                <price>69.00</price>
        </book>
        <book category="WEB">
                <title lang="cn">Web 编程基础</title>
                <author>青岛誉金</author>
                <year>2015</year>
                <price>36.00</price>
        </book>
</bookstore>
```

上述代码创建了一个<bookstore>根节点，这个根节点里面包含了三个<book>节点，<book>节点里面又各自包含了描述书本信息的节点<title>、<author>、<year>、<price>。

创建一个名为 bookstore.html 的页面，使用 XML DOM 对象来装载 bookstore.xml 文件，其代码如下：

```
<html>
<body>
<script language="JavaScript" type="text/javascript">
//DOM 对象初始化
var xmlDoc=new ActiveXObject("Microsoft.XMLDOM");
xmlDoc.async="false";
//装载 xml 文件
xmlDoc.load("bookstore.xml");
//使用 selectNodes()函数选择特定的节点
var nodes=xmlDoc.selectNodes("/bookstore/book");
//循环输出节点内容
for (var i=0;i<nodes.length ;i++ )
{
        document.write("<xmp>");
        document.write(nodes[i].xml);
        document.write("</xmp>");
}
</script>
</body>
</html>
```

通过 IE 浏览器查看该 HTML 页面，效果如图 10-3 所示。

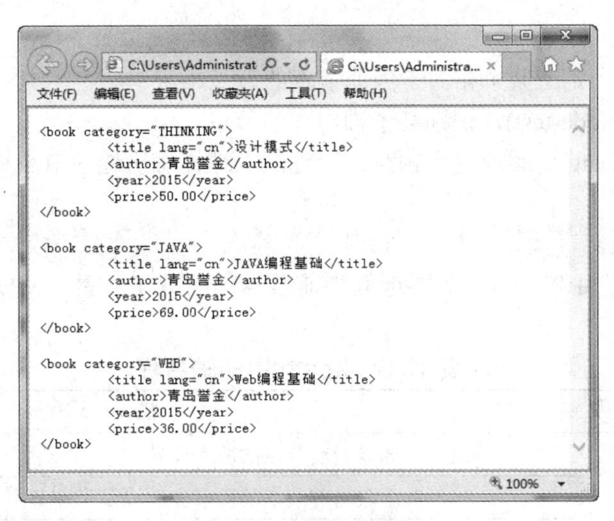


图 10-3　XPath 的使用

对于下述代码片段，读者可参照注释自行调试加以理解。

```
//选取 bookstore 元素下第一个 book 节点
xmlDoc.selectNodes("/bookstore/book[0]");
//从所有的 price 节点选取文本
xmlDoc.selectNodes("/bookstore/book/price/text()");
//选取所有价格高于 35 的 price 节点
xmlDoc.selectNodes("/bookstore/book[price>35]/price");
//选取所有价格高于 35 的 title 节点
xmlDoc.selectNodes("/bookstore/book[price>35]/title");
```

注 意

IE5 和 IE6 会把[0]作为第一个节点来执行，但是根据 W3C 的标准，应该使用[1]，这个问题在 IE6 SP2 中被纠正了。

## 10.1.5　XPath 定位路径

一个 XPath 定位路径表达式将会返回一个节点集。对于定位路径既可以是绝对的，也可以是相对的。绝对定位路径以一个斜线(/)开头，而相对定位路径没有。两种情况下，定位路径由一个或多个定位步骤组成，每个步骤由一个斜线分隔。

一个绝对定位路径如下所示：

```
/step/step/...
```

一个相对定位路径如下所示：

```
step/step/...
```

定位步骤从左到右依次按顺序计算，每个步骤根据当前节点集的节点计算。如果定位路径是绝对的，那么当前节点集包含根节点；如果定位路径是相对的，那么当前节点集包含使用表达式的节点。

XPath 定位步骤的语法如下：

```
轴名::节点测试[谓语]
```

其中：

✧ 轴(axis)名，定义某个相对于当前节点的节点集。

✧ 节点测试(node-test)，识别某个轴内部的节点。

✧ 谓语(predicate)，零或多个预测，以更深入地提炼所选的节点集。

例如：

```
child::price[price=9.90]
```

其中，child 是轴名，指示需要选取当前节点的所有子元素。XPath 中的轴名称如表 10-6 所示。

表 10-6　Xpath 中的轴名称

| 轴名称 | 描　述 |
| --- | --- |
| ancestor | 选取当前节点的所有先辈 |
| ancestor-or-self | 选取当前节点的所有先辈以及当前节点本身 |
| attribute | 选取当前节点的所有属性 |
| child | 选取当前节点的所有子元素 |
| descendant | 选取当前节点的所有后代元素 |
| descendant-or-self | 选取当前节点的所有后代元素以及当前节点本身 |
| following | 选取文档中当前节点的结束标签之后的所有节点 |
| namespace | 选取当前节点的所有命名空间节点 |
| parent | 选取当前节点的父节点 |
| preceding | 选取文档中当前节点的开始标签之前的所有节点 |
| preceding-sibling | 选取当前节点之前的所有同级节点 |
| self | 选取当前节点 |

对于下述 XML 文档，如表 10-7 所示，列出了一些 XPath 定位路径表达式以及表达式的作用。

表 10-7　XPath 定位路径表达式实例

| 表达式 | 描　述 |
| --- | --- |
| child::book | 选取所有属于当前节点的子元素的 book 节点 |
| attribute::lang | 选取当前节点的 lang 属性 |
| child::* | 选取当前节点的所有子元素 |
| attribute::* | 选取当前节点的所有属性 |
| child::text() | 选取当前节点的所有文本子节点 |
| child::node() | 选取当前节点的所有子节点 |
| descendant::book | 选取当前节点的所有 book 后代 |
| ancestor::book | 选择当前节点的所有 book 先辈 |
| ancestor-or-self::book | 选取当前节点的所有 book 先辈以及当前节点 |
| child::*/child::price | 选取当前节点的孙子节点中的所有 price 元素 |
| / | 选择文档根 |

以如下所示的 XML 文档作为参照。

```
<?xml version="1.0" encoding="GB2312"?>
<bookstore>
    <book lang="en">
        <title>RESTful Web Services</title>
        <price>29.00</price>
    </book>
    <book lang="zh">
        <title>Java 编程基础</title>
        <price>46.00</price>
    </book>
</bookstore>
```

谓语用于过滤一个节点集为一个新的节点集。谓语要放置在方括号([])中。如表 10-8 所示，列出了一些带谓语的 XPath 定位路径表达式以及表达式的作用。

**表 10-8 带谓语的 XPath 定位路径表达式实例**

| 表达式 | 描 述 |
|---|---|
| child::price[price=15.00] | 选取当前节点的子节点中 price 元素等于 15.00 的所有元素 |
| child::book[position()=1] | 选择当前节点的第一个 book 子元素 |
| child::book[position()=last()] | 选择当前节点的最后一个 book 子元素 |
| child::book[position()=last()-1] | 选择当前节点的倒数第二个 book 子元素 |
| child::book[position()<6] | 选择当前节点的前五个 book 子元素 |
| child::book[attribute::lang="en"] | 选择当前节点的所有 lang 属性等于 en 的 book 子节点 |

定位路径也可以用缩写表示，最重要的缩写为 child::，可以从一个定位步骤中省略。常用的缩写及其含义如表 10-9 所示。

**表 10-9 常用的缩写及其含义**

| 缩 写 | 含 义 |
|---|---|
| none | child:: |
| @ | attribute:: |
| . | self::node() |
| .. | parent::node() |
| // | /descendant-or-self::node() |

# 10.2 解析 XML

XML 在数据交换中起到了重要的作用，要利用 XML 数据，必须对数据进行解析，本节重点介绍 XML 的解析方式和相关 API。

## 10.2.1 XML 的解析方式

XML 在不同的语言里解析方式是一样的，只是实现的语法不同而已。其中，最主要的两种解析方式是由 W3C 制定的 DOM 方式和由 David Megginson 领导的 SAX 方式。

### 1. DOM 方式

DOM(Document Object Model)是文档驱动的解析方式。解析器会读入整个 XML 文档，然后在内存中构造一个完整的 DOM 树形结构，这样就可以方便地操作树中的任意节点了。采用 DOM 方式解析 XML，一旦 DOM 树构造完毕，访问将非常方便，它支持删除、修改、重新排列等各种功能。但是，因为需要在内存中保存整个 XML 文档，所以当处理大型文档时 DOM 方式会占用大量内存，并且加载速度和处理性能下降明显。

### 2. SAX 方式

SAX(Simple API for XML，XML 简单 API)是事件驱动的解析方式。当解析器发现元素开始或元素结束，文本、文档的开始或结束等标记时，会触发相应的事件，开发者可以通过编写响应这些事件的代码来保存数据。这种处理机制非常类似于流媒体的处理方式，分析能够立即开始，而不是等待所有的数据都被处理完毕后再开始。而且，由于应用程序只是在读取数据时检查数据，因此不需要将数据存储在内存中，这对于大型文档来说是个巨大的优点。实际上，应用程序甚至不必解析整个文档，而可以在某个条件得到满足时停止解析。

从上述分析可以看出，SAX 和 DOM 不是一个操作层次上的概念，SAX 是在读取 XML 文件时即时进行操作，而 DOM 是在读取完毕后再进行操作，正如 SAX 的名字所言，SAX 是一种简单的、更底层的操作方式。

实际上，DOM 方式和 SAX 方式并不矛盾，既可以使用 DOM 来创建 SAX 事件流，也可以使用 SAX 来构造 DOM 树。可以这样简单地理解，首先使用 SAX 方式读取文件，读取的同时可以访问数据；如果需要更方便地操作整个文档，则可以在使用 SAX 方式读取的同时保存数据，这样最终读取完毕时也就构造出了 DOM 树。事实上大多数能够创建 DOM 树的 XML 解析器就是采用 SAX 方式来完成的。

所谓事件驱动，是指一种基于回调(callback)机制的程序运行方式。如果读者对 Java 的代理事件模型比较清楚的话，就会很容易理解这种机制。

## 10.2.2 解析 XML 的 API

针对 XML 解析，Java 领域存在非常多的 API，下面介绍常见的几种。

### 1. W3C DOM

使用 DOM 方式可以方便地操作整个 XML 文档，W3C 发布了针对 DOM 方式的一组 Java 接口，其中规范了以 DOM 方式操作 XML 文档的方法。W3C DOM 是业界认可的 DOM 规范，并且已经内置于 JDK 中，编写 Java 程序时不需要引入任何库就可以使用这个 API。W3C DOM API 所在的包是 org.w3c.dom。

2．SAX

SAX 同作为 API 的 DOM 一样，也是一个访问 XML 文档的接口，但 SAX 不是 W3C 的推荐标准，它是由 OASIS(Organization for the Advancement of Structured Information Standards，结构化信息标准促进组织)下 xml.org 的 XML-DEV 邮件列表的成员开发维护，是一种社区性质的讨论产物。虽然如此，在 XML 中对 SAX 的应用丝毫不比 DOM 少，它在运行中的各方面表现都优于 DOM API，几乎所有的 XML 解析器都会支持它，但 SAX 用起来不像 DOM 那样直观。SAX API 所在的包是 org.xml.sax。

SAX 解析器是一个把具体操作留给编程人员，而把解释工作留给自己的一个编程模型。它不像 DOM 那样需要把整个 XML 文档加载到内存，而是逐行解释然后通过事件通知给解析程序，由具体的程序使用这些事件通知，最后加以处理。

3．JAXP

Java 和 XML 有许多相似的特性，如平台无关性、可扩展性和可重用性等，将两者结合起来可以开发出具有更低开销的信息共享和数据交换的应用程序。针对这一要求，SUN 公司推出了一套轻量级的包装器 API，即 JAXP(Java API for XML Parsing，Java 解析 XML 应用接口)。实际上 JAXP 就是 Java 操作 XML 的标准规范，是基于 W3C DOM 和 SAX 规范创建的，支持使用 SAX、XSLT 和 DOM 的 XML 处理，并为 SAX 和 DOM API 提供一致性。JAXP 未对 SAX 和 DOM API 做任何改变，而是通过添加一些便利方法的方式，使得 Java 程序设计人员在解析 XML 文档时不需要考虑具体使用哪一个 XML 解析器，从而更容易使用 XML API。通过 JAXP，可以使用任何与其兼容的 XML 解析器。

JAXP 没有重新定义 DOM 和 SAX，而是提供一种机制，它可以通过即插即用接口在 Java 应用程序中访问解析器。如图 10-4 所示，演示了 JAXP 的工作方式。

如图 10-4 所示，JAXP 使用 DocumentBuilderFactory 类创建文档构造器(DocumentBuilder)，文档构造器接收输入的 XML 文档进行解析，以便处理 DOM 文档。

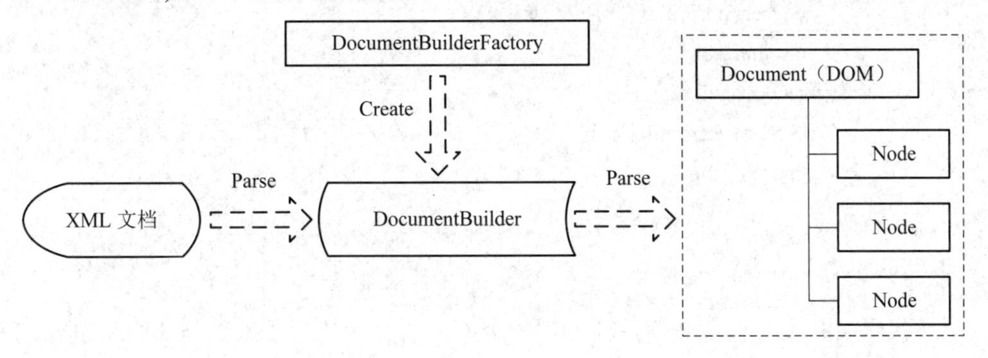


图 10-4　JAXP 的工作方式

JAXP 接口包含了三个包：

(1) org.w3c.dom，W3C 推荐的 DOM 规范接口。

(2) org.xml.sax，SAX 规范接口。

(3) javax.xml.parsers，解析器工厂工具，以供程序员获得并配置特殊的语法分析器。

JDK 自带上述三个包，在 DOM 编程时不需要依赖其他包。

【示例 10.2】通过实例代码，演示 JAXP 处理 XML 的一般过程。

创建一个名为 JAXPDemo.java 的文档，其代码如下：

```
import java.io.*;
import javax.xml.parsers.*;
import org.w3c.dom.*;
import org.xml.sax.SAXException;

public class JAXPDemo {
    public static void main(String[] args) {
        // 得到DOM解析器的工厂实例
        DocumentBuilderFactory factory =
            DocumentBuilderFactory.newInstance();
        DocumentBuilder builder = null;
        try {
            // 从DOM工厂实例获得DOM解析器
            builder = factory.newDocumentBuilder();
        } catch (ParserConfigurationException pce) {
            System.err.println(pce);
            System.exit(1);
        }
        try {
            // 把要解析的XML文档读入到DOM解析器中
            Document document = builder.parse("bookstore.xml");
            // 对解析对象进行操作部分省略
        } catch (SAXException se) {
            System.err.println(se.getMessage());
            System.exit(1);
        } catch (IOException ioe) {
            System.err.println(ioe);
            System.exit(1);
        }
    }
}
```

上述代码中并没有包含任何厂商专用的类库，而且，解析器虽然是 JAXP 创建的，但是抛出的异常是 SAXException，这是因为 JAXP 利用了很多 SAX 规范中的类。

4．JDOM

JDOM 是一个开源的 XML 解析类库，其提供了一种基于 Java 的特定文档对象模型。JDOM 并不符合 W3C DOM 或 JAXP 规范，它简化了与 XML 的交互，并且速度比使用 DOM 更快。

JDOM 与 DOM 主要有两方面不同：首先 JDOM 仅使用具体类而不使用接口，这在某些方面简化了 API，比 DOM 容易理解，但是也限制了灵活性；其次，JDOM 在 API 中大

量使用了 Collections 类，简化了 Java 程序设计人员的工作，但是其自身不包含解析器。JDOM 通常使用 SAX2 解析器来解析和验证 XML 文档。JDOM API 所在的包是 org.jdom。

5．DOM4J

DOM4J 也是一个开源的 XML 解析类库，其提供了一种基于 Java 的特定文档对象模型，并且也提供对 W3C DOM、SAX 和 JAXP 的支持。DOM4J 还提供了许多超出基本 XML 文档表示的功能，包括集成的 XPath 支持、XSLT 支持、Xml Schema 支持以及用于大文档或流化文档的基于事件的处理。DOM4J 通过大量使用接口和抽象类，并集中引入了 Collections 类，使得操作的灵活性非常高。DOM4J API 所在的包是 org.dom4j。

DOM4J 是一个非常优秀的 Java XML API，具有性能优异、功能强大和易用的特点，如 Hibernate 等许多著名的项目都是使用 DOM4J 来完成 XML 解析的。

注 意

W3C DOM、SAX、JAXP 等都是接口规范，并没有实现 XML 的解析器，但是最新版的 JDK 内置了 Apache 的 Xerces 解析器，JAXP 默认会使用这个解析器。

## 10.3　使用 JDOM 解析 XML

JDOM 是一个开源的、专为 Java 语言提供 XML 解析功能的项目，它基于树型结构，利用纯 Java 技术对 XML 文档实现解析、生成、序列化等多种操作，JDOM 直接为 Java 编程服务。它利用更为强有力的 Java 语言的诸多特性(方法重载、集合概念以及映射)，将 SAX 和 DOM 的功能有效地结合起来。

### 10.3.1　JDOM 概述

JDOM 于 2000 年由 Brett McLaughlin 和 Jason Hunter 开发出来，以弥补 DOM 及 SAX 在实际应用中的不足之处。这些不足之处主要在于 SAX 没有文档修改、随机访问以及输出的功能；而对于 DOM 来说，DOM 使用接口定义语言(IDL)，它的任务是在不同语言中实现一个最低的通用标准，并不是为 Java 特别设计的。

JDOM 几乎能够实现 org.w3c.dom 包所定义的所有功能，但它并不是一个简单的替代品，JDOM 能够与 SAX 和 DOM 很好地结合。JDOM 建立在现有的 API 的能力之上，它提供的类的封装在配置和运行分析器执行中分担了大量工作，可以解析 XML 文档，可以按照 Schema 或者 DTD 规则文件修改文档结构和内容，并且可以把 XML 文档的内容提供给应用程序，但它不负责根据文本输入来对 XML 进行语法分析。JDOM 已经被收录到 JSR-102 内，这标志着 JDOM 成为了 Java 平台组成的一部分。

DOM 和 SAX 是解析 XML 的最底层的 API，各个厂商、组织的 XML 解析器都是在使用其中的一种或者两种 API 的基础上，向用户提供更方便的接口。如图 10-5 所示是 JDOM 的结构图，可以看出，当输入 XML 文档时，JDOM 使用 SAXBuilder，当输入为 DOM 树的时候，才使用 DOMBuilder。

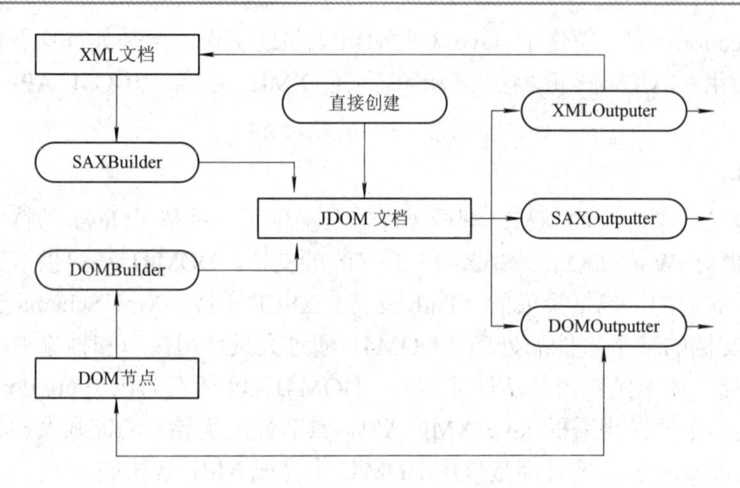


图 10-5 JDOM 的结构图

## 10.3.2 JDOM 的 API

JDOM 中的常用类主要包括 SAXBuilder、DOMBuilder、Document、XMLOutputter、Element 和 Attribute 等。

### 1. SAXBuilder

JDOM 中的 SAXBuilder 类会使用 SAX 来建立一个 JDOM 的解析树。它可以通过 build()方法由指定的输入数据流建立一个文件，并返回一个 Document 对象。

### 2. DOMBuilder

JDOM 中的 DOMBuilder 类会使用 DOM 来建立一个 JDOM 的解析树。它可以通过 build()方法由指定的输入数据流建立一个文件，并返回一个 Document 对象。

### 3. Document

Document 类的一个实例用来描述一个 XML 文档。这个文档类是轻量级的，它可以包括文档类型、处理指令对象、根元素和注释对象等内容。

例如，通过如下代码将构造一个包含根元素的 Document 对象：

```
Element root = new Element("GREETING");
Document doc = new Document(root);
root.setText("Hello JDOM!");
```

或者简单地使用如下代码声明：

```
Document doc = new Document(new Element("GREETING").setText("Hello JDOM! "));
```

如果使用 DOM 完成相同的操作，则需要更为复杂的代码，如下所示：

```
DocumentBuilderFactory factory =DocumentBuilderFactory.newInstance();
DocumentBuilder builder =factory.newDocumentBuilder();
Document doc = builder.newDocument();
Element root =doc.createElement("root");
Text text = doc.createText("This is the root");
```

```
root.appendChild(text);
doc.appendChild(root);
```

另外，还可以通过一个已经存在的文件、一个流或一个 URL 路径来构造 Document 实例。

通过存在的文件构造 Document 实例的代码如下：

```
DOMBuilder builder = new DOMBuilder();
Document doc = builder.build(new File("jdom_test.xml"));
```

通过 URL 路径构造 Document 实例的代码如下：

```
SAXBuilder builder = new SAXBuilder();
Document doc = builder.build(url);//url 代表路径
```

通过流构造 Document 实例的代码如下：

```
SAXBuilder builder = new SAXBuilder();
Document doc = null;
Reader in= new StringReader(textXml);
doc = builder.build(in);
```

### 4．XMLOutPutter

一个 XML 文档可以以多种格式输出，在 JDOM 中最常用的是字节流。XMLOutputter 类提供了这种特性，它将 XML 文档写入一个特定的 OutputStream 流中，其代码如下：

```
XMLOutputter outer=new XMLOutputter();
outer.output(doc,System.out);
```

其中，output()方法用于将 XML 文档输出到指定的位置，既可以是标准的控制台输出 System.out，也可以是 File 对象或者 OutputStream 对象。

### 5．Element

在 JDOM 中，XML 元素就是 Element 类的实例。Element 类有两种主要的操作，一个是浏览元素树，另一个是移动元素。

JDOM 可以很容易地获到根元素，其代码如下：

```
Element root = doc.getRootElement();
```

可以获得根元素的所有子元素的一个列表：

```
List allChildren = root.getChildren();
```

还可以通过名字获得指定的子元素列表：

```
List namedChildren = root.getChildren("Jack");
```

此外，可以根据指定名称得到第一个元素：

```
Element child = root.getChild("Jack");
```

在浏览元素树的过程中，通过 getChildren()方法的调用将返回 List 集合，用户可以在其中添加或者删除元素。

```
List allChildren = root.getChildren();
//删除第四个子元素
allChildren.remove(3);
// 删除所有名称为 jack 的子元素
```

```
allChildren.removeAll(root.getChildren("Jack"));
//在集合末尾添加新元素
allChildren.add(new Element("Jack"));
//在集合开头添加新元素
allChildren.add(0,new Element("Tom"));
```

JDOM 可以很方便地在文档内部或者在文档之间移动元素，其代码如下：

```
Element movable = new Element("test");
parent1.addContent(movable);//添加
parent1.removeContent(movable);//删除
```

6．Attribute

使用 Element 类的 getAttribute()方法可以取得一个元素的属性，该方法会返回一个 Attribute 对象。Attribute 类提供了 getValue()方法，它将会以字符串的形式返回一个属性值。例如，通过下面代码可以得到 name 元素的属性值：

```
element.getAttribute("name").getValue();
```

如果想在一个元素上新增一个属性，示例代码如下：

```
Attribute att=new Attribute("name","Berry");
Element.addAttribute(att);
```

### 10.3.3 JDOM 编程

JDOM 使用标准的 Java 编码模式进行编程，尽量使用 new 操作符而不是工厂方法来获取类的实例，因此对于熟悉 Java 的用户来说，使用 JDOM 是非常方便的。

JDOM 与 DOM 和 SAX 不同，它不是 JDK 中自带的包，用户需要访问 JDOM 的项目站点 http://jdom.org，并下载最新版本的 JDOM 工具包。然后解压缩，JDOM 所需的 jar 文件就是 build 目录下的 jdom.jar 文件，将其添加到 CLASSPATH 环境变量中，这样就可以在 Java 中使用 JDOM 了。

1．创建 XML 文档

【示例 10.3】通过 JDOM 创建一个 XML 文档，并将其保存在本地磁盘上。

创建一个名为 JDOMCreate.java 的文档，其代码如下：

```
package com.yj.ch10;
import org.jdom.*;
import org.jdom.output.*;
import java.io.*;
public class JDOMCreate {
        public void createXML() throws Exception {
                // 声明XML文档中的各个元素
                Element root, student, name, age;
                // 创建根元素
                root = new Element("student-info");
```

```
            // 创建各个子元素
            student = new Element("student");
            // 增加id属性
            student.setAttribute("id", "121001");
            name = new Element("name");
            age = new Element("age");
            // 将根元素植入文档doc中
            Document doc = new Document(root);
            // 设置各个子元素的内容
            name.setText("李明");
            age.setText("24");
            // 将number、name、age子元素添加到student元素中
            student.addContent(name);
            student.addContent(age);
            // 将student元素添加到根元素中
            root.addContent(student);
            // 声明文档格式对象
            Format format = Format.getCompactFormat();
            // 设置xml文件的字符为UTF-8
            format.setEncoding("UTF-8");
            // 设置xml文件的缩进为4个空格
            format.setIndent("    ");
            // 将格式应用到输出流中
            XMLOutputter XMLOut = new XMLOutputter(format);
            // 将文档通过文件输出流生成studentinfo.xml文件
            XMLOut.output(doc, new FileOutputStream("students.xml"));
    }

    public static void main(String[] args) throws Exception {
            JDOMCreate jdom = new JDOMCreate();
            System.out.println("正在生成XML文档.....");
            jdom.createXML();
            System.out.println("完成");
    }
}
```

执行上述程序，将在项目的根目录下生成一个新的 XML 文档，名称为 students.xml，该 XML 文档内容如下：

```
<?xml version="1.0" encoding="UTF-8"?>
<student-info>
```

```
    <student id="121001">
        <name>李明</name>
        <age>24</age>
    </student>
</student-info>
```

2．遍历 XML 文档

【示例 10.4】使用 JDOM 载入给定的 XML 文档，然后遍历并显示 XML 文档中的全部元素。

创建一个名为 JDOMRead.java 的文档，其代码如下：

```
import java.io.File;
import java.util.List;
import org.jdom.Attribute;
import org.jdom.Document;
import org.jdom.Element;
import org.jdom.input.SAXBuilder;
public class JDOMRead {
    // 缓冲字符串，用于存储读取到的 XML 信息
    private static StringBuffer strbuf = new StringBuffer();
    public static void main(String[] argv) {
        String filename = "students.xml";
        try {
            SAXBuilder sb = new SAXBuilder();
            // 使用文件名直接构造 Document 对象
            Document doc = sb.build(new File(filename));
            // 获取根元素
            Element root = doc.getRootElement();
            strbuf.append("<?xml version=\"1.0\"
                encoding=\"UTF-8\"?>\n");
            strbuf.append("<");
            strbuf.append(root.getName());
            // 获取根元素的属性
            accessAttribute(root);
            strbuf.append(">\n");
            // 遍历节点
            accessElement(root);
            strbuf.append("</" + root.getName() + ">");
            // 输出缓冲内容
            System.out.println(strbuf.toString());
        } catch (Exception e) {
            e.printStackTrace();
```

```
        }
    }
    // 遍历节点
    public static void accessElement(Element parent) {
        List listChild = parent.getChildren();
        int iChild = listChild.size();
        for (int i = 0; i < iChild; i++) {
            Element e = (Element) listChild.get(i);
            strbuf.append("<" + e.getName());
            // 访问节点属性
            accessAttribute(e);
            strbuf.append(">\n");
            // 访问节点文本值
            if (e.getTextTrim() != null
                    && e.getTextTrim().length() != 0) {
                strbuf.append(e.getTextTrim() + "\n");
            }
            // 递归访问节点
            accessElement(e);
            strbuf.append("</" + e.getName() + ">\n");
        }
    }
    // 访问节点的属性
    public static void accessAttribute(Element e) {
        // 获取节点属性列表
        List listAttributes = e.getAttributes();
        int iAttributes = listAttributes.size();
        // 循环输出属性信息
        for (int j = 0; j < iAttributes; j++) {
            Attribute attribute = (Attribute) listAttributes.get(j);
            strbuf.append(" " + attribute.getName() + "=\""
                    + attribute.getValue() + "\"");
        }
    }
}
```

上述程序使用递归的方式对输入的 XML 文档进行解析，执行该程序，结果如下：

```
<?xml version="1.0" encoding="UTF-8"?>
<student-info>
<student id="121001">
```

```
<name>
李明
</name>
<age>
24
</age>
</student>
</student-info>
```

JDOM 解析也支持命名空间，可借助于 Namespace 类来获取。另外，通过 JDOM 也可很方便地实现元素的查找、删除、修改等功能，在此不再赘述。

## 10.4 SAX、DOM 和 JDOM 技术的比较

在了解了 SAX、DOM 和 JDOM 的原理及解析 XML 文档的方法后，对这三种解析技术进行比较，明确其优缺点，就可以在实际开发中根据实际的开发环境而选择合适的解析技术。SAX、DOM 和 JDOM 的优缺点如表 10-10 所示。

注 意

DOM API 另一个不易察觉的问题是：使用它写成的代码要扫描 XML 文档两次。第一次将 DOM 结构读进内存，第二次定位感兴趣的数据。相反，SAX 编程模式支持一次同时定位和收集 XML 数据。

表 10-10　SAX、DOM 和 JDOM 技术的优缺点比较

| 名称 | 优　点 | 缺　点 | 适用场合 |
|---|---|---|---|
| SAX | 1. 无需将整个文档加载到内存中，所以内存消耗少；<br>2. 模型允许注册多个 ContentHandler | 1. 没有内置的文档导航支持；<br>2. 不能够随机访问 XML 文档；<br>3. 不支持在原地修改 XML；<br>4. 不支持名字空间作用域 | 适用于只从 XML 文档读取数据的应用程序(不可用于操作或修改 XML 文档) |
| DOM | 1. 易于使用；<br>2. 丰富的 ASI 集合，可用于轻松地导航；<br>3. 整棵树加载到内存中，允许对 XML 文档进行随机访问 | 1. 整个 XML 文档必须一次解析完；<br>2. 将整棵树加载到内存中成本比较高；<br>3. 一般的 DOM 节点对于必须为所有节点创建对象的对象类型绑定不太理想 | 适用于需要修改 XML 文档的应用程序或 XSLT 应用程序(不可用于只读 XML 的应用程序) |
| JDOM | 1. 基于树的处理 XML 的 Java API，把树加载在内存中；<br>2. 没有向下兼容的限制，因此比 DOM 简单；<br>3. 速度快，缺陷少；<br>4. 具有 SAX 的 Java 规则 | 1. 不能处理大于内存的文档；<br>2. DOM 表示 XML 文档逻辑模型，不能保证每个字节真正变换；<br>3. 针对实例文档不提供 DTD 与模式的任何实际模型；<br>4. 不支持与 DOM 中相应的遍历包 | 适用于既具有树的遍历，也有 SAX 的 Java 规则，在需要平衡时使用 |

## 本章小结

通过本章的学习，学生应该能够学会：

✧ XML DOM 是 XML Document Object Model 的缩写。
✧ DOM 定义了访问和处理 XML 文档的标准方法。
✧ 在 DOM 中，将 XML 逻辑结构描述成树(DOM 树)。
✧ XML 中共有 12 种节点类型，其中最常见的节点类型有 5 种：文档、元素、属性、文本和注释。
✧ DOM 是文档驱动的，不适于处理大型 XML 文件。
✧ 解析 XML 文档主要有 DOM 和 SAX 两种方式。
✧ JAXP 提供一种机制，它可以通过即插即用接口在 Java 应用程序中访问 DOM 解析器。
✧ JAXP 接口包含了三个包：org.w3c.dom、org.xml.sax、javax.xml.parsers。
✧ 常用的 DOM 接口有 DocumentBuilderFactory、DocumentBuilder、Document、Node、Element 等。
✧ DocumentBuilderFactory 类、DocumentBuilder 类是非线程安全的，开发者应确保该类同一实例不被多个线程同时使用。
✧ 通过设置 DocumentBuilderFactory 实例的属性，可用于配置解析器，以及控制对 XML 文件的解析粒度。
✧ JDOM 是一个开源的、专为 Java 语言提供 XML 解析功能的项目。
✧ JDOM 集成了 DOM 和 SAX 处理的特点，但是它并不是一个简单的替代品。
✧ JDOM 中的常用类主要包括 SAXBuilder、DOMBuilder、Document、XMLOutputter、Element 和 Attribute 等。
✧ JDOM 不是 JDK 中自带的包，需要单独下载，并添加到类路径中才能使用。

## 本 章 练 习

1．下述关于 DOM 的描述，错误的是______。
A．在 DOM 中，一般将 XML 逻辑结构描述成树
B．DOM 提供的对象和方法可以和任何编程语言(Java、C++、VB)一起使用
C．DOM 是文档驱动的，不需将整个 XML 文件读入内存
D．SAX 是基于事件驱动的，适于处理大型 XML 文件
2．下述关于 JAXP 的描述，错误的是______。
A．JAXP(Java API for XML Parsing)是 Java 处理 XML 的基础类库
B．JAXP 是重新定义 DOM 和 SAX 后创建的一套新类库
C．JAXP 接口包含了三个包：org.w3c.dom、org.xml.sax、javax.xml.parsers
D．JAXP 是基于 W3C 规范创建的，JAXP 支持使用 SAX、XSLT 和 DOM 的 XML 处理
3．基于 JAXP，下述关于 DOM 解析器属性的描述，正确的是______。
A．Coalesce 属性指定解析器是否把字符数据(CDATA)转换成 Text 节点
B．ExpandEntityReferences 属性指定解析器是否展开实体引用节点
C．Validate 属性指定解析器在解析 XML 文件时是否需要对其进行验证
D．IgnoreComments 属性指定解析器是否忽略 XML 文档中的注释

4．XML DOM 是 XML Document Object Model 的缩写，即_______。

5．在 DOM 模型中，_______指定 DOM 树的顶部节点，_______是 XML 的基本构件，_______是 DOM 树的重心，构成了 DOM 树的核心结构。

6．在 JAXP 中，_______类是 DOM 中的解析器工厂类，_______类是 DOM 中的解析器类，_______接口代表整个文档，是对文档中的数据进行访问的和操作的入口，_______接口代表文档树中的一个节点，_______接口代表 XML 文档中的标签元素。

7．请描述使用 DOM 处理 XML 文档的优越性。

8．请描述常见的基于 Java 的 XML 解析器及其各自的特点(最少描述三个)。

9．对于下列 XML 文档：

```
<?xml version="1.0" encoding="GB2312"?>
<Orders>
        <Order orderID="A001" orderDate="2010-7-20">
                <name>玩具</name>
                <number>16</number>
                <city>上海</city>
                <zip>200000</zip>
                <phoneno>13577778888</phoneno>
        </Order>
        <Order orderID="A002" orderDate="2010-7-22">
                <name>文具</name>
                <number>17</number>
                <city>青岛</city>
                <zip>266000</zip>
                <phoneno>0532-66667777</phoneno>
        </Order>
        <Order orderID="A004" orderDate="2010-8-22">
                <name>衣物</name>
                <number>56</number>
                <city>青岛</city>
                <zip>266000</zip>
                <phoneno>0532-88889999</phoneno>
        </Order>
</Orders>
```

使用 JDOM，创建一个 XML 处理程序，要求实现如下功能：

(1) 载入并遍历给定的 XML 文档的内容；

(2) 能够根据用户输入的订单号查找相应的元素，并显示其信息；

(3) 将内存中的最新数据写入到新文件中；

(4) 上述功能要求使用菜单驱动方式实现。

# 实践篇

# 实践 1　HTML 基础

## 实践指导

### 实践 1.1

安装 Dreamweaver CS6 网页开发工具。

**【分析】**

(1) Dreamweaver 由美国的 MACROMEDIA 公司(2005 年被 Adobe 公司收购)开发的，集网页制作和网站管理于一身的所见即所得的网页编辑器，也是第一套针对专业网页设计师的可视化网页开发工具，利用 Dreamweaver 可以轻而易举地制作出跨平台和跨浏览器的、充满动感的网页。

(2) 本书实践篇部分使用 Dreamweaver CS6 作为开发工具，Adobe 公司的官方网站提供试用版下载，下载地址是 http://www.adobe.com/cn/downloads/。

**【参考解决方案】**

(1) 获取 Dreamweaver CS6 安装文件。可以在 http://www.adobe.com/cn/downloads/下载最新试用版。

(2) 安装。双击“Dreamweaver cs6-chs.exe”运行安装程序，出现如图 S1-1 所示界面。

单击“下一步”按钮，出现安装或试用界面，如图 S1-2 所示。

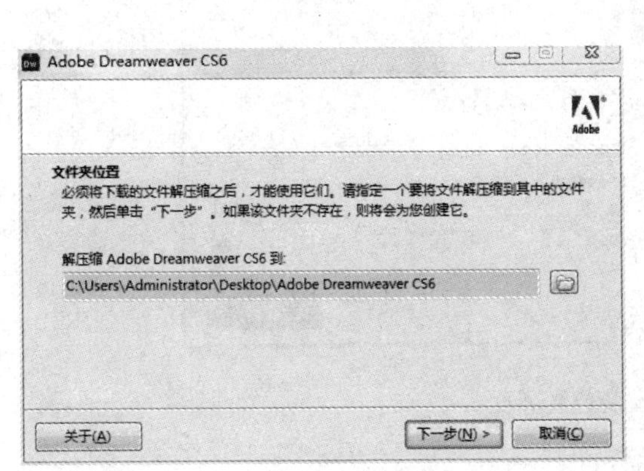


图 S1-1　安装目录选择界面

图 S1-2　选择安装或试用界面

单击“试用”，出现软件许可协议界面，如图 S1-3 所示。

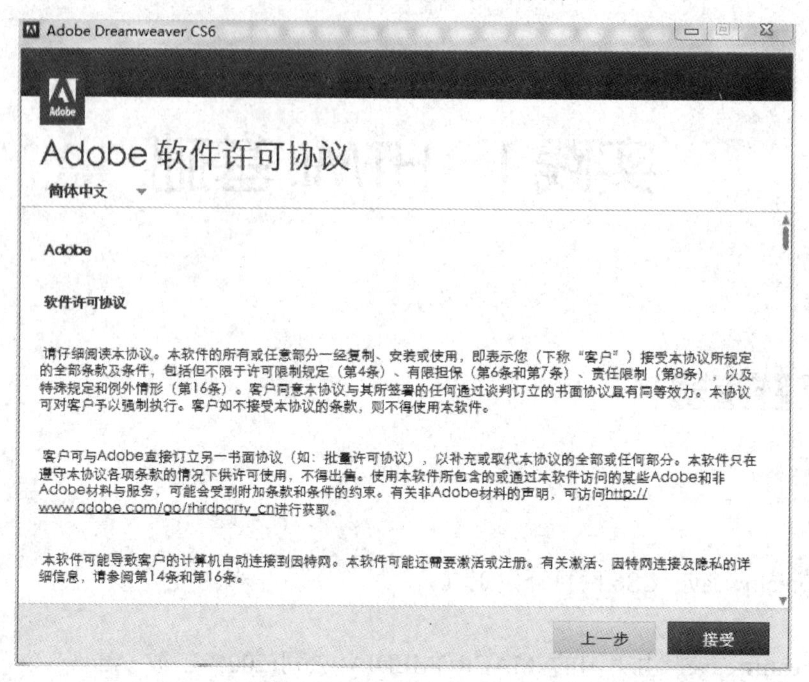


图 S1-3　软件许可协议界面

单击“接受”按钮，出现如图 S1-4 所示界面。

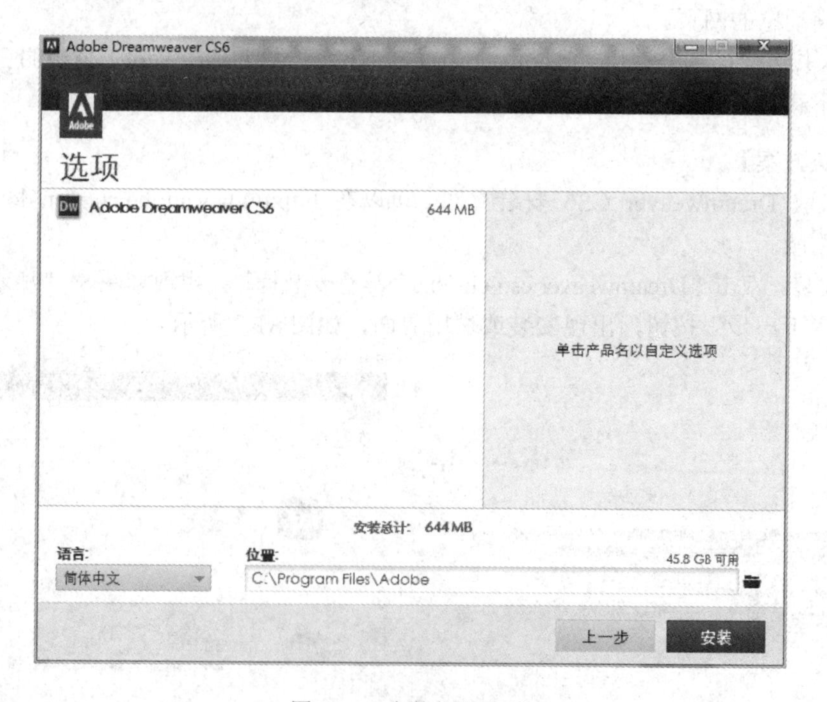


图 S1-4　安装位置界面

单击“安装”按钮，出现如图 S1-5 所示界面。

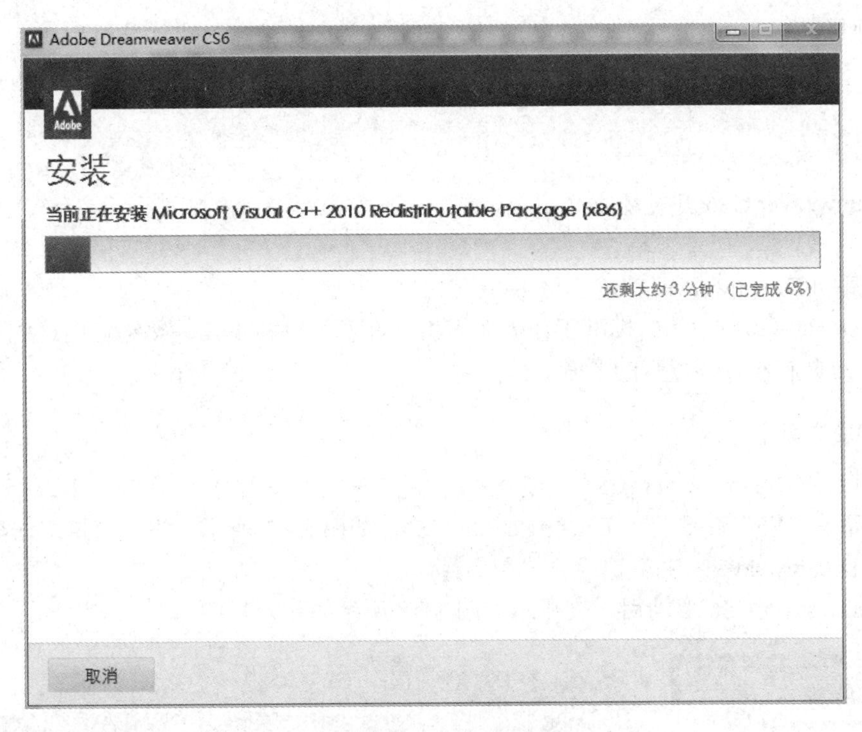


图 S1-5　安装进度界面

安装进度完成后，出现安装完成界面，如图 S1-6 所示。

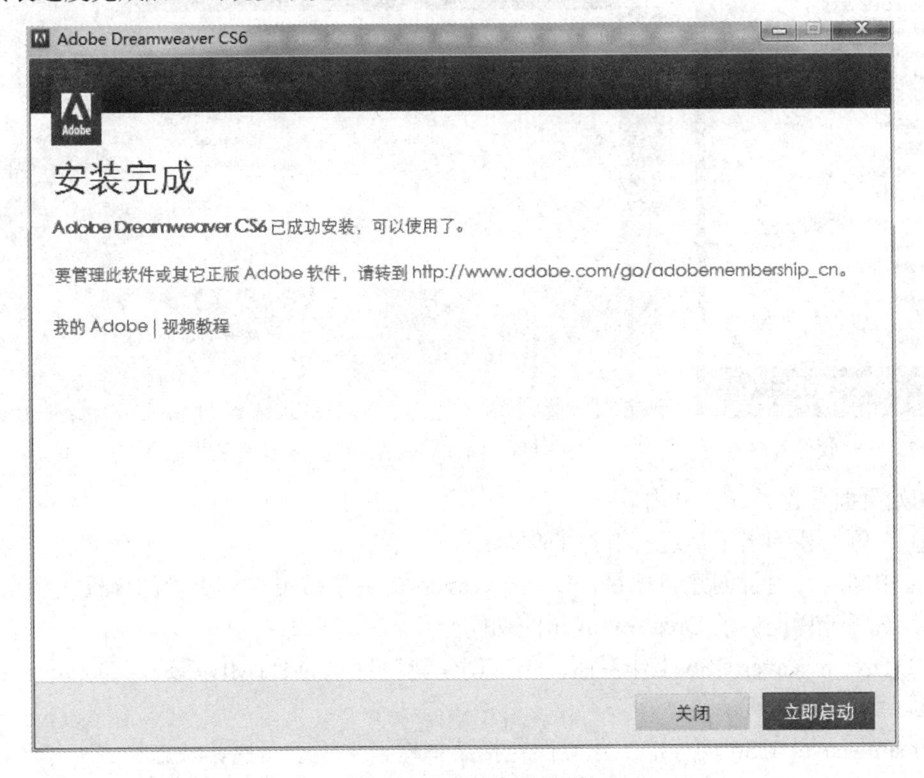


图 S1-6　安装完成界面

此时 Dreamweaver CS6 已经安装成功，单击“关闭”按钮结束安装过程。

## 实践 1.2

Dreamweaver CS6 开发环境介绍。

**【分析】**

(1) 启动 Dreamweaver CS6。

(2) Dreamweaver CS6 标准工作界面提供了许多菜单和工具，熟练使用这些菜单和工具是进行网页制作必不可少的要素。

**【参考解决方案】**

(1) 启动 Dreamweaver CS6。打开“开始”→“所有程序”菜单，再选择“Adobe Dreamweaver CS6”命令启动 Dreamweaver CS6，如图 S1-7 所示，也可直接双击桌面上的“Adobe Dreamweaver CS6”快捷方式图标 Dw。

Dreamweaver CS6 启动后，会显示如图 S1-8 所示的初始页面。

图 S1-7 打开软件入口界面

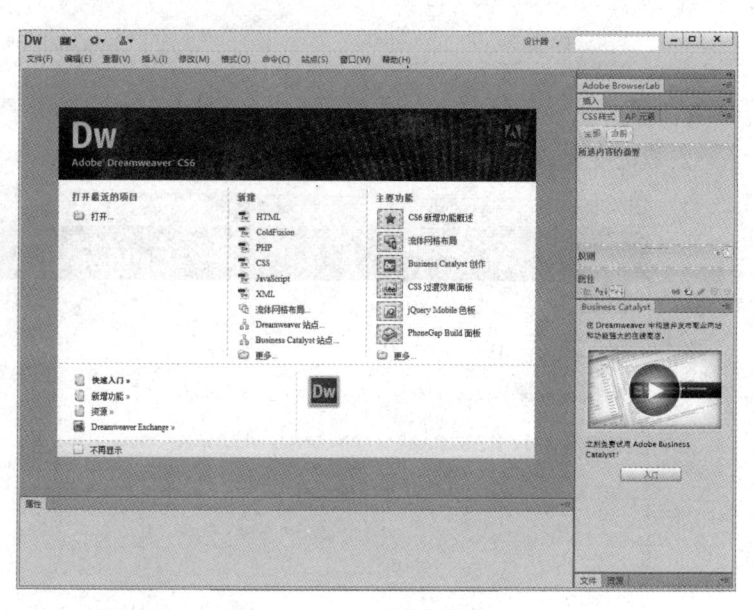


图 S1-8 Dreamweaver CS6 启动初始界面

初始页面包含了三部分内容：

① 左侧一栏列出了最近打开过的项目；

② 中间一栏用于创建新项目，Dreamweaver 提供了常用项目类型的模板；

③ 右侧一栏提供了 Dreamweaver 的功能介绍。

(2) Dreamweaver CS6 工作界面。单击创建新项目中的 HTML 后进入 Dreamweaver 工作界面，如图 S1-9 所示。

Dreamweaver CS6 的标准工作界面包括菜单栏、文档工具栏、状态栏、工作区、属性面板、浮动面板。

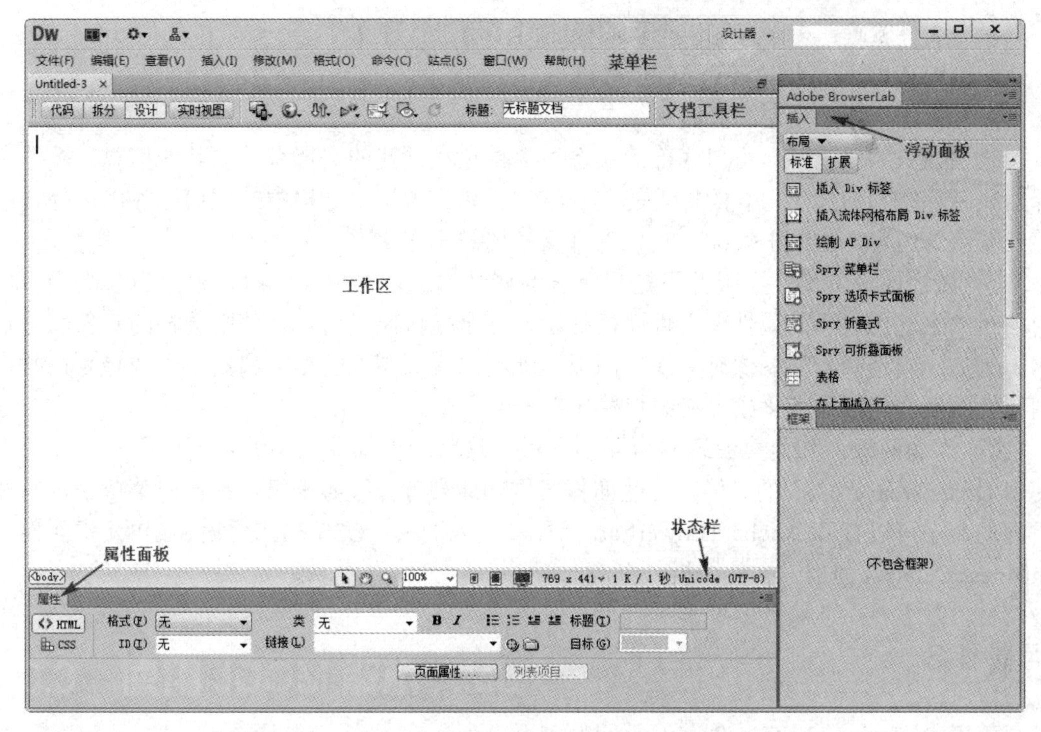


图 S1-9　Dreamweaver 工作界面

① 菜单栏。Dreamweaver CS6 的菜单共有 10 个，即文件、编辑、查看、插入、修改、格式、命令、站点、窗口和帮助。其中，编辑菜单里提供了对 Dreamweaver 菜单中“首选参数”的访问。

- 文件：用来管理文件。例如新建、打开、保存、另存为、导入、输出打印等。
- 编辑：用来编辑文本。例如剪切、复制、粘贴、查找、替换和参数设置等。
- 查看：用来切换视图模式以及显示、隐藏标尺、网格线等辅助视图功能。
- 插入：用来插入各种元素，例如图片、多媒体组件、表格、框架及超级链接等。
- 修改：具有对页面元素修改的功能，例如在表格中插入表格，拆分、合并单元格，对齐对象等。
- 格式：用来对文本进行操作，例如设置文本格式等。
- 命令：所有的附加命令项。
- 站点：用来创建和管理站点。
- 窗口：用来显示和隐藏控制面板以及切换文档窗口。
- 帮助：联机帮助功能。按下 F1 键，就会打开电子帮助文本。

② 文档工具栏。

- 视图：提供代码、拆分、设计、实时试图等视图，用户查看设计。
- 多屏幕：用于不同工具屏幕下的网页设计，如智能手机、平板电脑等。
- 浏览器：供代码在不同的浏览器中预览。

➢ 文件管理：多个人对一个页面操作时，用于管理文件。

➢ W3C 验证：用于验证 W3C 标准。

➢ 标题：用户设定网页标题。

③ 状态栏。“文档”窗口底部的状态栏提供正在创建的文档有关的其他信息。标签选择器显示环绕当前选定内容的标签的层次结构。单击该层次结构中的任何标签以选择该标签及其全部内容。如单击<body>可以选择文档的整个正文。

④ 属性面板。属性面板并不是将所有的属性加载在面板上，而是根据当前文档中使用的对象来动态显示其属性。属性面板的状态完全是按照当前在文档中选择的对象来确定的。例如：当选择一幅图像时，属性面板上就会出现该图像的相关属性；当选择表格时，则属性面板会相应地变化成表格的相关属性。

⑤ 浮动面板。其他面板统称为浮动面板，这些面板都浮动于编辑窗口之外。在初次使用 Dreamweaver CS6 的时候，这些面板根据功能被分成了若干组。在窗口菜单中，选择不同的命令可以打开 Adobe BrowerLab 面板、插入面板、CSS 样式面板、AP 元素面板、Business Catalyst 面板、文件面板、资源面板。

## 实践 1.3

使用 Dreamweaver CS6 创建源码网的首页。

**【分析】**

(1) 登录源码网，其首页如图 S1-10 所示。

图 S1-10 源码网首页

(2) 分析源码网首页的结构组成，并使用 Dreamweaver 完成首页的制作。

**【参考解决方案】**

(1) 通过 Dreamweaver 创建页面 indexInitial.html。编写页面代码，其中网页中涉及的表单暂时先不添加，代码如下。

```
<!--CodePub Team-->
<!DOCTYPE html PUBLIC "-//W3C//DTD XHTML 1.0 Transitional//EN"
"http://www.w3.org/TR/xhtml1/DTD/xhtml1-transitional.dtd">
<html xmlns="http://www.w3.org/1999/xhtml">
<head>
<meta http-equiv="Content-Type" content="text/html; charset=gb2312" />
<meta content="源码下载,asp 源码,PHP 源码,asp.net 源码,flash 源码,网站源码,代码,源代码,源码,源码网"
name="keywords" />
<meta content="源码网,提供最新免费源码和书籍教程高速下载" name="description" />
<title>源码网-下载源码就到源码网</title>
</head>
<body>
	<ul>
		<li class='White'>----:)欢迎访问源码网(:----</li>
		<li class='Boo'><a title='回到源码网首页' href='#'>首页</a></li>
......代码省略
		<li><a title="點擊以繁體中文方式浏覽" name="StranLink" href="#">
		繁體中文</a></li>
	</ul>
<p id="banner">
	<center>
		<a href='#'><img src="./img/oxygen.gif" width=468 height=60></a>
	</center>
		<a href='#'>
		<img alt="源码网 - 中国第一源码门户" src="./img/logo.gif" width=240
	height=43>
		</a>
	<br/>
	<font color="#E5EEF5">选择镜像：</font>
		<a href="#">网通镜像</a> - <a href="#">电信主站</a>
	<ul>
		<li><a href="#" title="返回首页"><span>下载首页</span></a></li>
......代码省略
		<li><a href="#" title="常用软件下载"><span>常用软件</span></a></li>
	</ul>
	<a href="#" title="返回源码学院首页">学院首页</a>
```

```
        |<a href="#" title="新闻">新闻动态</a>
......代码省略
        |<a href="#" title="服务器">服务器</a>
        <center><!--开始-->
                <a href="#"><img src="./img/72e.net.gif" width="760" height="60">
                </a>
        <!--结束-->
        </center>
<span>
<a href="#" rel="exlink"><font color="FF000">发布您的源码作品！ </font></a>
<a href="#">用户中心</a>
<a href="#" >
<IMG alt=添加到百度搜藏 src=".img/fav1.jpg" align=absMiddle border=0>
 添加到百度搜藏
</a>
</span>
您的位置: <a href="#">网站首页</a>
        <ul>
                <li class="box_xs_c">
                        <a href="#">
                        <img src="./img/2009-08-26_051614.jpg" width="125"
                                height="95" border="0" />
                        </a>
                </li>
                <li class="box_xs_c2">
                        <a href="#" title="DedeCms 5.5 正式版 GBK Build 20100322 ">
                        DedeCms 5.5 正式版..
                </a>
                </li>
</ul>
......代码省略
        <ul>
                <li class="box_xs_c">
                        <a href="#">
                        <img src="./img/2008-04-26_204909.jpg" width="125"
                                height="95" border="0" />
                        </a>
                </li>
                <li class="box_xs_c2">
                        <a href="#" title="风讯 dotNETCMS 1.0 SP4 ">
```

```
                风讯 dotNETCMS 1.0 ..</a>
            </li>
        </ul>
<h3>编辑推荐</h3>
        <ul>
            <li>
                <a href="#">双线空间 30/年 海外空间 60/年
            </li>
            <li>
                <a href="#" title="网海拾贝，网贝">网贝 网贝建站</a>
            </li>
        </ul>
<h3>总下载排行</h3>
        <ul>
            <li>
                <a href="#" title="在线作业系统源码 累计下载 488223 次">
                    在线作业系统源码
                </a>
            </li>
            <li>
                <a href="#" title="Coolite Toolkit(ExtJS 可视化控件)
                    0.8.0 累计下载 466684 次">
                    Coolite Toolkit(ExtJS 可视化控件) 0.8.0
                </a>
            </li>
        </ul>
<h3>推荐下载</h3>
        <ul>
            <li>
                <a href="#" title="DedeCms 5.5 正式版 GBK Build 20100322
                    累计下载次">
                DedeCms 5.5 正式版 GBK Build 20100322
                </a>
            </li>
            <li>
                <a href="#" title="帝国网站管理系统(EmpireCMS) v6.0 简体中文
                    GBK 开源版 Bulid 20100305 累计下载次">
                帝国网站管理系统(EmpireCMS)v6.0 简体中文 GBK 开源版 Bulid20100305
                </a>
            </li>
```

```
        </ul>
<h3>工具软件</h3>
        <ul>
                <li>
                        <a href="#" title="暴风影音 2012 3.10.04.10 简体中文官方安装版
                         累计下载次">
                        暴风影音 2012 3.10.04.10 简体中文官方安装版
                        </a>
                </li>
                <li>
                        <a href="#" title="Opera 10.52
                        Build 3338 多国语言绿色免费版 累计下载次">
                        Opera 10.52 Build 3338 多国语言绿色免费版
                        </a>
                </li>
        </ul>
<h3>本站信息</h3>
        <ul>
                <li>下载资源总数: 17269 个<br /> </li>
......代码省略
                <li>文章浏览总数: 2632523 次 </li>
        </ul>
        <ul>
                <center>
                <iframe id="baiduframe" marginwidth="0" marginheight="0"
                        scrolling="no" framespacing="0" vspace="0" hspace="0"
                        frameborder="0" width="140 height="75" src="#">
                </iframe>
                </center>
        </ul>
<h3><a href="software/new.html" title="最近更新软件">最新软件</a></h3>
        <ul class="com">
                <li>
                <span class='date'><font color="red">03/31</font></span>
                <a href="#" title="hubs1 酒店预订网站 v1.0">
                hubs1 酒店预订网站 v1.0</a>
                </li>
                <li>
                <span class='date'><font color="red">03/31</font></span>
                <a href="#" title="ShopNum1 联盟系统 v1.0">
```

```
                ShopNum1 联盟系统 v1.0</a>
                </li>
        </ul>
......代码省略
<h2><a href="#" title="更多编程相关...">编程相关</a></h2>
        <ul class="com">
                <li><span class='date'>03/25</span>
                <a href="#" title="VeryCD 电驴(easyMule)v1.1.13Build20100324 源代码">
                VeryCD 电驴(easyMule) v1.1.13 Build 20100324 源代码</a>
                </li>
                <li><span class='date'>03/15</span>
                <a href="#" title="一个自已做的 VC++漂亮窗口">
                一个自已做的 VC++漂亮窗口</a>
                </li>
        </ul>
        <h1 id="idx_news">友情链接    
                <a href="#">交换友情链接</a>
        </h1>
        <ul>
                <li>
                        <a href="#" >网贝建站</a>  
                        <a href="#" >普洱茶百科</a>  
                </li>
        </ul>
        <ul>
                <li>字母检索</li>
                <li><a href="#">A</a></li>
...... 代码省略
                <li><a href="#">Z</a></li>
        </ul>
<p id="footer_info">在线投稿联系 QQ:22239711,
        <a href="#"><img border="0" SRC='http://wpa.qq.com/pa?p=1:22239711:5'
              alt="源码网客服:投稿|咨询等"></a><br />
        <a href="#">关于本站</a> |
        <a href="#">广告联系</a> |
        <a href="#">版权声明</a> |
         <a href="#">网站地图</a> |
        <a href="#">帮助中心</a></p>
<p id="copyright">Copyright &copy; 2008
        <a href="#" title="源码网">CodePub.Com</a>  程序支持:
```

```
        <a href="#" title="木翼下载系统">木翼</a>  
        <a href="#">滇 ICP 备 05005971 号</a>
</p>
</body>
</html>
```

(2) 在 IE 中运行页面，显示效果如图 S1-11 所示。

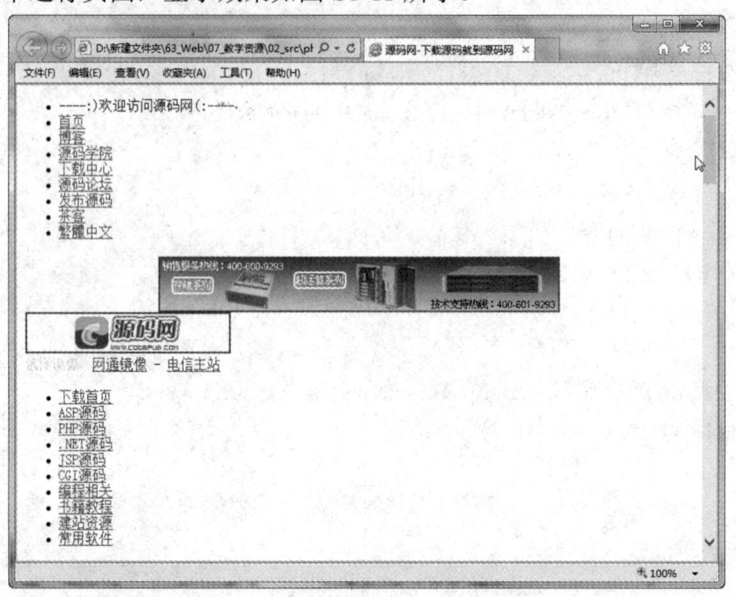


图 S1-11　indexInitial.html 运行部分效果界面

运行后的页面与真实的源码网首页效果差别较大，这是因为还没有创建需要的样式表和 JavaScript，在后续的实践练习中会逐步完善此页面。

## 知识拓展

### 1. 滚动标签<marquee>

网页设计中经常需要在较小的范围内显示大量的内容，这就需要通过内容的滚动显示来得到较好的效果。HTML 的<marquee>标签可以设置文字、图片甚至表格等对象在网页中滚动，其主要属性如表 S1-1 所示。

表 S1-1　marquee 标签属性

| 属性 | 说　明 |
|---|---|
| direction | 移动的方向。值为 left 向左；right 向右；up 向上；down 向下 |
| bihavior | 移动的方式。值为 scroll 环绕；为 slide 只移动一次；为 alternate 则在页面范围中来回移动 |
| loop | 循环次数。默认为无限循环 |
| scrollamount | 移动速度 |
| scrolldelay | 多次移动之间的间隔时间 |

使用<marquee>标签实现一个简单的文字滚动效果，其代码如下：

```
<marquee direction="left" behavior="scroll" scrollamount="10" scrolldelay="500" style="color:#CC0033">这是一个移动标签！</marquee>
```

在 IE 中运行上述代码，显示效果如图 S1-12 所示。

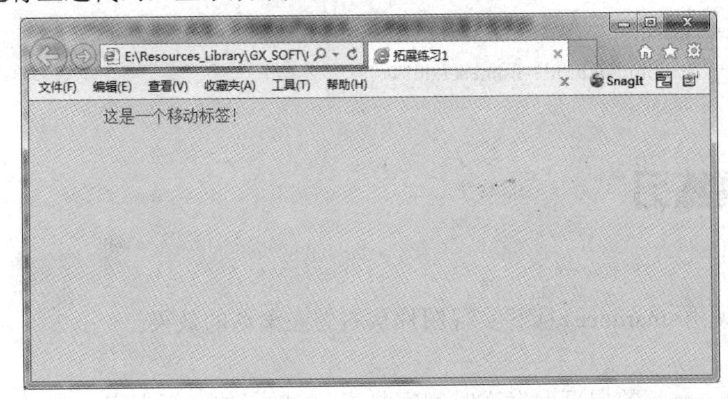


图 S1-12　文字滚动效果演示

### 2．文档类型

HTML 中 DOCTYPE 标签的作用是告知浏览器当前文档所使用的标准规范(HTML 或 XHTML 规范)。标准的完整格式如下：

```
<!DOCTYPE ...>
```

该标签可声明三种 DTD 类型，分别表示严格版本、过渡版本以及基于框架的 HTML 文档。其中 HTML4.01 规定了三种文档类型：Strict、Transitional 和 Frameset。

(1) HTML Strict DTD。如果需要使用干净的标签，避免页面的混乱，可使用 Strict DTD，但需要与层叠样式表(CSS)配合使用。语法格式如下所示：

```
<!DOCTYPE HTML PUBLIC "-//W3C//DTD HTML 4.01//EN"
"http://www.w3.org/TR/html4/strict.dtd">
```

(2) HTML Transitional DTD。此文档类型可包含 W3C 所期望的移入样式表的呈现属性和元素。如果读者使用了不支持 CSS 的浏览器，而网页又不得不使用 HTML 的呈现特性时，可使用 Transitional 文档类型。语法格式如下所示：

```
<!DOCTYPE HTML PUBLIC "-//W3C//DTD HTML 4.01 Transitional//EN"
"http://www.w3.org/TR/html4/loose.dtd">
```

(3) HTML Frameset DTD。应当被用于带有框架的文档，除了用 Frameset 标签取代了 Body 标签之外，其作用等同于 Transitional DTD。语法格式如下所示：

```
<!DOCTYPE HTML PUBLIC "-//W3C//DTD HTML 4.01 Frameset//EN"
"http://www.w3.org/TR/html4/frameset.dtd">
```

XHTML 1.0 规定了三种 XML 文档类型：Strict、Transitional 和 Frameset。XHTML 中三种文档类型的作用与 HTML 文档类型的作用是相同的，只是在语法格式上不同。

(1) XHTML Strict DTD。

```
<!DOCTYPE HTML PUBLIC "-//W3C//DTD HTML 4.01//EN"
"http://www.w3.org/TR/xhtml1/xhtml1-strict.dtd">
```

(2) XHTML Transitional DTD。

```
<!DOCTYPE HTML PUBLIC "-//W3C//DTD HTML 4.01//EN"
"http://www.w3.org/TR/xhtml1/xhtml1-transitional.dtd">
```

(3) XHTML Frameset DTD。

```
<!DOCTYPE HTML PUBLIC "-//W3C//DTD HTML 4.01//EN"
"http://www.w3.org/TR/xhtml1/xhtml1-frameset.dtd">
```

## 拓展练习

**练习 1.1**

在页面中使用<marquee>标签实现图片从右向左滚动的效果。

**练习 1.2**

使用<marquee>标签向页面发送时间间隔为 1000ms 的闪烁文字。

# 实践 2　表格、表单和框架

## 实践指导

### 实践 2.1

用表单创建用户注册表，用户信息包括用户名、密码、确认密码、性别、住址、爱好以及邮箱。

**【分析】**

(1) 用户在单击页面中的“注册”按钮时，会弹出一个新的页面 RegistForm.html，用于接收用户注册信息。

(2) RegistForm.html 页面中包含一个表单，用于用户在注册时填写个人基本信息，表单中包括用户名、密码、性别、爱好以及 E-mail。

(3) 表单中的信息使用表格进行组织，使之条理有序。

**【参考解决方案】**

(1) 表单中的元素。用户的信息包含用户名、密码、确认密码、性别、住址、爱好和邮箱。需要用到 text、password、checkbox 以及 button 等表单元素。

(2) 编写 RegistForm.html 页面。通过 Dreamweaver CS6 创建 RegistForm.html 文档，其中对用户名和密码的输入值做了限制，用户名必须由字母、数字或下划线组成，且长度在 6～10 位之间，密码的长度不能小于 8 位，具体代码如下：

```
<!DOCTYPE html PUBLIC "-//W3C//DTD XHTML 1.0 Transitional//EN"
"http://www.w3.org/TR/xhtml1/DTD/xhtml1-transitional.dtd">
<html xmlns="http://www.w3.org/1999/xhtml">
<head>
<meta http-equiv="Content-Type" content="text/html; charset=gb2312" />
<title>注册页面</title>
<style type="text/css">
        <!--
            input.text{width:180px;height:inherit}
```

```
                input.btn{width:60px}
        -->
</style>
<link href="css.css" rel="stylesheet" type="text/css" />
</head>
<body bgcolor="">
        <form>
                <table width="635" class="table_border">
                  <!--DWLayoutTable-->
                        <tr>
                        <td width="59" height="18" align="right" valign="middle">
                                用户名：</td>
                        <td width="560" valign="middle">
                        <input type="text" name="userName" class="text" value=""/>
                        <font color="#FF3300" size="2px">
                        (*)用户名的长度为 6-10 位，只能以字母、数字或下划线组成</font></td>
                </tr>
                <tr>
                        <td height="18" align="right" valign="middle">密码：</td>
                        <td valign="middle">
                        <input type="password" name="psd" class="text" value=""/>
                        <font color="#FF3300" size="2px">
                                (*)密码长度不得小于 8 位</font></td>
                </tr>
                <tr>
                        <td height="18" align="right" valign="middle">
                                确认密码：<font color="#CC0000"></font></td>
                        <td valign="middle"><input type="password" name="conPsd"
                                class="text" value=""/>
                        <font color="#FF3300" size="2px">(*)</font></td>
                </tr>
                <tr>
                        <td height="22" align="right" valign="middle">性别：</td>
                        <td valign="middle">
                        <input type="radio" name="sex" value="maile"/>男
                                
                        <input type="radio" name="sex" value="femaile"/>女
                        </td>
                </tr>
                <tr>
                        <td height="21" align="right" valign="middle">所在省市：</td>
                        <td valign="middle">
```

```
        <select  name="province">
            <option selected="selected">
                -请选择所在省份-</option>
            <option>山东</option>
            <option>北京</option>
            </select>
            <select  name="city">
            <option selected="selected">
                -请选择所在城市-</option>
            <option>青岛</option>
            <option>济南</option>
        </select>
        </td>
    </tr>
    <tr>
        <td height="18" align="right" valign="middle">
            住址：</td>
        <td valign="middle"><input type="text" name="address"
            class="text" value=""/></td>
    </tr>
    <tr>
        <td height="42" align="right" valign="middle">
            爱好：</td>
        <td valign="middle">
        <input type="checkbox" name="interest"
            value="music"/>音乐
        <input type="checkbox" name="interest"
            value="basketball"/>篮球
        <input type="checkbox" name="interest"
            value="football"/>足球
        <input type="checkbox" name="interest"
            value="reading"/>阅读
        <input type="checkbox" name="interest"
            value="travel"/>旅游<br />
        <input type="checkbox" name="interest"
            value="cuisine"/>厨艺
        <input type="checkbox" name="interest"
            value="swim"/>游泳
        <input type="checkbox" name="interest"
            value="mountaineer"/>登山
        <input type="checkbox" name="interest"
            value="walk"/>漫步
```

```
                        <input type="checkbox" name="interest"
                            value="ski"/>滑雪
                        </td>
                    </tr>
                    <tr>
                        <td height="18" align="right" valign="middle">
                            邮箱：</td>
                        <td valign="middle">
                        <input type="text" name="email" class="text"
                            value=""/>
                        <font color="#FF3300" size="2px">
                            (*)请输入您最经常使用的邮箱</font>
                        </td>
                    </tr>
                    <tr>
                        <td height="27" colspan="2" align="center"
                            valign="middle">
                        <input type="button" name="submit" class="btn"
                            value="提交"/>
                                
                        <input type="button" name="back" class="btn"
                            value="返回"/>
                    </td>
                    </tr>
                </table>
        </form>
</body>
</html>
```

通过 IE 查看该 HTML，结果如图 S2-1 所示。

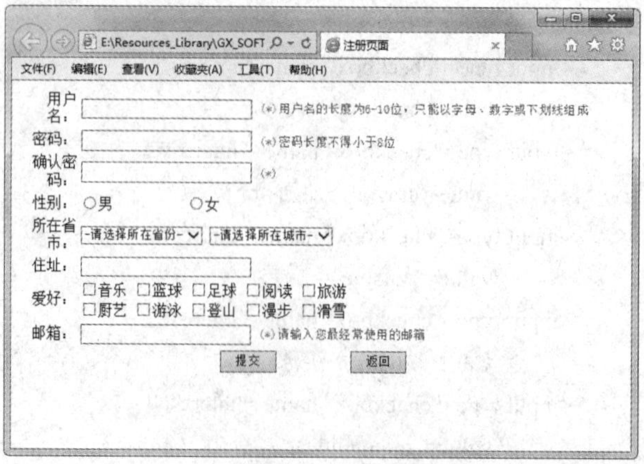

图 S2-1　RegistForm.html 页面演示

图 S2-1 中的表单只是将用户需要提交的内容显示在页面中，其中按钮的功能和表单数据的验证都没有实现，这些功能会在后续的实践中完善。

## 实践 2.2

完成源码网首页中的搜索和用户登录。

【分析】

(1) 源码网首页中的搜索和用户登录都需要通过表单进行创建。

(2) 搜索表单需要使用 text、select 和 submit 元素。

(3) 登录表单需要使用 text、password、button 和 submit 元素。

【参考解决方案】

(1) 搜索表单。搜索表单的代码如下：

```
<form action="#" method="post">
        <center><strong>热门搜索</strong>
        <a target="_blank" href="#">优化</a>
        <a target="_blank" href="#">blog</a>
        <a target="_blank" href="#">SEO</a>
        <a target="_blank" href="#">企业</a>
        <a target="_blank" href="#">故事</a>
        <a target="_blank" href="#">cms</a>
        <a target="_blank" href="#">论坛</a>
        <a target="_blank" href="#">IIS7</a>
        <a target="_blank" href="#">MySQL</a>
        <a target="_blank" href="#">个人</a>|软件搜索:
        <input type="text" name="keyword" class="s1" />
        <select name="area" id="s3">
                <option value="title">软件名称</option>
                <option value="content">软件介绍</option></select>
        <input type="submit" name="Submit" value="搜　索" title="立即搜索" />
        <a href="#" class="进入更详尽的软件搜索页面">高级搜索</a></center>
</form>
```

(2) 登录表单。登录表单的代码如下：

```
<h3>论坛登录</h3>
<form method="post" action="#">
        用户名: <input type="text" name="username" size="15">
        密   码: <input type="password" name="password" size="15">
        <input type="submit" name="loginsubmit" value="登录">
        <input type="button" value="注册" onclick="#">
        <input type="button" value="游客" onclick="#">
</form>
```

(3) 在 IE 中预览。将上述代码分别粘贴到 Main.html 中，然后在 IE 中打开 Main 页面，其显示效果如图 S2-2 所示。

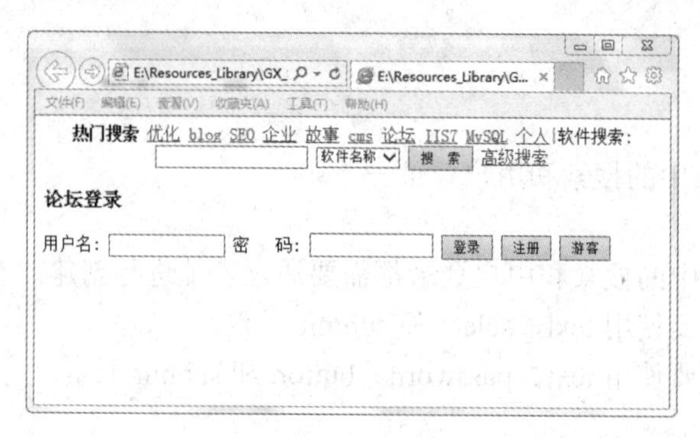


图 S2-2 搜索登录功能代码示例

注 意 图 S2-2 中只是单纯地显示两个表单，学习如何在页面中添加一个表单，而并未对其进行样式上的整理。

## 实践 2.3

使用框架布局源码网首页。

【分析】

(1) 在源码网的首页中，去除浮动广告后中间部分的页面有两部分是不变的，如图 S2-3 所示。

Main页面内容

图 S2-3 源码网首页固定部分

因为两侧的浮动广告涉及后续章节中的 JavaScript 知识，因此在此不做深究，只需将 index 页面按照 Dreamweaver 中提供的框架模板分为上、中、下三部分即可，如图 S2-4 所示。

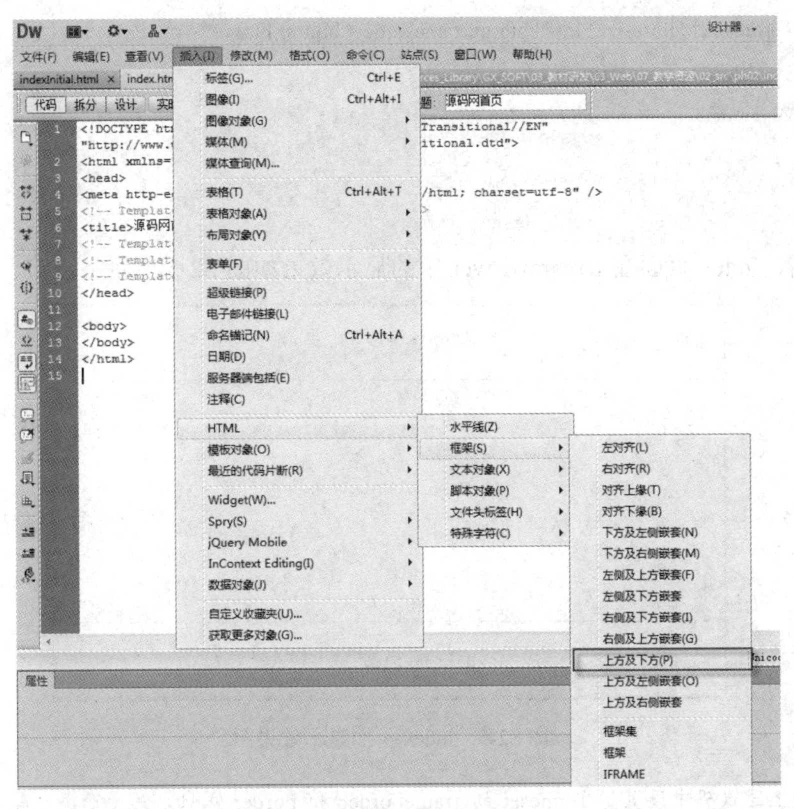

图 S2-4　插入框架模板操作图示

(2) 创建四个 HTML 文档，分别命名为 index.html、Top.html、Main.html 和 Bottom.html。

(3) 使用 Dreamweaver 中的“上方和下方框架”对 index.html 页面进行框架布局。

(4) 对自动生成的代码进行修改。

(5) 将实践 1 中 indexInitial.html 的代码分别移植到 Top、Main 和 Bottom 三个页面中。

**【参考解决方案】**

(1) 创建 index.html 页面，使用 Dreamweaver 对 index.html 进行框架布局，代码如下：

```
<html xmlns="http://www.w3.org/1999/xhtml">
<head>
<meta http-equiv="Content-Type" content="text/html; charset=gb2312" />
<title>源码网首页</title>
</head>
<frameset rows="20%,70%,10%" frameborder="1" border="0">
    <frame src="Top.html" name="topFrame" scrolling="No"
        noresize="noresize" id="topFrame" title="topFrame" />
    <frame src="Main.html" name="mainFrame" id="mainFrame"
        title="mainFrame" />
    <frame src="Bottom.html" name="bottomFrame" scrolling="No"
```

```
                noresize="noresize" id="bottomFrame" title="bottomFrame" />
</frameset>
<noframes><body>
</body>
</noframes>
</html>
```

运行后，index 页面在 Dreamweaver 中的显示效果如图 S2-5 所示。

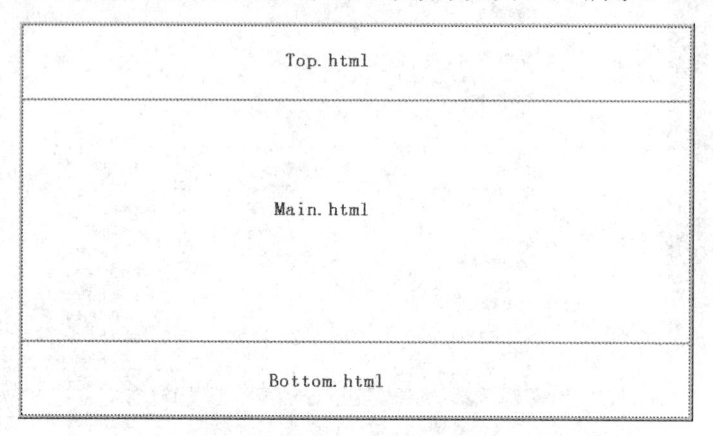


图 S2-5　index 页面显示效果图

上述代码中设置了 frameset 的 frameborder 和 border 属性，用于隐藏边框，以达到美观效果。

(2) 创建 Top.html 页面，使用表格对其进行设计，代码如下：

```
<html xmlns="http://www.w3.org/1999/xhtml">
<style type="text/css">
<!--
.STYLE8 {
        font-weight: bold;
        font-size: 13px;
}
.STYLE11 {font-weight: bold; font-size: 13px; }
.STYLE15 {font-size: 13px; }
.STYLE17 {font-weight: bold; font-size: 13px; }
        body{ margin:0; color:#111; font:12px/1.5em Arial, Tahoma, Verdana,
        Sans-Serif !important; font:11px/1.8em Verdana, Arial,
                    Tahoma, Sans-Serif; text-align:center; }
        a:link,
        a:visited { color:#2C4C78; text-decoration:none; }
        a:hover{ color:#06F; text-decoration:underline; }
        a:active{ color:red; text-decoration:none; }
```

```
        td,table{ text-align:left; font-size:12px !important; font-size:11px;                          line-
height:18px;  }
-->
</style>
<table width="1230" border="0" cellpadding="0" cellspacing="0">
        <!--DWLayoutTable-->
<tr>
        <td width="225" rowspan="4" valign="top"> </td>
        <td height="23" colspan="10" valign="top"> </td>
        <td colspan="2" align="center" valign="bottom">
        <div align="center"><span class="STYLE11">首页</span></div></td>
        <td colspan="2" align="center" valign="bottom" class="STYLE15">
                开发学院</td>
        <td colspan="2" align="center" valign="bottom" class="STYLE15">
                下载中心</td>
        <td width="62" align="center" valign="bottom" class="STYLE15">
                繁体中文</td>
        <td width="225" rowspan="4" valign="middle" align="center"> </td>
</tr>
<tr>
        <td height="48" colspan="7" align="center" valign="bottom">
        <img src="images/logo.gif" width="250" height="43"></td>
        <td colspan="10" rowspan="2" valign="middle">
        <img src="images/oxygen.gif" width="468" height="60"></td>
</tr>
<tr>
        <td width="68" height="23" valign="top"> </td>
        <td colspan="2" align="right" valign="middle">
        <span class="STYLE15">网通镜像</span></td>
        <td width="15" align="center" valign="middle">-</td>
        <td colspan="2" align="left" valign="middle">
        <span class="STYLE15">电信主站</span></td>
        <td width="68" valign="top"> </td>
</tr>
<tr>
        <td height="23" colspan="2" align="center" valign="middle"
        background="images/nav_r.gif">
        <div align="center">
                <span class="STYLE17"><a href="http://">下载首页</a></span>
        </div></td>
```

```
<td width="78" align="center" valign="middle"
        background="images/nav_r.gif" class="STYLE8">
        <div align="center">
                <a href="http://">ASP 源码</a>
        </div>
</td>
<td colspan="2" align="center" valign="middle" class="STYLE8"
background="images/nav_r.gif">
        <div align="center">
                <a href="http://">PHP 源码</a>
        </div>
</td>
<td colspan="2" align="center" valign="middle"
        background="images/nav_r.gif" class="STYLE8">
        <div align="center">
                <a href="http://">.NET 源码</a>
        </div>
</td>
<td width="78" align="center" valign="middle"
        background="images/nav_r.gif" class="STYLE8">
        <div align="center">
                <a href="http://">JSP 源码</a>
        </div>
</td>
<td width="78" align="center" valign="middle"
        background="images/nav_r.gif" class="STYLE8">
        <div align="center">
                <a href="http://">CGI 源码</a>
        </div>
</td>
<td colspan="2" align="center" valign="middle"
        background="images/nav_r.gif" class="STYLE8">
        <div align="center">
                <a href="http://">编程相关</a>
        </div>
</td>
<td colspan="2" align="center" valign="middle"
        background="images/nav_r.gif" class="STYLE8">
        <div align="center">
                <a href="http://">书籍教程</a>
```

```
            </div>
        </td>
        <td colspan="2" align="center" valign="middle"
            background="images/nav_r.gif" class="STYLE8">
            <div align="center">
                <a href="http://">建站资源</a>
            </div>
        </td>
        <td colspan="2" align="center" valign="middle"
            background="images/nav_r.gif" class="STYLE8">
            <div align="center">
                <a href="http://">常用软件</a>
            </div>
        </td>
</tr>
......    <!—重复代码省略-->
</table>
</html>
```

通过 IE 查看该 HTML，显示结果如图 S2-6 所示。

图 S2-6　Top.html 页面效果图

(3) 创建 Bottom.html 页面，使用表格对其进行设计，代码如下：

```
<html xmlns="http://www.w3.org/1999/xhtml">
<head>
<title>Bottom 页面</title>
<style type="text/css">
    .td1{text-align:center; vertical-align:middle; border:1 solid #84B0C7
        ; background-color:#E5EEF5; text-align:center; font-size:14px;
        width:24px;    height:20px }
    .a1:link{font-size:12px; color:#2C4C78; text-decoration:none }
    .a1:hover{ color:#111; text-decoration:underline }
    .a2:link{color:#2C4C78; text-decoration:none}
    .a2:hover{color:#111; text-decoration:underline}
    .a3:link{text-decoration:none; background:#E5EEF5;color:#2C4C78}
```

```
        .a3:hover{background: #FFFFFF;text-decoration:none;color:2C4C78}
        body{ margin:0; color:#111; font:13px/1.5em Arial, Tahoma, Verdana,
        Sans-Serif !important; font:11px/1.8em Verdana, Arial,
                        Tahoma, Sans-Serif; text-align:center; }
        .STYLE3 {font-size: 12px}
</style>
</head>
<body>
<table width="1230" border="0" cellpadding="0" cellspacing="0">
<!--DWLayoutTable-->
<tr>
        <td width="208" rowspan="4" valign="top">
        <!--DWLayoutEmptyCell--> </td>
        <td width="65" height="24" align="center" valign="middle"
                style="border:1 solid   #84B0C7; background-color:#E5EEF5;
                color:#2C4C78">
                <font size="3">字母检索</font></td>
        <td width="3" > </td>
        <td width="25"   class="td1"><a href="http://" class="a3">A</a></td>
        <td width="3"   class="td2"></td>
        <td width="25"     class="td1"><a href="http://"class="a3">B</a></td>
        <td width="3"   class="td2"></td>
        <td width="25"     class="td1"><a href="http://"class="a3">C</a></td>
        <td width="3"   class="td2"></td>
        <td width="25"     class="td1"><a href="http://"class="a3">D</a></td>
        <td width="3"   class="td2"></td>
        <td width="25"     class="td1"><a href="http://"class="a3">E</a></td>
        <td width="3"   class="td2"></td>
        <td width="25"     class="td1"><a href="http://"class="a3">F</a></td>
        <td width="3"   class="td2"></td>
        <td width="25"     class="td1"><a href="http://"class="a3">G</a></td>
        <td width="3"   class="td2"></td>
        ......<!—重复代码省略-->
</tr>
<tr>
        <td height="20" colspan="53" align="center" valign="middle"><font size="2">                在线投稿
联系 QQ:2223721，</font><img src="images/111.gif" width="77"                height="17"
/></td>
        <td> </td>
</tr>
```

```
<tr>
        <td height="23" colspan="53" align="center" valign="middle">
                <a class="a1" href="http://">关于本站</a> |
                <a class="a1" href="http://">广告联系 </a>|
                <a class="a1"href="http://"> 版权声明</a> |
                <a class="a1" href="http://">网站地图</a> |
                <a class="a1" href="http://">帮助中心</a>     </td>
        <td></td>
</tr>
<tr>
        <td height="20" colspan="53" valign="middle" align="center">
                <font size="1">Copyright 2008</font>
                <font size="1" color="#2C4C78">CodePub.Com</font>
                <font size="1"> 程序支持：</font>
                <font size="1" color="#2C4C78">木翼</font>
                <a href="http://" style="font-size:10px" class="a2">
                        滇 ICP 备 05005971 号 </a>
        </td>
        <td></td>
</tr>
</table>
</body>
</html>
```

通过 IE 查看该 HTML，显示结果如图 S2-7 所示。

图 S2-7　Bottom.html 页面效果图

注意　上述代码中标签“<style type="text/css">”和“</style>”中的代码是 CSS 代码，用于修饰页面，在理论篇第 3 章中有讲解，读者在此不必深究。

(4) 在浏览器中预览。设计完 Top 和 Bottom 页面后，刷新 index 页面，显示效果如图 S2-8 所示。

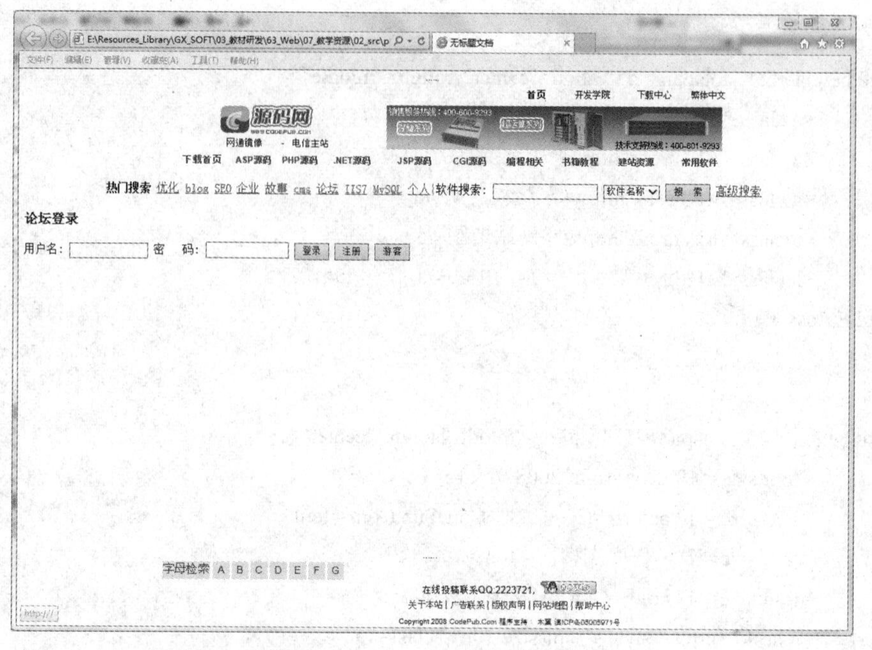

图 S2-8　index.html 页面效果图

图 S2-8 与实际的网页在显示效果上是基本一致的，只是在比例和文字样式上存在些许的出入。

## 知识拓展

### 1．表格的 cellspacing 和 cellpadding 属性

(1) cellspacing 属性：单元格间距。当一个表格有多个单元格时，各单元格的距离就是 cellspacing；如果表格只有一个单元格，那么单元格与上、下、左、右边框的距离就是 cellspacing。在缺省的情况下 cellspacing 值为 1。

(2) cellpadding 属性：单元格衬距，是指单元格里的内容与 cellspacing 区域的距离。如果 cellspacing 为 0，则 cellpadding 表示单元格里的内容与表格周边边框的距离。

关于 cellspacing 和 cellpadding 的属性比较，如图 S2-9 所示。

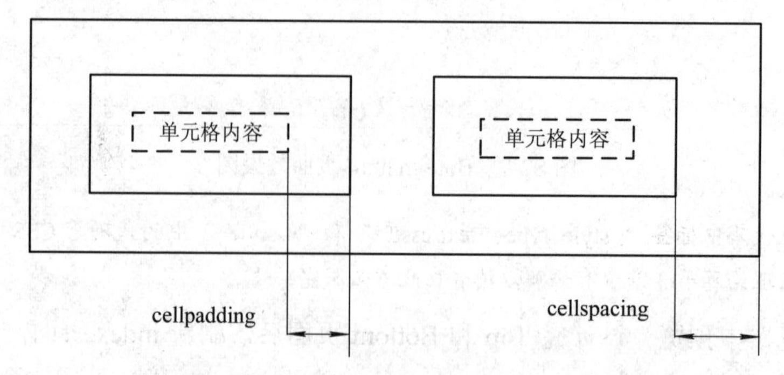


图 S2-9　cellpadding 和 cellspacing 的属性比较

2．超链接的 target 属性

HTML 中超链接的 target 属性用于指定所链接的页面在浏览器窗口中的打开方式，主要如下四种取值方式。

(1)　_blank。

```
<a href="document.html" target="_blank">my document</a>
```

浏览器另外打开一个新的浏览器窗口以显示 document.html 文档。

(2)　_parent。

```
<a href="document.html" target="_parent">my document</a>
```

在该链接框架的父框架集或父窗口中打开 document.html 文档。如果含有该链接的框架不是嵌套的，则与_self 值效果相同，且在同一框架或窗口中打开 document.html。

(3)　_self。

```
<a href="document.html" target="_self">my document</a>
```

在同一框架或窗口中打开所要链接的 document.html 文档，此参数为默认值。

(4)　_top。

```
<a href="document.html" target="_top">my document</a>
```

在当前浏览器窗口中打开 document.html 文档，并删除所有框架。

HTML4.0 规范里去掉了 target 属性，但添加了另外一个属性：rel。rel 属性用来指定包含链接的文档和所链接文档之间的关系。规范里定义了其属性值(如 next、previous、chapter、section)，这些属性中的大多数是用来定义一个大文档里各个小部分之间的关系的。事实上，规范中允许开发人员自由地使用非标准属性值以作特定的运用。

## 拓展练习

**练习 2.1**

创建一个 HTML 页面，在其 body 标签中创建一个具有两列一行的表格，设置其 cellpadding 和 cellspacing 属性，演示其显示效果。

**练习 2.2**

创建一个 HTML 页面，在其 body 标签中创建 4 个超链接，分别设置其 target 属性为_blank、_parent、_self、_top，创建一个测试 HTML 页面用于设置 href 属性的值，分别演示 target 四个属性值的作用。

# 实践 3　CSS 样式及页面布局

## 实践指导

### 实践 3.1

使用 Dreamweaver CS6 制作样式表。

【分析】

用 Dreamweaver CS6 可以快速制作样式表，且无需记住一些语法属性的编写，即能够轻松、快速地设计出想要的样式。使用 Dreamweaver CS6 制作样式表需要以下几个步骤：

(1) 创建 CSS 样式表。在 Dreamweaver 中有两种方式可以创建样式表：

✧ 在运行 Dreamweaver CS6 后首先会出现一个初始页面，其中包含了最近使用 Dreamweaver CS6 打开的项目，以及 Dreamweaver CS6 可创建的文件类型，其中包含了 CSS 样式表，可以通过这种方式直接创建 CSS 样式表。

✧ 另外，还可以通过 Dreamweaver CS6 中的菜单栏来创建 CSS 样式表，下面会在参考解决方案中具体介绍这种方法。

(2) 设计 CSS 样式模板。

(3) 将生成的 CSS 样式代码应用到页面中。一种是直接将 CSS 样式代码拷贝到“<style type="text/css">”和“</style>”标签之间；另一种是通过“<link>”标签引入外部 CSS 文件的方式。

【参考解决方案】

1. 创建 CSS 样式表

在 Dreamweaver 中创建 CSS 样式表有两种方式。

(1) 通过 Dreamweaver CS6 初始页创建 CSS 样式表，如图 S3-1 所示，单击图中用红色方框标识的部分可直接创建 CSS 样式表。

注 意　当选中初始页中最左下方的“不再显示”复选框后，以后再启动 Dreamweaver 时将不会出现初始页面，那么就不能通过此种方法来创建 CSS 样式表。

(2) 通过 Dreamweaver CS6 的菜单创建 CSS 样式表。单击菜单栏中的“文件”→“新建”菜单，显示“新建文档”窗口，如图 S3-2 所示。选中“空白页”中的“CSS”选

项，然后单击“创建”按钮即可创建 CSS 样式表。

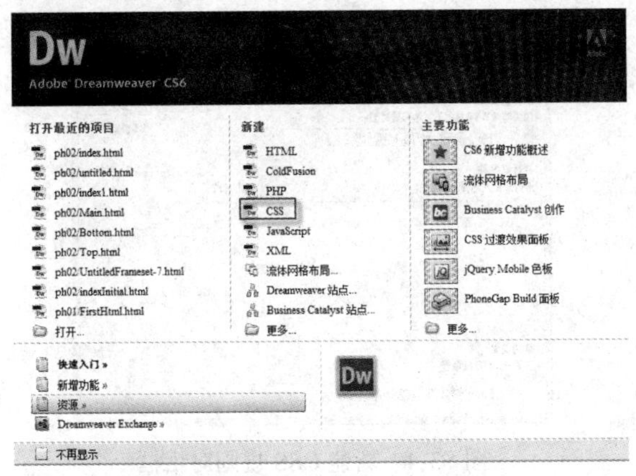


图 S3-1　Dreamweaver CS6 初始页

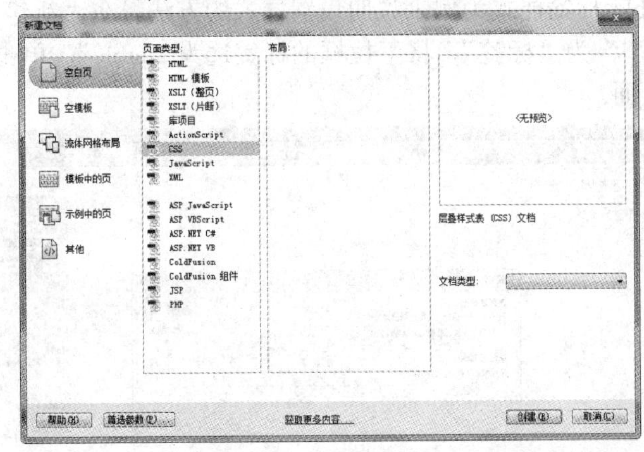


图 S3-2　新建文档窗口

## 2. CSS 样式模板

如图 S3-3 所示，单击菜单栏中的“窗口”→“CSS 样式”命令，打开“CSS 样式”面板。

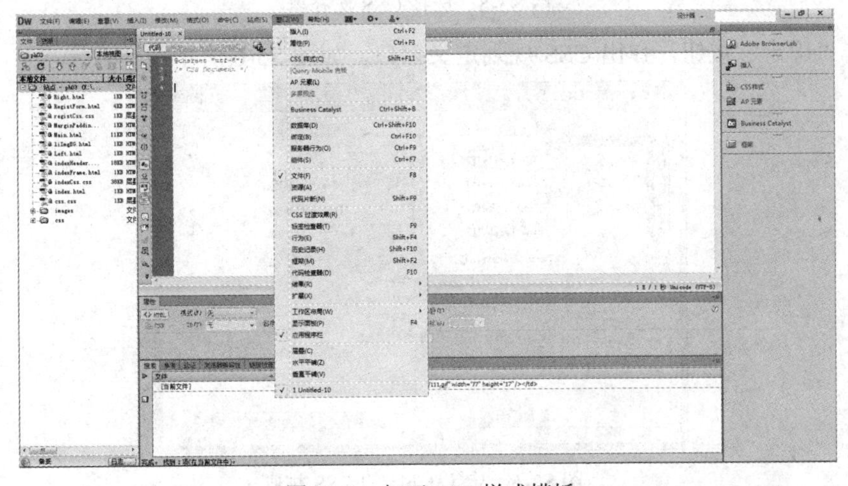

图 S3-3　打开 CSS 样式模板

在“CSS 样式”面板中右击，在弹出的快捷菜单中选择“新建”命令，出现如图 S3-4 所示的对话框。

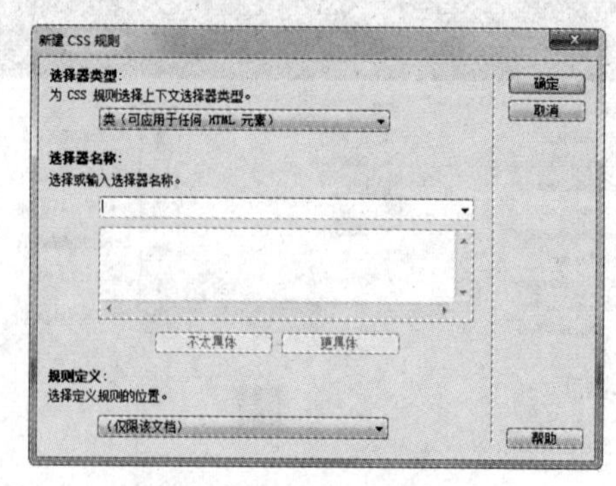


图 S3-4　新建 CSS 规则对话框

下面以创建 table 标签样式为例来说明设置样式的方法。在“新建 CSS 规则”对话框中设置“选择器类型”为“标签”，将下拉框的标签选为“table”，单击“确定”按钮，出现如图 S3-5 所示页面。

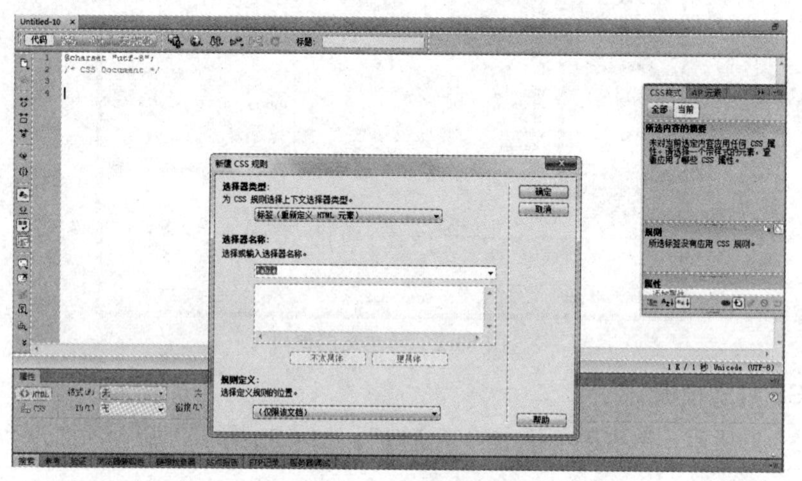


图 S3-5　选择 CSS 选择器

单击“确定”按钮，弹出 CSS 规则定义窗口，如图 S3-6 所示。

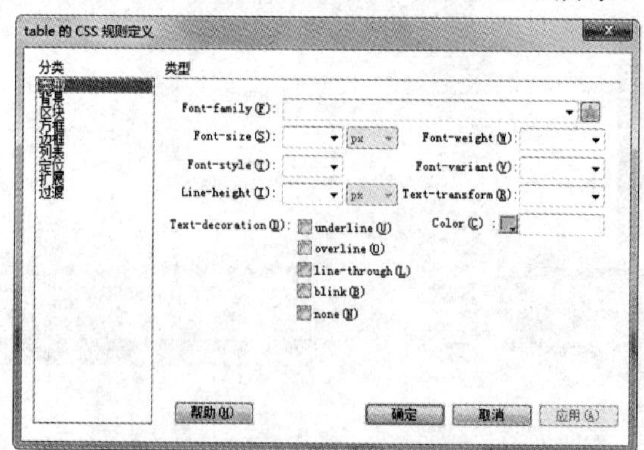


图 S3-6　定义 table 的 CSS 规则

分别设置 table 标签的类型、背景、区块、方框、边框、列表、定位和扩展等样式。进行设置后，单击“应用(A)”按钮，此时设置的属性值会以 CSS 代码的形式出现在文本编辑器中，如图 S3-7 所示。

```
@charset "utf-8";
/* CSS Document */

table {
    font-size: 12px;
    font-style: italic;
    line-height: normal;
    background-color: #9C9;
    word-spacing: normal;
    border-top-style: dotted;
    border-right-style: dotted;
    border-bottom-style: dotted;
    border-left-style: dotted;
    list-style-type: circle;
    position: fixed;
    page-break-before: always;
}
```

图 S3-7 文本编辑器中自动生成的 CSS 代码

同样，还可以创建类选择器的样式，方法与创建标签选择器的样式相同。

### 3. 设置 RegistForm.html 页面的 CSS 样式

使用 Dreamweaver 设置 RegistForm.html 页面中 table 标签的样式、按钮的样式以及文本框的样式。将如下代码添加到 RegistForm.html 文件中的“<style type="text/css">”和“</style>”标签之间。

```
.table_border{
 background-color:#E5EEF5; font-size: 12px; border-bottom:1px #DDD
solid;border-left:1px #DDD solid;
}
.table_border td{border-top:1px #DDD solid;
        border-right:2px #DDD solid;}
.btn{border-right: #7b9ebd 1px solid;
        padding-right: 2px; border-top: #7b9ebd 1px solid;
        padding-left: 2px; font-size:: 12px;
        background-color: #FFFFFF;border-left: #7b9ebd 1px solid;
        cursor: hand; color: black;
        padding-top: 2px; border-bottom: #7b9ebd 1px solid}
input.text{
        background-color:#FFFFFF;
        widht:30%;
```

```
        float:left;
        border:1px ridge #000000;
    }
```

运行该页面，其显示效果如图 S3-8 所示。

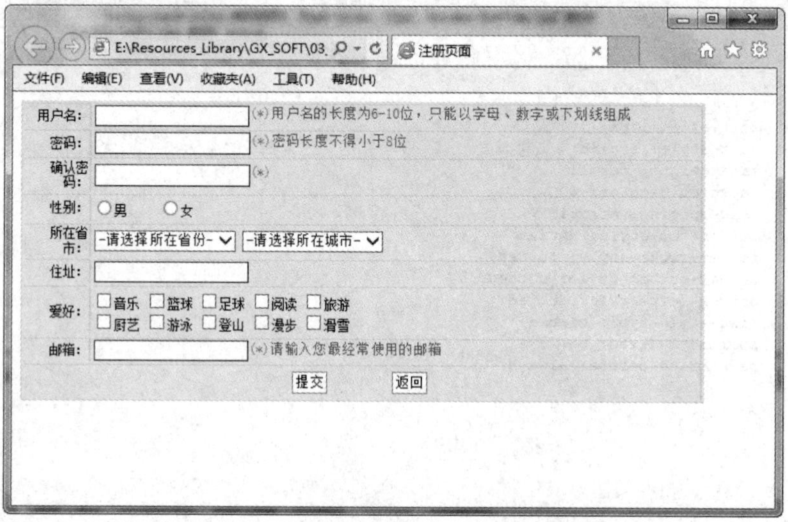

图 S3-8 RegistForm.html 页面效果图

上述代码对 CSS 的引用只是将 Dreamweaver CS6 生成的 CSS 代码简单拷贝到要应用的网页中，当一个网页中有很多的标签，且需要很复杂的 CSS 样式时，就需要将这些 CSS 代码保存成一个“.css”文件，命名为“registCss.css”。

**4．引入外部 CSS 样式文件**

以 RegistForm.html 网页为例，使用 Dreamweaver 打开 RegistForm.html 页面。单击网页“CSS 样式”面板中的“附件样式表”图标，此时会弹出一个对话框用于设置样式表的 URL，具体操作如图 S3-9 所示。

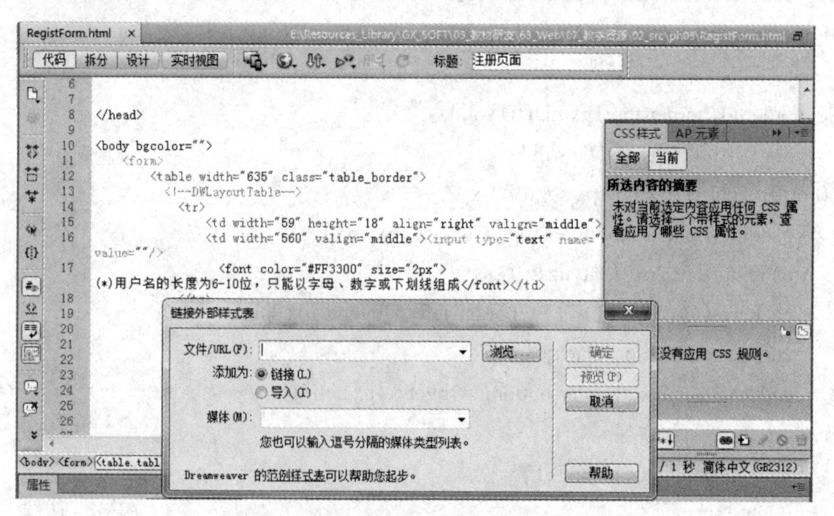


图 S3-9 链接外部样式表

单击“浏览”按钮，选择创建好的“registCss.css”，单击“确定”按钮后，此时 CSS 文件已经通过代码链接到了网页中，如图 S3-10 所示。

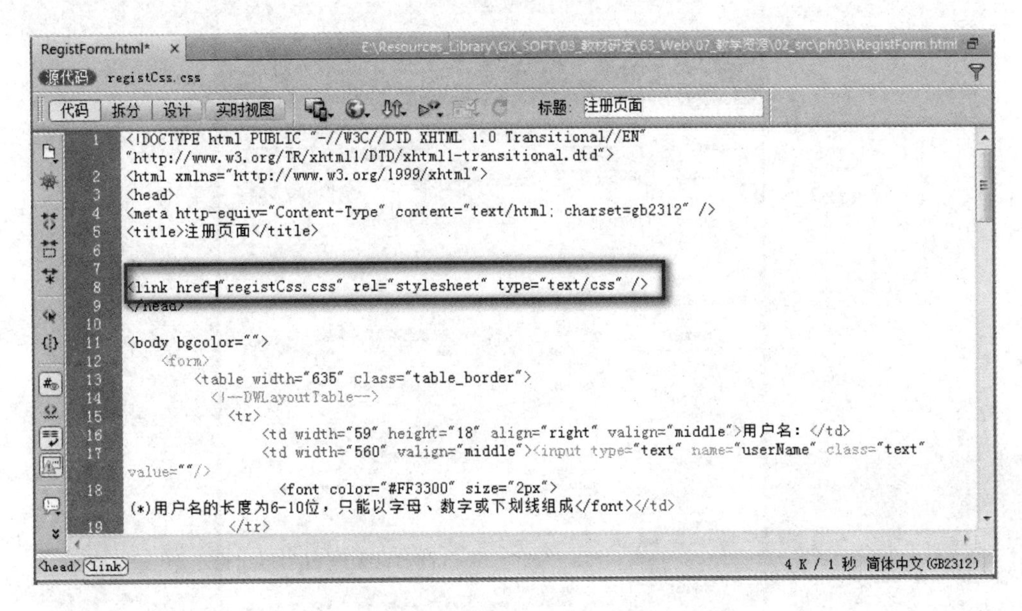


图 S3-10　CSS 链接到了网页中生成的代码

此时的显示效果与直接将 CSS 代码嵌入到 HTML 页面中的效果是相同的。另外，导入 CSS 代码时可直接使用 HTML 中的“link”标签，通过设置其“href”属性来关联“.css”文件。

## 实践 3.2

对源码网首页进行 DIV 布局。

**【分析】**

(1) 根据源码网首页划分出主要的 DIV 层，并生成页面布局草图。

(2) 创建 index.html 和 css.css 文件，并将 CSS 文件导入到 index 页面中。

(3) 根据布局草图，在 index 页面的 body 标签中创建各个 DIV 层。

**【参考解决方案】**

(1) 首页分层。打开源码网首页，可以将页面大致分为以下几个部分：

✧ Header 部分，其中包括了源码网的 Logo、导航栏和一幅广告图片。

✧ 浮动广告部分，共有左右两个浮动广告层。

✧ Main 部分，整个网页的核心部分，包含了推荐软件、登录部分以及网页提供的各种下载资源部分。

✧ Footer 部分，包含了一些关于网站的版权信息等内容。

页面划分结果如图 S3-11 所示。源码网首页各层之间的嵌套关系如图 S3-12 所示。

图 S3-11　源码网首页

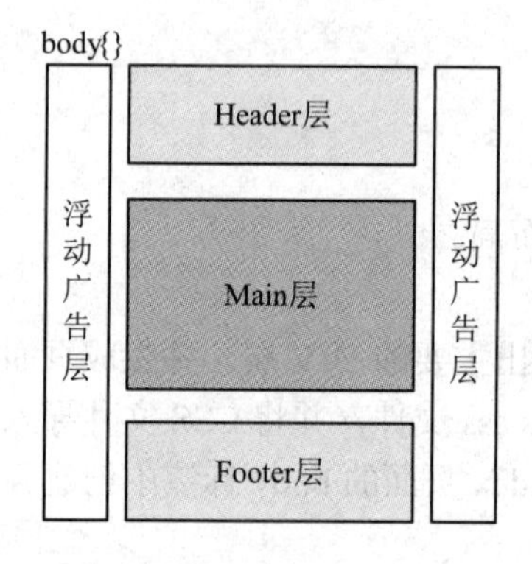


图 S3-12　源码网首页嵌套关系

(2) 编写 HTML 代码和 CSS 样式。创建 index.html 页面，代码如下：

```
<html>
<head>
	<title>源码网-下载源码就到源码网</title>
	<link rel="stylesheet" type="text/css" href="./css.css" />
</head>
<body>
```

```
        <div id="header"><!--页面头部--></div>
        <div id="main"><!--页面主体--></div>
        <div id="footer"><!--页面底部--></div>
        <div id="l1"><!--页面广告层--></div>
</body>
</html>
```

上述代码根据层结构在<body>标签中添加了四个 DIV 层，并使用 link 标签将 CSS 文件链接到该页面中。

创建 css.css 样式文件，代码如下：

```
/*基本信息*/
body{ margin:0; color:#111; font:12px/1.5em Arial, Tahoma, Verdana,            Sans-Serif !important;
font:11px/1.8em Verdana, Arial, Tahoma, Sans-Serif;   text-align:center; }

/*页面头部*/
#header{width:800px;margin:0 auto;height:100px;background:#FFCC99}
/*页面主体*/
#main{width:800px;margin:0 auto;height:600px;background:#CCFF00}
/*页面底部*/
#footer{width:800px;margin:0 auto;height:80px;background:#00FFFF}
```

上述代码分别针对 index.html 页面中的 header、main 和 footer 三个 DIV 层进行样式定义，使页面结构能够清晰地分辨出来。

通过 IE 查看该 HTML，结果如图 S3-13 所示。

图 S3-13　三个 DIV 层

(3) Header 层编码实现。Header 层主要包括了一个网站 Logo、一张广告图片和一个网站导航栏，因此可在 Header 中划分六个小的 DIV 层，如图 S3-14 所示。

图 S3-14　Header 中 DIV 层的划分

根据图 S3-14 中的标注，实现对 Header 层划分的代码如下：

```
<div id="header">
        <div id="header_bg">
                <div id="topNav">
                        <ul>
                                <li class='White'>----:)欢迎访问源码网(:----</li>
                                <li class='Boo'>
                                        <a title='回到源码网首页' href='index.html'>
                                        首页</a></li>
                                <li><a title='免费个人门户' href='#' target='_blank'>
                                        博客</a></li>
                                <li><a title='源码学院' href='#' target='_blank'>
                                        源码学院</a></li>
......省略
                                <li><a title="點擊以繁體中文方式浏覽" name="StranLink"
                                        href="#">
                                        繁體中文</a></li>
                        </ul>
                </div><!--topNav-END-->
                <div id="top">
                        <div id="top_flot">
                                <p id="banner">
                                <center><a href='#' target=_about>
                                <img   src="./images/oxygen.gif" width=468 height=60>
                                </a></center>
                        </div>
                        <div id="logo">
                                <a href='index.html'>
                                <img alt="源码网 - 中国第一源码门户"
                        src="./images/logo.gif" width=240 height=43></a>
                                <br>
```

```
                <font color="#E5EEF5">选择镜像：</font>
                <a href="#">网通镜像</a> -
                <a href="#">电信主站</a>
        </div>
</div><!--top-END-->
<div id="nav">
        <ul>
                <li><a href="#" title="返回首页">
                        <span>下载首页</span></a></li>
                <li><a href="#" title="ASP 源码下载">
                <span>ASP 源码</span></a></li>
                <li><a href="#" title="PHP 源码下载">
                <span>PHP 源码</span></a></li>
......省略
                <li><a href="#" title="常用软件下载">
                <span>常用软件</span></a></li>
        </ul>
</div><!--nav-END-->
<div id="sub_nav">
         <a href="#" title="返回源码学院首页">学院首页</a>
         | <a href="#" title="新闻">新闻动态</a>
.....省略
         | <a href="#" title="服务器">服务器</a>
</div><!--sub_nav-END-->
<div id="search">
        <form action="/d/search.php?mod=do&n=1" method="post">
                <center>
                        <strong>热门搜索</strong>
                                <a target="_blank" href="#">优化</a>
                                <a target="_blank" href="#">blog</a>
                                <a target="_blank" href="#">SEO</a>
                                <a target="_blank" href="#">企业</a>
                                <a target="_blank" href="#">故事</a>
                                <a target="_blank" href="#">cms</a>
                                <a target="_blank" href="#">论坛</a>
                                <a target="_blank" href="#">IIS7</a>
                                <a target="_blank" href="#">MySQL</a>
                                <a target="_blank" href="#">个人</a>|软件搜索:
                                <input type="text" name="keyword"
                                        class="s1"      />
```

```
                                        <select name="area" id="s3">
                                            <option value="title">软件名称</option>
                                            <option value="content">软件介绍
                                            </option>
                                        </select>
                                        <input type="submit" name="Submit"
                                            value="搜　索" class="s2"
                                            title="立即搜索" />
                                        <a href="#" class="进入更详尽的软件搜索页面">
                                            高级搜索</a>
                                </center>
                        </form>
                </div><!--search-END-->
                <div id="codepubad">
                        <center>
                                <a href="#" target="_about">
                                        <img src="./images/72e.net.gif"
                                                width="760" height="60">
                                </a>
                        </center>
                </div><!--codepubad-END-->
        </div><!--header_bg-END-->
</div>
```

打开浏览器，执行上述代码，结果如图 S3-15 所示。

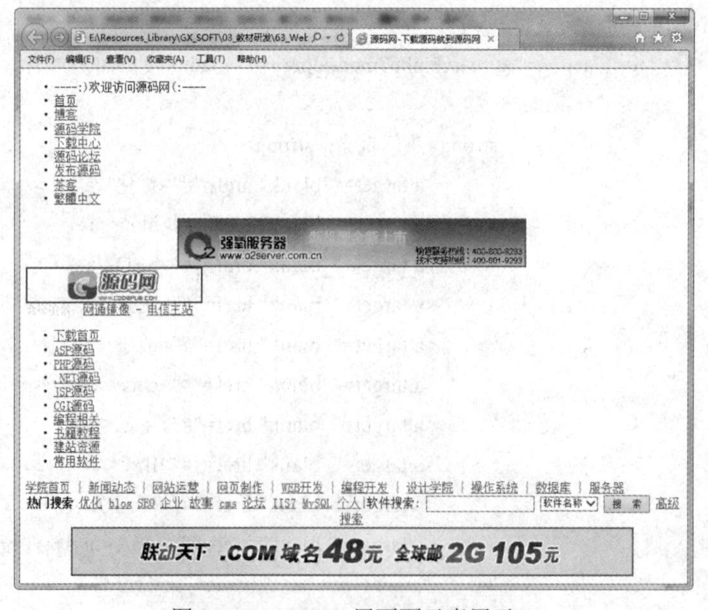


图 S3-15　Header 层页面元素展示 1

通过图 S3-15 可见，Header 层中的内容已经全部显示在了页面中，只需为其加上样式即可完成对 Header 层的设计，其 CSS 代码如下：

```
#header, { margin:0 auto; width:760px; clear:left; display:block; }
#header { border-top:0px solid #2C4C78; }


#nav a:link,
#nav a:visited,
#nav a:hover,
#nav a:active { color:#369; text-decoration:none; }
#nav{ border-bottom:2px solid #FFF; float:left; width:100%;
        background:url(../images/nav_b.gif) #E5EEF5 repeat-x bottom; }
#nav li{ display:inline; line-height:110% !important; line-height:130%; }
#nav a{ border-bottom:1px solid #9BB4D1; float:left; font-weight:bold; text-decoration:none;
background:url(../images/nav_r.gif) no-repeat right top; }
#nav a:hover   { background-position:100% -50px; }
#nav span{ padding:6px 12px 4px 12px; float:left; display:block;
                        white-space:nowrap; background:url(../images/nav_l.gif)
                        no-repeat left top; }
#nav span{ float:none; }
#nav a:hover span { background-position:0% -50px; }
#nav li#sel a{ border-width:0px; background-position:100% -50px; }
#nav li#sel span{ padding-bottom:5px; background-position:0% -50px; }
#sub_nav { padding:0 0 2px 0px; display:block; background:#FFF; }
#sub_nav,
#sub_nav a:link,
#sub_nav a:visited,
#sub_nav a:active      { color:#2C4C78; }
#sub_nav a{ padding:0 2px; }
#search     { padding:0px 0px; text-align:right; background:#E5EEF5; border-top:1px solid #84B0C7;border-
bottom:1px solid #84B0C7;}
#codepubad{ padding:0px 0px; text-align:right; background:#E5EEF5;
                        border-top:0px solid #84B0C7;border-bottom:0px solid #84B0C7;}


#topNav {
        clear: both;
        float: left;
        width: 760px;
```

```
        background: #E5EEF5;
        padding: 5px 5px 1px 8px;
        voice-family: "\"}\"";
        voice-family: inherit;
        width: 747px;
        text-align: right;
}
#topNav ul {float: right;}
#topNav li {float: left;}
#topNav li a {margin: 0 4px 0 2px;}
#topNav li.Boo {
        font-weight: bold;
        padding-left: 10px;
}
#topNav li.White {
        font-weight: bold;
        color:#E5EEF5;
}

#top{ padding:0 0 3px 0; width:760px; text-align:left; background:#E5EEF5; no-repeat 0px 0px; }
#top_flot { float:right; }
#logo{ margin:0; padding-left:10px; padding-top:2px;}
```

为 Header 层加入 CSS 代码后，页面显示效果如图 S3-16 所示。

图 S3-16　Header 层页面样式展示 2

注 意

在对 Header 层添加样式之前，需要对整个页面添加一些公共的样式，主要体现在 body 标签的样式、页面中超链接的样式、各种空间标签的样式等，因篇幅问题在此不列出其详细代码。

(4) Main 层编码实现。Main 层显示网页的主要内容，包含用户登录、提供下载的各种源码、字母检索、图片广告等。可将 Main 层划分为如图 S3-17 所示的结构。

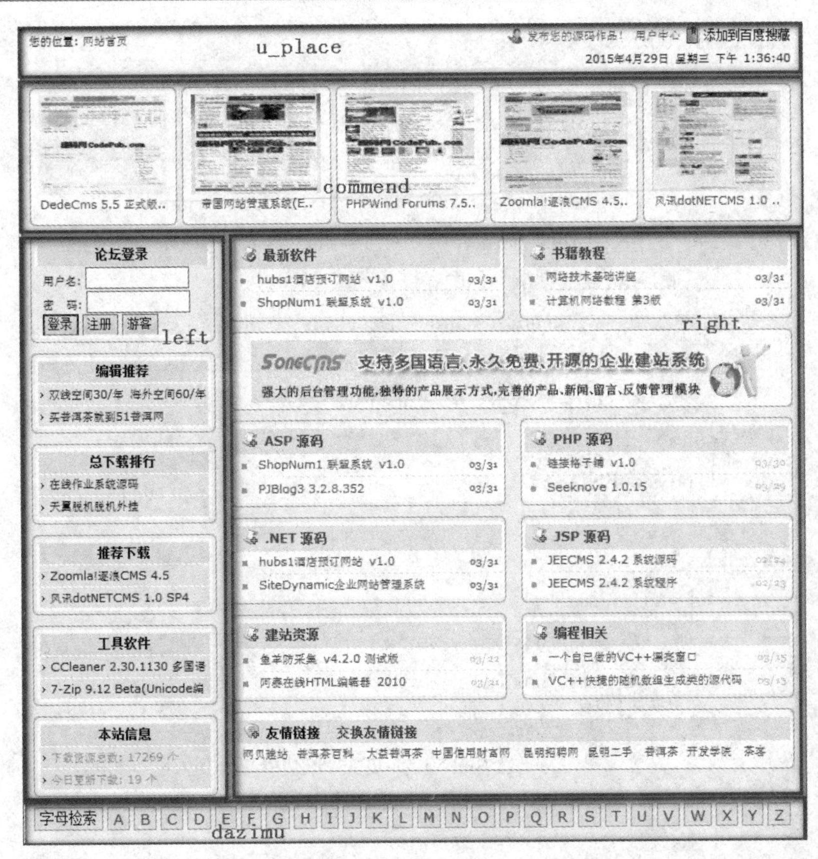


图 S3-17　Main 层划分图

Main 层的代码如下所示：

```
<div id="main">
        <div id="u_place">
                <span>
                        <a href="#" rel="exlink"><font color="FF000">发布您的源码作品！
                                </font></a>
                        <a href="#">用户中心</a>
                        <a href="#" style="color:#000000;text-decoration:none;
                                font-size:12px;font-weight:normal">
                                <img alt=添加到百度搜藏 src="./images/fav1.jpg"
                                                align=absMiddle         border=0> 添加到百度搜藏
                        </a>
                </span>
                您的位置: <a href="index.html">网站首页</a>
......省略
                </div><!--currentTime-END-->
        </div><!--u_place-END-->
        <div id="commend">
```

```
            <div class="box_xs">
                <ul>
                    <li class="box_xs_t"> </li>
                    <li class="box_xs_c"><a href="#">
                    <img src="./images/2009-08-26_051614.jpg" width="125"
                    height="95" border="0" /></a></li>
                    <li class="box_xs_c2">
                        <a href="#" title="DedeCms 5.5  正式版  GBK Build
                            20100322 ">DedeCms 5.5  正式版..</a></li>
                    <li class="box_xs_b"> </li>
                </ul>
            </div><!--box_xs-END-->
......省略
            <div class="box_xs">
                <ul>
                    <li class="box_xs_t"> </li>
                    <li class="box_xs_c">
                        <a href="#">
                            <img src="./images/2008-04-26_204909.jpg"
                                width="125" height="95" border="0" />
                        </a></li>
                    <li class="box_xs_c2">
                        <a href="#" title="风讯 dotNETCMS 1.0 SP4 ">
                            风讯 dotNETCMS 1.0 ..</a></li>
                    <li class="box_xs_b"> </li>
                </ul>
            </div><!--box_xs-END-->
        </div><!--commend-END-->
        <span class="cls"></span>
        <div id="left">
        <div class="box_s">
            <div class="box_s_t"> </div><!--box_s_t-END-->
            <div class="box_s_c">
                <h3>论坛登录</h3>
                <!--<ul>-->
                    <div id="login">
                        <form method="post" action="#">
                            <div class="username">  用户名:
                                <input type="text" name="username"
                                size="15"></div>
```

```
                    <!--username-END-->
                                <div class="password">
                                  密   码:
                                <input type="password" name="password"
                                size="15"></div><!--password-END-->
                                <div class="login">
                                  
                                <input type="submit" name="loginsubmit"
                    value="登录">
                                <input type="button" value="注册"
                    onClick="openRegist()">
                                <input type="button" value="游客"
                                onClick="">
                                </div><!--login-END-->
                          </form>
                    </div><!--login-END-->
          </div><!--box_s_c-END-->
          <div class="box_s_b"> </div><!--bos_s_b-END-->
     </div><!--box_s-END-->
     <div class="box_s">
          <div class="box_s_t"> </div><!--box_s_t-END-->
          <div class="box_s_c">
               <h3>编辑推荐</h3>
               <ul>
                    <li><a href="#" target="_blank">
                         双线空间 30/年 海外空间 60/年</li>
                    <li><a href="#" target="_blank">
                         买普洱茶就到 51 普洱网</a></li>
               </ul>
          </div><!--box_s_c-END-->
          <div class="box_s_b"> </div><!--box_s_b-END-->
     </div><!--box_s-END-->
......省略
     <div class="box_s">
          <div class="box_s_t"> </div>
          <div class="box_s_c">
               <h3>本站信息</h3>
               <ul>
                    <li>下载资源总数: 17269 个<br /> </li>
                    <li>今日更新下载: 19 个 <br /> </li>
```

```
                </ul>
            </div>
            <div class="box_s_b"> </div>
    </div>
    </div><!--left-END-->
    <div id="right">
    <div class="box_m_left">
            <div class="box_m_t"> </div>
            <div class="box_m_c">
                <h3><a href="#" title="最近更新软件">最新软件</a></h3>
                <ul class="com">
                    <li><span class='date'><font color="red">03/31</font>
                        </span><a        href="#" title="hubs1 酒店预订网站  v1.0">
                        hubs1 酒店预订网站  v1.0</a></li>
                    <li><span class='date'><font color="red">03/31</font>
                        </span><a href="#" title="ShopNum1 联盟系统 v1.0">
                        ShopNum1 联盟系统 v1.0</a></li>
                </ul>
            </div>
            <div class="box_m_b"> </div>
    </div>

    <div class="box_m_right">
            <div class="box_m_t"> </div>
            <div class="box_m_c">
                <h2><a href="#" title="更多书籍教程...">书籍教程</a></h2>
                <ul class="com">
                    <li><span class='date'><font color="red">03/31</font>
                        </span><a href="#" title="网络技术基础讲座">
                        网络技术基础讲座</a></li>
                    <li><span class='date'><font color="red">03/31</font>
                        </span><a href="#" title="计算机网络教程 第 3 版">
                        计算机网络教程 第 3 版</a></li>
                </ul>
            </div>
            <div class="box_m_b"> </div>
    </div>
    <div class="box_l">
            <div class="box_l_t"> </div>
            <div class="box_l_c" id="news">
```

```
                <center><a href='#' target=_about>
                <img src="./images/0903/ad_505_60.gif" width=505
                        height=60></a></center>
            </div>
            <div class="box_l_b"> </div>
    </div>
......省略
    <div class="box_l">
            <div class="box_l_t"> </div>
            <div class="box_l_c" id="news">
                <h1 id="idx_news">友情链接    
                <a href="#" target="_blank">交换友情链接</a></h1>
                    <ul>
                        <li>
                            <a href="#" target="_blank">网贝建站</a>
                              <a href="#" target="_blank">
                            普洱茶百科</a>  
......省略
                            <a href="#" target="_blank">茶客</a>
                              
                        </li>
                    </ul>
            </div>
            <div class="box_l_b"> </div>
    </div>
    </div><!--right-END-->
    <!--right end -->
    <span class="cls"></span>
    <div id="dzimu">
            <ul>
                <li>字母检索</li>
                <li><a href="#">A</a></li> <li><a href="#">B</a></li>
                <li><a href="#">C</a></li> <li><a href="#">D</a></li>
......省略
                <li><a href="#">Y</a></li> <li><a href="#">Z</a></li>
            </ul>
    </div>
</div><!--main-END-->
```

打开浏览器，执行上述代码，运行结果仍与加入 Header 层代码时效果相同，Main 层的内容只是罗列在页面中，需要为其加入 CSS 样式代码。在 css.css 文件中加入如下代码：

```
#main,
#main_php,{ margin:0 auto; width:760px; clear:left; display:block; }
#main              { padding-bottom:10px; text-align:left; background:#F6F6F6;}
#main_php          { padding-bottom:10px; text-align:left; background:#FFF;}/* for php */
#main table.swf { border-top:1px solid #2C4C78; border-bottom:0px solid #2C4C78; }/*760x50 banner*/
#right              { float:right; width:555px; overflow:hidden; }
#left               { float:left; width:190px; }
#left a:link,
#left a:visited   { color:#111; }

#commend      { margin:0 0 0 10px; padding-bottom:10px !important; }
#commend div.box_xs    { margin-right:5px; float:left;width:144px; text-align:center; background:#FFF;   }
#commend li.box_xs_t { background:url(../images/box_xs_t.gif) no-repeat left top; margin-bottom:-13px; }
#commend li.box_xs_c { border-left:1px solid #84B0C7; border-right:1px solid #84B0C7; height:95px; }
#commend li.box_xs_c2{ border-left:1px solid #84B0C7; border-right:1px solid #84B0C7; height:24px; margin-
top:-3px; }
#commend li.box_xs_b { background:url(../images/box_xs_b.gif) no-repeat left bottom; margin-top:-14px; }

.box_s        { width:180px; margin:10px 0px 0px 10px; }
.box_l        { width:545px; margin:10px 10px 0 0; overflow:hidden; clear:both;}
.box_s_t     { background:url(../images/box_s_t.gif) no-repeat left top; margin-bottom:-13px; }
.box_s_c h2       { background:#F3E5E5; border-left:3px solid #FFF; border-right:3px solid #FFF; text-
align:center; }
.box_s_c h4       { background:#F3F3E5; border-left:3px solid #FFF; border-right:3px solid #FFF; text-
align:center; }
.box_s_c h3,
.box_s_c_ann h3{ background:#E5E6F3; border-left:3px solid #FFF; border-right:3px solid #FFF; text-
align:center; }
.box_s_c_ann ul li { list-style-type:none; list-style-position:outside; padding:2px 0 !important; padding:0; border-
top:1px solid #FFF; border-left:3px solid #FFF; border-right:3px solid #FFF; }
.box_s_c li { list-style-type:none; list-style-position:outside; padding:0px 0 !important; padding:0; border-top:1px
solid #FFF; border-left:3px solid #FFF; border-right:3px solid #FFF;margin:0px 0px 0px 0px; height: 21px;
overflow : hidden; }
.box_s_c li { padding-left:12px !important; padding-left:10px; background-position:2px 6px !important;
background:url(../images/pub_li.gif) #EEE no-repeat 2px 8px; color:#999; }
.box_s_b          { margin-top:-15px; background:url(../images/box_s_b.gif) no-repeat left bottom; }
.box_m_left   { margin:0 15px 0 0; width:265px; float:left; clear:left; }
.box_m_right { width:265px; float:left; }
.box_m_t       { margin:10px 0 -13px 0; background:url(../images/box_m_t.gif) no-repeat left top; }
.box_m_c       { background:#FFF; }
```

```
.box_m_b        { margin-top:-15px; background:url(../images/box_m_b.gif) no-repeat left bottom; margin-
bottom:10px !important; margin-bottom:0; }
.box_l_t { margin-bottom:-13px; background:url(../images/box_l_t.gif) #FFF no-repeat left top; }
.box_l_c { background:#FFF; }
.box_l_b { margin-top:-15px; background:url(../images/box_l_b.gif) no-repeat left bottom; clear:both;}
.box_l_c,
.box_m_c,
.box_s_c,
.box_s_c_ann{ padding:1px 3px;border-left:1px solid #84B0C7;border-right:1px solid #84B0C7; }
/* 新闻快讯 */
#news ul li { padding:0 5px; border-bottom:1px dashed #eee;}
#news span { font-size:10px; color:#e03; padding-right:5px; }

#right .more a:hover { background:#fff; text-decoration:none; }
#right h1#articlename { padding:2px 0px 2px 28px; background:url(../images/document.gif) #E5EEF5 no-repeat
6px 3px; border-bottom:1px solid #FFF; }

#right .div_r     { padding-bottom:10px; border:1px #2C4C78 solid; background:#F6F6F6; }
#right .div_r li { border-bottom:#FFF 1px solid;}

#right h1#new_atc a   { padding-left:28px; display:block; background:url(../images/new_atc.gif) #FFF no-repeat
6px 2px; font-size:12px;}
#right h1#dl_idx_new a,
#right h1#new_soft a { padding-left:28px; display:block; background:url(../images/new_soft.gif) #FFF no-repeat
6px 2px; font-size:12px; }
#right h1#new_atc   a:hover,
#right h1#dl_idx_new   a:hover,
#right h1#new_soft a:hover     { text-decoration:none; }

#right h1#map          { background:url(../images/sitmap.gif) #E5EEF5 no-repeat 6px 3px; border:0px solid
#C7C783; }
#right h1#idx_news { background:url(../images/news_add.gif) #E5EEF5 no-repeat 6px 2px; border:0px solid
#8388C7; }
#right h1#map,
#right h1#idx_news { padding:2px 0 0 28px; font-size:12px; /* voice-family:"\"}\""; voice-family:inherit;
width:70px; */}
#right h1#softwarename { padding:2px 0 2px 28px; border:0px solid #84B0C7;
background:url(../images/software.gif) #E5EEF5 no-repeat 6px 4px; line-height:1.5em;}
```

```
#right h2           { background:url(../images/new_soft.gif) #E5EEF5 no-repeat 6px 2px; padding:2px 0px 2px 28px; }
#right h3           { background:url(../images/software_ok.gif) #E5EEF5 no-repeat 6px 2px; padding:2px 0px 2px 28px; }
#right .div_ra      { border-top:1px solid #9BB4D1; border-bottom:1px solid #2C4C78; background:#9BB4D1;}
#right .div_rz      { padding: 2px; border-top:1px solid #FFF;}
#right ul.new,
#right ol.new       { padding-left:30px; list-style:url(../images/15.gif);}
#right ul.com li,
#right ol.new li { border-bottom:1px dashed #eee; padding:0px 0 !important; padding:0; height: 22px; overflow : hidden; }
#right ul.com,
#right ol.com       { padding-left:22px; list-style:url(../images/16.gif); }
#right ul.com span,
#right ol.com span { padding-top:4px;}
#u_place   { margin:0 0 10px; padding:3px 10px; background-color:#FFF; border-top:1px solid #2C4C78; border-bottom:1px solid #84B0C7; }
#u_place span { float:right; padding-left:20px; background:url(../images/user_login.gif) no-repeat 0px 0px;}
#dzimu      { padding:10px; float:left; }
#dzimu ul    { clear:both; height:15px;}
#dzimu li    { margin:0 4px 0 0; float:left; padding-left:5px; padding-right:5px; font-size:14px; border:1px solid #84B0C7; background:#E5EEF5; text-align:center;}
#dzimu li a { background:#E5EEF5; display:block; }
#dzimu li a:hover{ background:#FFF; text-decoration:none; }
.cls { clear:both; display:block; }
```

为 Main 层加入 CSS 代码后，页面显示效果与图 S3-17 相同。

(5) Footer 层和浮动广告层编码实现。Footer 层主要包含网站的版权信息及联系方式等内容，而浮动广告层则只包含广告的图片。Footer 层和浮动广告层的代码实现如下所示：

```
<div id="footer">
        <p id="footer_info">在线投稿联系 QQ:22239711,
                <a href="#"; target="_blank"; onClick="">
                <img border="0" src='./images/qq.gif' alt="源码网客服:投稿|咨询等">
                </a><br />
                <a href="#">关于本站</a> | <a href="#">广告联系</a> | <a href="#">
                版权声明</a> |<a href="#">网站地图</a> | <a href="#">帮助中心</a>
        </p>
<p id="copyright">Copyright &copy; 2008
        <a href="#" title="源码网">CodePub.Com</a>  程序支持:
        <a href="#" target="_blank" title="木翼下载系统">木翼</a>  
```

```
        <script language="javascript" type="text/javascript" src="#"></script>
        <noscript>
      <a href="#" target="_blank"><img alt="#" src="#" style="border:none"/>
      </a>
        </noscript>  
        <a href="#" target="_blank">滇 ICP 备 05005971 号</a>
</p>
</div><!--footer-END-->
<div class="l1"><!--浮动广告层--><img src="./images/xunbiz.gif" /></div><!--浮动广告层-END-->
```

只需为 Footer 层和浮动广告层添加如下 CSS 代码即可：

```
/****************Footer 部分**********************************/
#footer{ margin:0 auto; width:760px; clear:left; display:block; }
#footer{ clear:both;text-align:center; padding:10px 0; border-bottom:0px solid #9BB4D1; border-top:0px solid
#9BB4D1; background:#FFF; }
#footer_info{ margin:0; padding-bottom:8px; color:#2C4C78; }
#footer_info a { padding:0 5px;}
.footer { font-weight:bold; text-align:center; border-left:1px solid #9BB4D1; border-right:1px solid #9BB4D1; }
#copyright { font:10px Verdana, Sans-Serif; margin:0; }
/***************浮动广告层*********************************/
.l1{width:80px;height:80px;background:red;float:right;
        position:fixed !important; top/**/:200px;
        position:absolute;
        z-index:300; top:expression(offsetParent.scrollTop+200);left:20px;}
```

至此，整个源码网已经完全实现，双击打开 index.hmtl 页面，其运行结果与图 S3-11 所示结果相同。

## 知识拓展

### 1. margin 属性和 padding 属性

margin 和 padding 是用来设置边距的属性。

(1) margin 属性。margin 是外边距属性，用来隔开元素与外边。margin 属性包括 margin-top(顶边距)、margin-right(右边距)、margin-bottom(底边距)、margin-left(左边距)四项数值，用于设置元素的四边外边距。margin 属性可以应用于大多数的元素，除了表格显示类型(不包括 table-caption、table 和 inline-table)的元素。

margin 属性大致分为如下四种用法：

① 按照上、右、下、左的顺序设置了元素外边距的值。

```
margin:10px 5px 15px 20px;
```

② 按照上、左、右、下的顺序设置元素外边距的值。

```
margin:10px 5px 15px;
```

③ 按照上下、左右的顺序设置元素的外边距的值。

```
margin:10px 5px;
```

④ 统一设置四个外边距的值。

```
margin:10px;
```

(2) padding 属性。padding 是内边距属性，用于设置元素所有内边距的宽度。padding 属性的用法与 margin 属性相似，它也包括行 padding-top(顶边距)、padding-right(右边距)、padding-bottom(底边距)、padding-left(左边距)四项数值，用以设置元素的四个内边距。

如果一个元素既有内边距又有背景，从视觉上看可能会延伸到其他行，有可能还会与其他内容重叠。无论是 margin 还是 padding 属性，都不能指定负值。

通过设置表格的 margin 和 padding 属性来演示其使用方法，代码如下：

```
<html>
<head>
<meta http-equiv="Content-Type" content="text/html; charset=gb2312" />
<title>无标题文档</title>
<style type="text/css">
	.outer{
		width:500px;
		height:200px;
		background:#000;
	}
	.inner{
		float:left;
		width:150px;
		height:100px;
		margin:20px;
		background:#fff;
		padding:20px;
	}
</style>
</head>
<body>
	<div class="outer">
		<div class="inner">DIV1</div>
		<div class="inner">DIV2</div>
	</div>
</body>
</html>
```

上述代码中设置了 DIV1 和 DIV2 的 margin 和 padding 属性。在 Dreamweaver 中用设计窗口打开其设计模型，可清晰地看出 margin 和 padding 所设置的范围，如图 S3-18 所示。

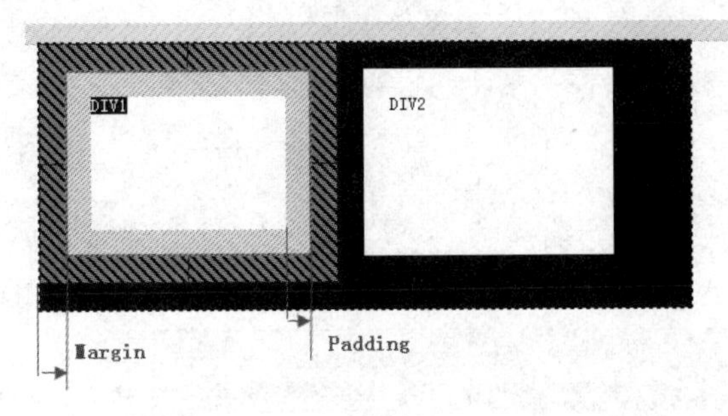


图 S3-18　margin 和 padding 属性设置范围

### 2. <li>标签前面的图标样式

经常在网页中看到列表项是以一个小图标为开始的，这些图标样式可通过如下两种方法来实现。

(1) 利用伪类 before。其语法格式如下：

```
li:before{content: url(图标路径);}
```

利用伪类来设置 li 标签前的图标样式的优点是使用方便、代码简洁、不会发生错位。例如一个 10*10 的图标放在 12px 的字体前面不会发生明显的错位。其缺点是实现图标和字体之间空格比较麻烦，除非把图标改成 20*10，把画布加宽才可以实现，并且不是所有的浏览器都支持，IE8 以下的浏览器都不支持。

(2) 利用 list-style。通过 list-style-type 可以改变 li 标签前面小点的样式时，其语法格式如下：

```
list-style-type:disc|circle|square|decimal|lower-roman...
```

通过 list-style-image 可以将前面小点替换为小图标，其语法格式如下：

```
list-style-image:none|url(...)
```

下面示例演示如何使用“list-style-image”在 li 标签前加入小图标样式。

```
<html>
<head>
<meta http-equiv="Content-Type" content="text/html; charset=gb2312" />
<title>li 标签前添加图片演示</title>
<style type="text/css">
    li{
        line-height:20px;
        list-style-image:url(./images/16.gif);
        height:20px;
        text-indent:20px;
    }
</style>
</head>
```

```
<body>
        <ul>
                <li>面包</li>
                <li>牛奶</li>
                <li>咖啡</li>
        </ul>
</body>
</html>
```

上述代码在 li 标签前面加入了一幅小图片作为其图标样式，运行效果如图 S3-19 所示。

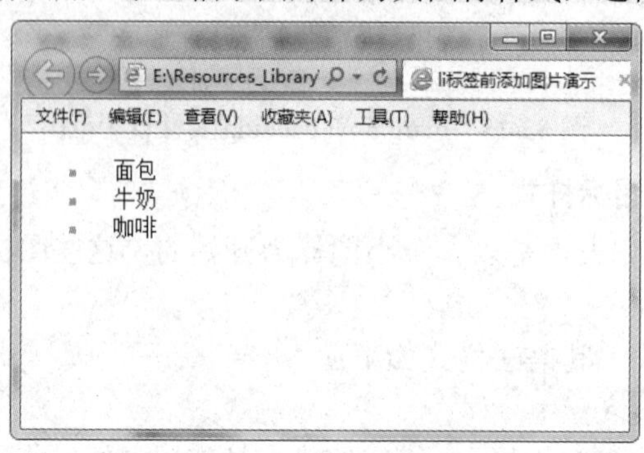


图 S3-19　图标样式展示

### 3. DIV 设计中的常用关键字

由于项目中编写文档结构和 CSS 的人员较多，并与后台程序设计人员协同工作，因此需要统一 class 与 id 的名称。按照大多数人的习惯，总结了一些常用关键字，如表 S3-1 所示。

表 S3-1　DIV 中常用关键字

| 关键字 | 说明 | 关键字 | 说明 |
|---|---|---|---|
| container/box | 容器 | keyword | 搜索关键字 |
| header | 头部 | range | 搜索范围 |
| mainNav | 主导航 | tagTitle | 标签文字 |
| subNav | 子导航 | tagContent | 标签内容 |
| topNav | 顶导航 | tagCurrent/currentTag | 当前标签 |
| logo | 网站标识 | title | 标题 |
| banner | 大广告 | content | 内容 |
| mainBody | 页面中部 | list | 列表 |
| footer | 底部 | currentPath | 当前位置 |
| menu | 菜单 | sidebar | 侧边栏 |
| menuContent | 菜单内容 | icon | 图标 |
| subMenu | 子菜单 | note | 注释 |
| subMenuContent | 子菜单内容 | login | 登录 |
| search | 搜索 | register | 注册 |

**4．CSS 常用布局实例**

(1) 单行一列。

```
body{margin:0px;padding:0px;text-align:center;}
#content{margin-left:auto;margin-right:auto;width:400px;}
```

(2) 两行一列。

```
body{margin:0px;padding:0px;text-align:center;}
#content-top{margin-left:auto;margin-right:auto;width:400px;}
#content-end{margin-left:auto;margin-right:auto;width:400px;}
```

(3) 三行一列。

```
body{margin:0px;padding:0px;text-align:center;}
#content-top{margin-left:auto;margin-right:auto;width:400px;width:370px;}
#content-mid{margin-left:auto;margin-right:auto;width:400px;}
#content-end{margin-left:auto;margin-right:auto;width:400px;}
```

(4) 单行两列。

```
#bodycenter{width:700px;margin-right:auto;margin-left:auto;overflow:auto;}
#bodycenter#dv1{float:left;width:280px;}
#bodycenter#dv2{float:right;width:420px;}
```

(5) 两行两列。

```
#header{width:700px;margin-right:auto;margin-left:auto;overflow:auto;}
#bodycenter{width:700px;margin-right:auto;margin-left:auto;overflow:auto;}
#bodycenter#dv1{float:left;width:280px;}
#bodycenter#dv2{float:right;width:420px;}
```

(6) 三行两列。

```
#header{width:700px;margin-right:auto;margin-left:auto;}
#bodycenter{width:700px;margin-right:auto;margin-left:auto;}
#bodycenter#dv1{float:left;width:280px;}
#bodycenter#dv2{float:right;width:420px;}
#footer{width:700px;margin-right:auto;margin-left:auto;overflow:auto;clear:both;}
```

## 拓展练习

**练习 3.1**

使用<table>标签演示单元格的 margin 和 padding 属性，并理解其区别。

**练习 3.2**

使用 DIV 对海尔软件网站(http://www.haiersoft.com)进行布局，并运用“list-style”设置其中<li>标签的样式。

# 实践 4　JavaScript 基础

## 实践指导

### 实践 4.1

用户输入成绩，程序输出相应的成绩等级。要求成绩必须在 0 至 100 之间，否则提示错误并要求重新输入，成绩等级分为优秀、良好、中等、及格和不及格。

【分析】

(1) 使用 prompt()函数接收用户输入的成绩。

(2) 使用 parseInt()函数将输入字符串转换成整数。

(3) 当用户输入的成绩不在 0 到 100 之间时，用 alert()函数提示录入错误，并接收新的输入。此过程需要通过 while 语句实现循环操作。

(4) 使用 if 语句判断成绩的等级。

【参考解决方案】

(1) 创建 grade.html 文件，代码如下：

```
<html>
<head>
<meta http-equiv="Content-Type" content="text/html; charset=gb2312" />
<title>5.G.1</title>
<script language="javascript">
        var str = prompt("请输入成绩：","");
        var g = parseInt(str);
        while (g < 0 || g > 100) {
                alert("成绩范围是 0~100！");
                str = prompt("请输入成绩：","");
                g = parseInt(str);
        }
        if (g > 90) {
                alert("优秀");
```

```
        } else if (g > 80) {
                alert("良好");
        } else if (g > 70) {
                alert("中等");
        } else if (g > 60) {
                alert("及格");
        } else {
                alert("不及格");
        }
</script>
</head>
<body>
</body>
</html>
```

(2) 在 IE 中运行上述代码，首先会弹出一个输入窗口，输入一个数值后如图 S4-1 所示。

图 S4-1　输入对话框

单击“确定”按钮，弹出如图 S4-2 所示对话框。

图 S4-2　成绩等级提示

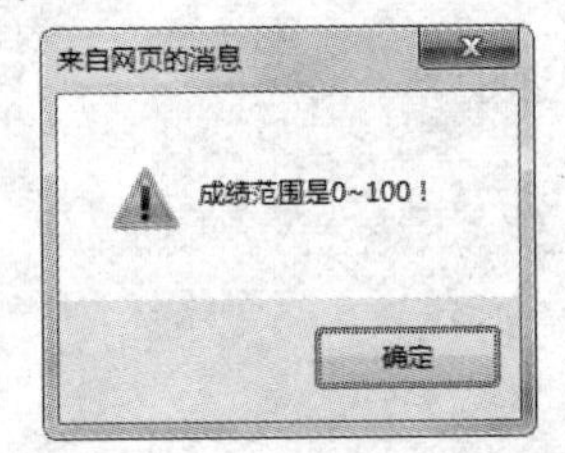


图 S4-3　成绩范围提示

当输入的数范围不在 0 到 100 之间时，会弹出如图 S4-3 所示的对话框。

## 实践 4.2

在实践 4.1 的基础上，利用 switch 语句来实现不同等级的判断。

**【分析】**

(1) switch 是多分支语句，常用于表达式存在多种可能值的情况，并且针对这些值进行不同操作。

(2) 将原来 grade.html 中的 if…else 语句改为 switch 语句。

(3) switch 语句判断的表达式可以是整型数据。此时，可以将用户输入的分数除以 10

再取整数部分，得到的十位上的数作为 switch 语句的判断表达式。

**【参考解决方案】**

(1) 创建 grade1.html 文件，代码如下：

```
<html>
<head>
<meta http-equiv="Content-Type" content="text/html; charset=gb2312" />
<title>switch</title>
<script language="javascript">
        var str = prompt("请输入成绩：","");
        var g = parseInt(str);
        while (g < 0 || g > 100) {
                alert("成绩范围是 0~100！");
                str = prompt("请输入成绩：","");
                g = parseInt(str);
        }
        //将分数除 10 再取整数部分，例如：85/10=8.5,取整数部分后为 8
        var t=Math.floor(g/10);
        switch (t) {
        case 10:
        case 9:
                alert("优秀");
                break;
        case 8:
                alert("良好");
                break;
        case 7:
                alert("中等");
                break;
        case 6:
                alert("及格");
                break;
        default:
                alert("不及格");
        }
</script>
</head>
<body>
</body>
</html>
```

上述代码中，使用 Math 对象的 floor()方法取数值的整数部分，再使用 switch 语句分

情况处理。注意，第一个 case 条件后没有任何代码，这表示它与下一个 case 采用同样的操作。在 IE 中运行页面，输入“96”，如图 S4-4 所示。

(2) 单击“确定”按钮，将弹出如图 S4-5 所示的对话框。

图 S4-4　成绩输入

图 S4-5　成绩等级提示

## 实践 4.3

用户输入行数，程序在网页中输出对应行数的菱形。要求菱形使用字符“*”填充，行数必须是奇数，否则提示错误并要求重新输入。

**【分析】**

(1) 使用 prompt()函数接收行数。

(2) 使用 parseInt()函数将输入字符串转换成整数。

(3) 当用户输入的行数不是奇数时，用 alert()函数提示录入错误，并接收新的输入，此过程需要通过 while 语句实现循环操作。

(4) 使用 for 语句输出菱形的上半部分，即等腰三角形。

(5) 使用 for 语句输出菱形的下半部分，即倒的等腰三角形。

(6) 使用 document.wirte()函数在页面中输出内容。

(7) 打印菱形的结构分析图如图 S4-6 所示。

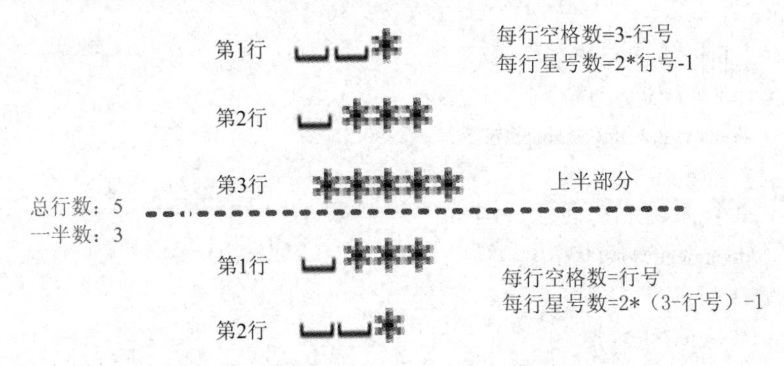


图 S4-6　分析图

**【参考解决方案】**

(1) 创建 diamond.html 文件，代码如下：

```
<html>
<head>
```

```
<meta http-equiv="Content-Type" content="text/html; charset=gb2312" />
<title>菱形</title>
<script language="javascript">
        var str = prompt("请输入行数：","");
        var g = parseInt(str);
        while (g % 2 == 0) {
                alert("行数必须是奇数！");
                str = prompt("请输入行数：","");
                g = parseInt(str);
        }
        //计算上半部分等腰三角形的的行数
        var b = (g + 1) / 2;
        //打印等腰三角形，line 控制行数
        for ( var line = 1; line <= b; line++) {
                //输出空格
                for ( var i = 0; i < b - line; i++) {
                        document.write(" ");
                }
                //输出*
                for ( var i = 0; i < 2 * line - 1; i++) {
                        document.write("*");
                }
                //换行
                document.write("<br>");
        }
        //打印倒三角
        for ( var line = 1; line < b ; line++) {
                for ( var i = 0; i < line; i++) {
                        document.write(" ");
                }
                for ( var i = 0; i < 2 * (b - line) - 1; i++) {
                        document.write("*");
                }
                document.write("<br>");
        }
</script>
</head>
<body>
</body>
</html>
```

(2) 在 IE 中运行上述代码。在输入对话框中输入行数 11，页面中会输出总行数为 11 的菱形，如图 S4-7 所示。

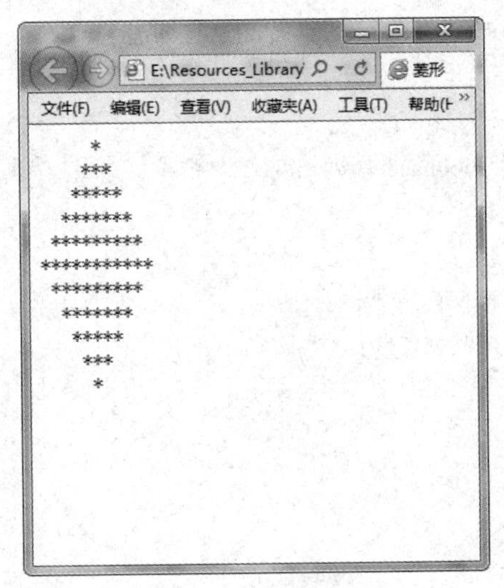


图 S4-7　输出菱形

## 实践 4.4

用户输入一个不小于 3 的整数，程序在网页中输出对应长度的 Fibonacci(斐波那契)数列。Fibonacci 数列的前两个数都是 1，从第 3 个数开始每个数都是其前两个数的和。Fibonacci 数列的通项公式可表示为：

$$F_n = \begin{cases} 1 & (n = 1) \\ 1 & (n = 2) \\ F_{n-1} + F_{n-2} & (n \geqslant 3) \end{cases}$$

**【分析】**

(1) 使用 prompt()函数接收 Fibonacci 数列的长度。

(2) 使用 parseInt()函数将输入字符串转换成整数。

(3) 当用户输入的长度小于 3 时，用 alert()函数提示录入错误，并接收新的输入。此过程需要通过 while 语句实现循环操作。

(4) 使用 for 语句循环输出数列的每个数。

(5) 使用 document.wirte()函数在页面中输出内容。

(6) Fibonacci 算法如图 S4-8 所示。

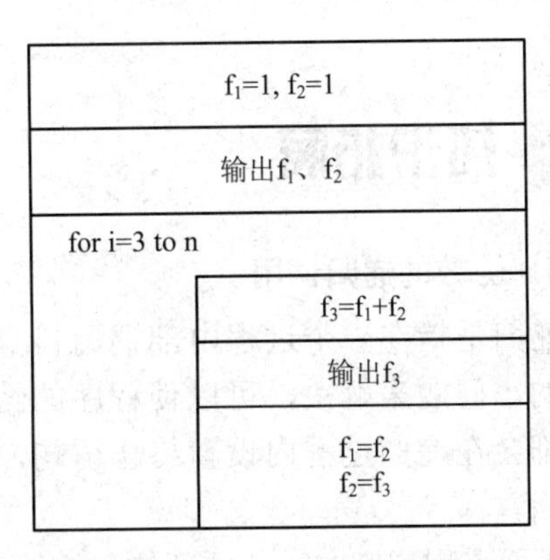


图 S4-8　Fibonacci 算法

**【参考解决方案】**

(1) 创建 fibonacci.html 文件，代码如下：

```
<html>
<head>
<meta http-equiv="Content-Type" content="text/html; charset=gb2312" />
<title>Fibonacci 序列</title>
<script language="javascript">
        var str = prompt("请输入 Fibonacci 序列长度：","");
        var n = parseInt(str);
        while (n < 3) {
                alert("序列长度不小于 3！");
                str = prompt("输入序列长度：","");
                n = parseInt(str);
        }
        var f1 = 1;
        var f2 = 1;
        document.write(f1 + " " + f2 + " ");
        for ( var i = 3; i <= n; i++) {
                var f3 = f1 + f2;
                document.write(f3 + " ");
                f1 = f2;
                f2 = f3;
        }
</script>
</head>
<body></body>
</html>
```

(2) 在 IE 中运行页面。在对话框中输入 10，打印的 Fibonacci 序列如图 S4-9 所示。

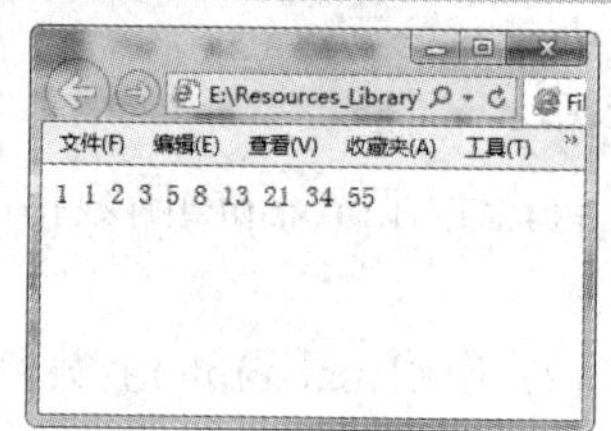


图 S4-9　Fibonacci 序列

## 知识拓展

### 1．函数的递归调用

递归是指在一个过程内部调用自身的编程方法。递归通常将一个大问题分解成多个类似的小问题来解决，可以使程序的结构清晰直观。为了防止递归调用无终止地进行，一般都会在递归过程内设置终止语句，通常是满足某种条件后就结束递归调用，然后逐层返回。

下面采用递归的方式重新实现实践 4.4，完成 Fibonacci 数列的输出，代码如下：

```
<html>
<head>
```

```
<meta http-equiv="Content-Type" content="text/html; charset=gb2312" />
<title>函数的递归调用</title>
<script language="javascript">
        function fibonacci(n) {
                if (n == 1 || n == 2) {
                        return 1;
                } else {
                        return fibonacci(n - 1) + fibonacci(n - 2);
                }
        }
        var str = prompt("请输入 Fibonacci 序列长度：");
        var n = parseInt(str);
        while (n < 3) {
                alert("序列长度不小于 3！");
                str = prompt("输入序列长度：");
                n = parseInt(str);
        }
        for ( var i = 1; i <= n; i++) {
                document.write(fibonacci(i) + " ");
        }
</script>
</head>
<body></body>
</html>
```

在上述代码中，定义了一个递归函数 fibonacci(n)，当 n 的值为 1 或 2 时，直接返回 1，否则递归调用返回 fibonacci(n-1)+fibonacci(n-2)。在 IE 中运行页面，在输入对话框中输入 10，显示结果如图 S4-10 所示。

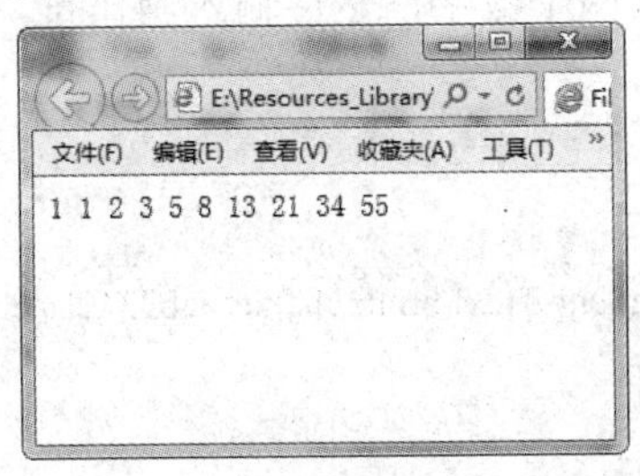


图 S4-10　递归函数演示结果

注 意

采用递归编程方法后程序结构非常清晰，更加接近于人的思维方式。但是递归调用在层次比较深时会影响程序的运行效率，所以程序员需要在可读性和效率之间做出权衡。例如上面 Fibonacci 数列的例子，在递归方式下可以计算的数列长度明显比非递归方式要小得多，读者可以实验一下。因此通常需要将递归转化为循环结构，但是要注意并不是所有的递归都可以转化成循环。

### 2．函数类型的数据

在 JavaScript 中，变量的值可以是一个函数，甚至把函数作为另一个函数的参数或者返回值也是允许的，代码如下：

```
var x = function add(a, b) {
        return a + b;
}
x(123, 456);
```

上述代码声明了一个变量 x，赋值是一个函数，所以可以通过 x()来调用。函数也可以作为其他函数的参数，代码如下：

```
function test(f, x) {
        f(x);
}
test(alert, 123);
```

上述代码中 test()的第一个参数需要传入一个函数，调用 test()时，将 alert()函数作为参数传入，实际上相当于调用 alert(123)。函数还可以作为另一个函数的返回值，代码如下：

```
function test() {
        return function() {
                alert(123);
        };
}
var x = test();
x();
```

上述代码中 test()的返回值是函数，所以 x 变量实际上赋值成了一个函数，可以通过 x()来调用。

JavaScript 中函数的合理运用能够实现很多灵活的效果，下述代码可实现两个数字的算术运算。用户首先需要输入两个数字，然后输入操作符，程序根据输入操作符的不同计算出不同的结果，代码如下：

```
<html>
<head>
<meta http-equiv="Content-Type" content="text/html; charset=gb2312" />
<title>函数的高级用法</title>
<script language="javascript">
        function plus(a, b) {
                return a + b;
        }
        function subtract(a, b) {
                return a - b;
        }
```

```
        function multiply(a, b) {
            return a * b;
        }
        function division(a, b) {
            return a / b;
        }
        function power(a, b) {
            return Math.pow(a, b);
        }
        function operate(f, a, b) {
            return f(a, b);
        }

        var a = prompt("请输入第一个数","");
        var b = prompt("请输入第二个数","");
        var c = prompt("请输入操作符","");
        var f;
        switch(c) {
            case "+" :
                f = plus;
                break;
            case "-" :
                f = subtract;
                break;
            case "*" :
                f = multiply;
                break;
            case "/" :
                f = division;
                break;
            case "^" :
                f = power;
                break;
        }
        var x = f(parseFloat(a), parseFloat(b));
        alert(a + c + b + "=" + x);
</script>
</head>
<body></body>
</html>
```

上述代码中定义了加、减、乘、除、乘方五个函数，然后定义了 operate()函数，其接收一个函数并调用它，再通过判断用户输入操作符的不同，使变量 f 赋值成不同的函数，最后调用 f 函数得到计算结果。在 IE 中运行上述代码，首先输入第一个数字“243”，如图 S4-11 所示。

图 S4-11　第一个操作数

然后输入第二个数字 0.2，如图 S4-12 所示。

图 S4-12　第二个操作数

再输入操作符“^”，如图 S4-13 所示。

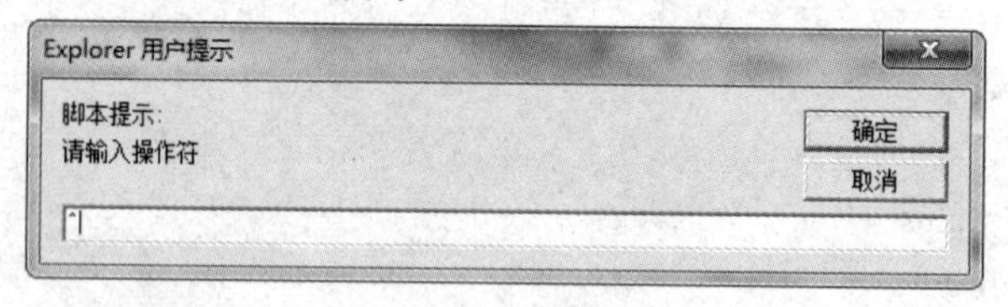


图 S4-13　操作符

最后得到计算结果，如图 S4-14 所示。

图 S4-14　计算结果

### 练习 4.1

程序接收一个整数输入作为圆的半径，在页面输出一个圆形，使用“*”填充这个圆。注意输入的数字不要太小，否则输出的圆形会看起来不够圆。

### 练习 4.2

程序接收一个整数输入，输出该数的阶乘，要求使用递归的方式实现。

# 实践 5 JavaScript 对象

## 实践指导

### 实践 5.1

修改用户注册页面 RegistForm.html，实现省市下拉列表的联动效果。当用户选择某个省后，城市的下拉列表中只列出这个省的对应城市。

**【分析】**

(1) 在 JavaScript 中声明 Province 函数用来封装省的数据，其中含有 name 和 cities 两个属性，分别代表省名和城市列表，cities 属性使用数组表示。

(2) 当用户选择省后，程序需要根据省名找到对应的城市列表，如果用一般的数组来保存所有的省，不可避免地会有一个遍历比对的操作，所以采用关联数组来保存。定义关联数组 provinces 存储 34 个省，将每个省构造为一个 Province 的对象并作为属性放入 provinces 中，属性名为省名。每个省中包含的城市数组同时填充数据。

(3) 定义函数 select()，完成根据省的选择动态填充城市下拉列表的功能。首先需要清空城市下拉列表原来的所有选项，然后得到省的下拉列表中当前选中的省名，再根据省名找到对应的 Province 对象，进而得到该省的城市数组，最后遍历该省的所有城市，将每个城市构造为一个 Option 对象并加入城市下拉列表。

(4) 定义函数 init()完成省名下拉列表的填充。需要遍历 provinces 数组，将每个 Province 对象构造为一个 Option 对象并加入省的下拉列表。

(5) 在 body 的 onload 事件中调用 init()函数，在省的下拉列表的 onchange 事件中调用 select()函数。

**【参考解决方案】**

(1) 定义 Province 函数封装省的数据，代码如下：

```
function Province(name, cities) {
    this.name = name;
    this.cities = cities;
}
```

(2) 定义 provinces 数组并初始化数据，代码如下：

```
var provinces = new Object();
provinces["-请选择省份名-"] = new Province("-请选择省份名-", ["-请选择城市名-"]);
provinces["北京"] = new Province("北京",
                            ["", "东城", "西城", "崇文", "宣武", "朝阳",
                            "丰台", "石景山", "海淀", "门头沟", "房山",
                            "通州", "顺义", "昌平", "大兴", "平谷", "怀柔",
                            "密云", "延庆"]);
provinces["上海"] = new Province("上海",
                            ["", "黄浦", "卢湾", "徐汇", "长宁", "静安",
                            "普陀", "闸北", "虹口", "杨浦", "闵行", "宝山",
                            "嘉定", "浦东", "金山", "松江", "青浦", "南汇",
                            "奉贤", "崇明"]);
provinces["天津"] = new Province("天津",
                            ["", "和平", "东丽", "河东", "西青", "河西",
                            "津南", "南开", "北辰", "河北", "武清", "红挢",
                            "塘沽", "汉沽", "大港", "宁河", "静海", "宝坻",
                            "蓟县"]);
......省略其他省的数据
```

注 意

上述代码使用关联数组的方式实现，关联数组的相关概念见知识拓展 2。

(3) 定义 select()函数，代码如下：

```
function select() {
        var c = document.regist.cities;
        c.options.length = 0;
        var province = document.regist.provinces.value;
        var cities = provinces[province].cities;
        for (var i = 0; i < cities.length; i++) {
                var o = new Option(cities[i], cities[i]);
                c.options.add(o);
        }
}
```

(4) 定义 init()函数，代码如下：

```
function init() {
        var p = document.regist.provinces;
        var c = document.regist.cities;
        for (var province in provinces) {
                var o = new Option(province, province);
                p.options.add(o);
        }
```

```
        select();
}
```

(5) 为 body 和省的下拉列表添加事件，代码如下：

```
......
<body onload="init()" >
......
<select class="sel" name="provinces" onChange="select()"></select>
......
```

(6) 在 IE 中运行修改后的 RegistForm.html 页面。在 IE 浏览器中打开 RegistForm.html，运行结果如图 S5-1 所示。

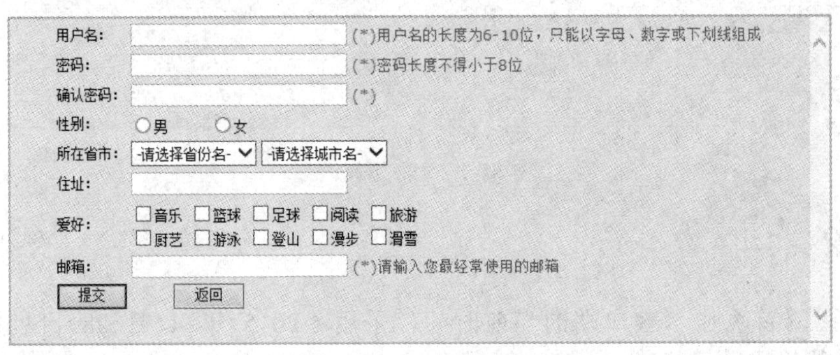


图 S5-1　注册页面

在省级下拉列表中选择“山东”，可以看到城市下拉列表中自动出现了山东的下属区县，如图 S5-2 所示。

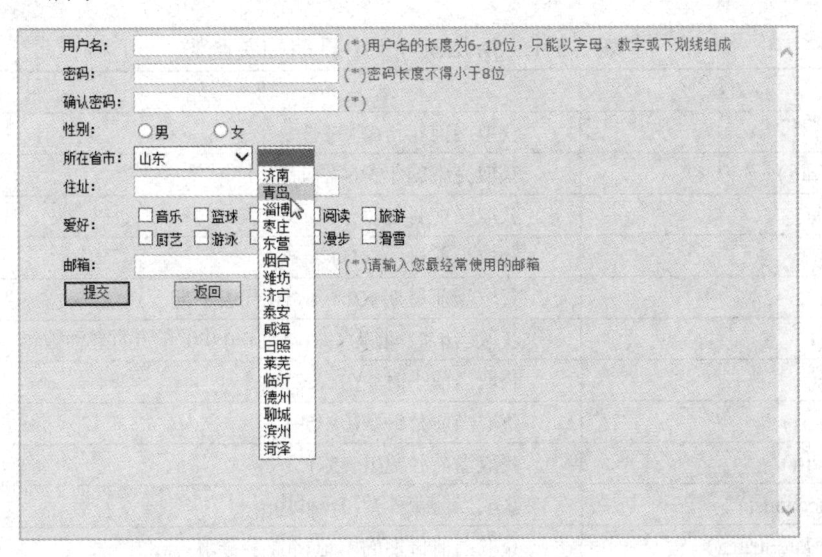


图 S5-2　山东下属的城市

在省级下拉列表中选择“上海”，可以看到城市下拉列表中变为上海对应的区县，如图 S5-3 所示。

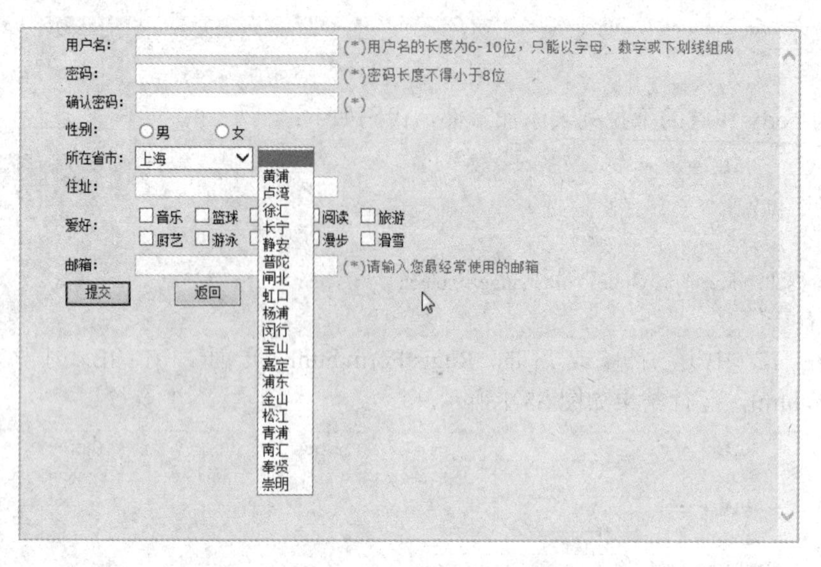


图 S5-3　上海下属区县

# 实践 5.2

在源码网首页显示客户端的当前时间，采用“2015 年 4 月 28 日星期四 上午 10:13:46”的格式显示。

**【分析】**

JavaScript 中提供了获取日期时间的一系列函数，如表 S5-1 所示为 JavaScript 中日期相关函数。

**表 S5-1　JavaScript 中日期相关函数**

| 方　法 | 功　　能 |
| --- | --- |
| getYear() | 获取当前年份(2 位) |
| getFullYear() | 获取完整的年份(4 位) |
| getMonth() | 获取当前月份(0～11，0 代表 1 月) |
| getDate() | 获取当前日(1～31) |
| getDay() | 获取当前星期 X(0～6，0 代表星期天) |
| getTime() | 获取当前时间(从 1970-1-1 0:0:0:0 开始的毫秒数) |
| getHours() | 获取当前小时数(0～23) |
| getMinutes() | 获取当前分钟数(0～59) |
| getSeconds() | 获取当前秒数(0～59) |
| getMilliseconds() | 获取当前毫秒数(0～999) |
| toLocaleDateString() | 获取当前日期的本地格式字符串 |
| toLocaleTimeString() | 获取当前时间的本地格式字符串 |
| toLocaleString() | 获取日期与时间的本地格式字符串 |

通过表 S5-1 中列举的函数可以取得当前的客户端时间并显示在网页中。在首页

index.html 中的上部导航条位置添加一个 DIV，DIV 通过 JavaScript 显示当前时间。当前时间需要每秒更新一次，这可以通过 setTimeout()函数实现。

**【参考解决方案】**

(1) 通过 JavaScript 实现显示时间，代码如下：

```
<div id="currentTime" style="text-align:right">
<script type="text/javascript">
	function tick() {
		var hours, minutes, seconds, xfile;
		var intHours, intMinutes, intSeconds;
		var today, theday;
		today = new Date();
		function initArray(){
			this.length = initArray.arguments.length
			for(var i = 0; i < this.length; i++)
				this[i + 1] = initArray.arguments[i]
	}
		var d = new initArray(
						" 星期日",
						" 星期一",
						" 星期二",
						" 星期三",
						" 星期四",
						" 星期五",
						" 星期六");
		theday = today.getYear() + "年"
			+ (today.getMonth() + 1) + "月"
			+ today.getDate() + "日"
			+ d[today.getDay() + 1];
		intHours = today.getHours();
		intMinutes = today.getMinutes();
		intSeconds = today.getSeconds();
		if (intHours == 0) {
			hours = "12:";
			xfile = " 午夜 ";
		} else if (intHours < 12) {
			hours = intHours + ":";
			xfile = " 上午 ";
		} else if (intHours == 12) {
			hours = "12:";
			xfile = " 正午 ";
```

```
            } else {
                    intHours = intHours - 12
                    hours = intHours + ":";
                    xfile = " 下午 ";
            }
            if (intMinutes < 10) {
                    minutes = "0" + intMinutes + ":";
            } else {
                    minutes = intMinutes + ":";
            }
            if (intSeconds < 10) {
                    seconds = "0" + intSeconds + " ";
            } else {
                    seconds = intSeconds + " ";
            }
            timeString = theday + xfile + hours   + minutes + seconds;
            currentTime.innerHTML = timeString;
            window.setTimeout("tick();", 1000);
    }
    window.onload = tick;
</script>
</div>
```

(2) 在 IE 中运行首页，效果如图 S5-4 所示。

图 S5-4 源码网首页

## 知识拓展

### 1. 日历

网页设计中经常会遇到显示日历的需求，下面的示例使用 JavaScript 在网页上显示了

一个简单的日历。

```
<html>
<head>
<title>日历</title>
<meta http-equiv="Content-Type" content="text/html; charset=gb2312">
<SCRIPT>
//创建一个函数,用于存放每个月的天数
function montharr(m0, m1, m2, m3, m4, m5, m6, m7, m8, m9, m10, m11) {
        this[0] = m0;
        this[1] = m1;
        this[2] = m2;
        this[3] = m3;
        this[4] = m4;
        this[5] = m5;
        this[6] = m6;
        this[7] = m7;
        this[8] = m8;
        this[9] = m9;
        this[10] = m10;
        this[11] = m11;
}
//实现日历
function calendar() {
        var today = new Date();
        var year = today.getFullYear();
        var thisDay = today.getDate();
        var monthDays = new montharr(31, 28, 31, 30, 31, 30, 31, 31, 30, 31,
                 30, 31);
        if (((year % 4 == 0) && (year % 100 != 0)) || (year % 400 == 0))
                monthDays[1] = 29; // 闰年
        var nDays = monthDays[today.getMonth()];
        firstDay = today;
        firstDay.setDate(1);
        testMe = firstDay.getDate();
        if (testMe == 2)
                firstDay.setDate(0);
        startDay = firstDay.getDay();
        document.write("<DIV id='rili'
                style='position:absolute;width:140px;left:300px;top:100px;'>")
        document.write("<TABLE width='217' BORDER='0' CELLSPACING='0'
```

```
        CELLPADDING='2' BGCOLOR='#0080FF'>")
    document.write("<TR><TD><TABLE border='0' cellspacing='1'
        cellpadding='2'    bgcolor='Silver'>");
    document.write("<TR><th colspan='7' bgcolor='#C8E3FF'>");
    var dayNames = new Array("星期日","星期一","星期二",
                                        "星期三","星期四","星期五","星期六");
    var monthNames = new Array("1 月","2 月","3 月","4 月","5 月","6 月",
                                "7 月","8 月","9 月","10 月","11 月","12 月");
    var now = new Date();
    document.writeln("<FONT STYLE='font-size:9pt;Color:#330099'>"
                    + "公元 " + now.getFullYear() + "年"
                    + monthNames[now.getMonth()]
                    + now.getDate() + "日 " + dayNames[now.getDay()]
                    + "</FONT>");
    document.writeln("</TH></TR><TR><TH BGCOLOR='#0080FF'>
        <FONT STYLE='font-size:9pt;Color:White'>日</FONT></TH>");
    document.writeln("<th BGCOLOR='#0080FF'>
        <FONT STYLE='font-size:9pt;Color:White'>一</FONT></TH>");
    document.writeln("<TH BGCOLOR='#0080FF'>
        <FONT STYLE='font-size:9pt;Color:White'>二</FONT></TH>");
    document.writeln("<TH BGCOLOR='#0080FF'>
        <FONT STYLE='font-size:9pt;Color:White'>三</FONT></TH>");
    document.writeln("<TH BGCOLOR='#0080FF'>
        <FONT STYLE='font-size:9pt;Color:White'>四</FONT></TH>");
    document.writeln("<TH BGCOLOR='#0080FF'>
        <FONT STYLE='font-size:9pt;Color:White'>五</FONT></TH>");
    document.writeln("<TH BGCOLOR='#0080FF'>
        <FONT STYLE='font-size:9pt;Color:White'>六</FONT></TH>");
    document.writeln("</TR><TR>");
    column = 0;
    for (i=0; i<startDay; i++) {
        document.writeln("\n<TD><FONT STYLE='font-size:9pt'>
            </FONT></TD>");
        column++;
    }

    for (i=1; i<=nDays; i++) {
        if (i == thisDay) {
            document.writeln("</TD><TD ALIGN='CENTER'
                BGCOLOR='#FF8040'>
```

```
                        <FONT STYLE='font-size:9pt;Color:#ffffff'><B>");
            } else {
                document.writeln("</TD><TD BGCOLOR='#FFFFFF'
                        ALIGN='CENTER'>
                        <FONT STYLE='font-size:9pt; font-family:Arial;
                                font-weight:bold; Color:#330066'>");
            }
            document.writeln(i);
            if (i == thisDay)
                document.writeln("</FONT></TD>")
            column++;
            if (column == 7) {
                document.writeln("<TR>");
                column = 0;
            }
        }
        document.writeln("<TR><TD COLSPAN='7' ALIGN='CENTER' VALIGN='TOP'
            BGCOLOR='#0080FF'>")
        document.writeln("<FORM NAME='clock' onSubmit='0'>
            <FONT STYLE='font-size:9pt;Color:#ffffff'>")
        document.writeln("现在时间:<INPUT TYPE='Text' NAME='face' ALIGN='TOP'>
            </FONT></FORM></TD></TR></TABLE>")
        document.writeln("</TD></TR></TABLE></DIV>");
}

var timerID = null;
var timerRunning = false;

function stopclock () {
        if(timerRunning)
            clearTimeout(timerID);
        timerRunning = false;
}

//显示当前时间
function showtime () {
        var now = new Date();
        var hours = now.getHours();
        var minutes = now.getMinutes();
        var seconds = now.getSeconds()
```

```
        var timeValue = " " + ((hours >12) ? hours - 12 :hours)
        timeValue += ((minutes < 10) ? ":0" : ":") + minutes
        timeValue += ((seconds < 10) ? ":0" : ":") + seconds
        timeValue += (hours >= 12) ? " 下午 " : " 上午 "
        document.clock.face.value = timeValue;
        timerID = setTimeout("showtime()",1000);//设置超时,使时间动态显示
        timerRunning = true;
}

function startclock () {
        stopclock();
        showtime();
}
</SCRIPT>

</head>

<body onLoad="startclock();">
<script>calendar();</script>
</body>
</html>
```

通过 IE 查看该 HTML，结果如图 S5-5 所示。

| 公元 2015年4月28日 星期二 | | | | | | |
|---|---|---|---|---|---|---|
| 日 | 一 | 二 | 三 | 四 | 五 | 六 |
| | | | 1 | 2 | 3 | 4 |
| 5 | 6 | 7 | 8 | 9 | 10 | 11 |
| 12 | 13 | 14 | 15 | 16 | 17 | 18 |
| 19 | 20 | 21 | 22 | 23 | 24 | 25 |
| 26 | 27 | 28 | 29 | 30 | | |
| 现在时间: | 5:55:08 下午 | | | | | |

图 S5-5　当前时间日历

**2．关联数组**

在代码中使用下述格式对一个对象的属性进行动态创建和存取：

```
object["property"]
```

这种方式通常被称为关联数组(associative array)。关联数组是一个数据结构，允许用户动态地将任意数值和任意字符串关联在一起。

当存取对象属性时，可以通过运算符“.”进行访问；而对于数组而言，还可以使用“[]”进行属性访问，如下面代码是等价的。

```
object.property
object["property"]
```

上面语法之间的主要区别是：前者的属性名是标识符，后者的属性名却是一个字符串。

在强类型语言(如 C、C++、Java)中，一个对象的属性数是固定的，而且必须预定义这些属性的名字。因为 JavaScript 是一种弱类型语言，它并不采用这一规则，所以在 JavaScript 编写的程序中，可以动态地为对象创建任意数目的属性。但当采用“.”运算符来存取一个对象的属性时，属性名是用标识符表示的，但标识符不是一种数据类型，因此程序不能直接对它们进行操作。另一方面，当用数组的“[]”表示法来存取一个对象的属性时，属性名是用字符串表示的，字符串是一种数据类型，因此可以在程序运行的过程中操作并创建它们。

下面演示在 AssociateArrayEG.html 页面中使用“[]”运算符来动态创建对象的属性，代码如下：

```
<html>
<head>
        <title>关联数组</title>
<script language="javascript">
//创建 Object 类型的对象
var obj   = new Object();
var i = 0;
//任意输入多个数值
while(true){
        //动态输入属性名字
        var proName =   prompt("输入对象属性，要结束时请输入'end'","");
        if(proName == 'end'){
                break;
        }
        obj[proName]=i;//obj.proName 则不合法
        i++;
}
var sum=0;
//动态取得 obj 的属性
for ( p in obj )
{
        sum +=obj[p];//obj.p 不合法
}
alert("运算的和是："+sum);
</script>
</head>
<body>
</body>
</html>
```

通过 IE 查看该 HTML，在页面上输入“aa”、“bb”、“cc”，最后输入“end”，结果如图 S5-6 所示。

图 S5-6 运算结果

由于用户是在程序运行过程中输入属性名的，用户无法知道该属性名，因此在编写程序时就不能用“.”运算符来存取对象 obj 的属性，但是可以通过“[]”来命名属性。这是因为当属性名是一个字符串值时，其值是动态的，可以在运行时改变；而当属性名是标识符时，则是静态的，必须对其进行硬编码。

注 意

本质上，JavaScript 对象在内部是用关联数组实现的。

## 拓展练习

实现抽奖程序。页面提供一个“抽奖”按钮，单击该按钮后程序从 1 到 31 的数字中随机抽取 7 个不同的数字作为选择的号码显示在页面上。

# 实践 6　DOM 编程

## 实践指导

### 实践 6.1

分别使用模态和非模态对话框显示用户注册页面。

**【分析】**

(1) JavaScript 中可以使用 showModalDialog() 函数打开模态窗口，使用 showModelessDialog()函数打开非模态窗口。

(2) 在主页 index.html 中“注册”按钮的单击事件里调用 showModalDialog()或 showModelessDialog()函数打开注册页面 RegistForm.html 即可。

**【参考解决方案】**

(1) 模态显示。在主页 index.html 中添加如下 JavaScript 代码：

```
<script type="text/javascript">
    function openRegist() {
        window.showModalDialog("RegistForm.html", "",
        "dialogWidth:600px;dialogHeight:260px;scroll:no;status:no");
    }
</script>
```

上述代码使用 showModalDialog()函数打开模态窗口显示 RegistForm.html 页面。

修改“注册”按钮的 onclick 事件以调用 openRegist()函数，代码如下：

```
<input type="button" value="注册" onclick="openRegist()">
```

在 IE 中运行 index.html 页面，单击“注册”按钮后显示效果如图 S6-1 所示。

此时注册页面是模态窗口，会始终保持焦点，用户在关闭此模态窗口前无法操作当前应用程序的任何其他页面。

(2) 非模态显示。修改 openRegist()函数的代码如下：

```
<script type="text/javascript">
    function openRegist() {
        window.showModelessDialog("RegistForm.html", "",
```

```
            "dialogWidth:600px;dialogHeight:260px;scroll:no;status:no");
    }
</script>
```

上述代码使用 showModelessDialog()函数打开非模态窗口显示 RegistForm.html 页面。

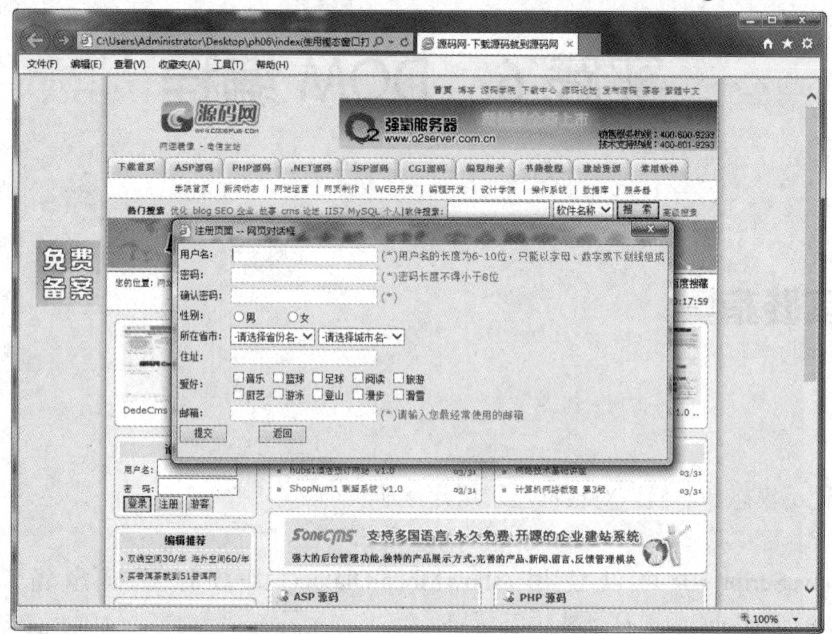


图 S6-1　模态注册窗口

在 IE 中运行后显示效果与图 S6-1 类似，不过此时注册页面是非模态窗口，会始终保持在最前端，但用户可以操作其他页面。

## 实践 6.2

用户确认注册信息后使用半透明效果提示注册成功信息，要求使用 DIV 实现，并模拟模态窗口提示注册成功信息。

**【分析】**

(1) 创建一个占满整个屏幕的 DIV，设置其为半透明效果。针对 IE 浏览器可以通过在样式中使用滤镜实现半透明效果，非 IE 浏览器可以直接使用 opacity 样式实现。

(2) 创建一个位于屏幕中间的 DIV，用来显示注册成功信息，还需要提供按钮以关闭这个 DIV。

(3) 在注册页面上提交按钮的 onclick 事件中显示步骤(2)中创建的 DIV。

(4) 上述 DIV 等 HTML 元素可以在注册页面直接定义。本实践练习是为了演示 DOM 编程的方法，将采用在 JavaScript 中动态创建这些 HTML 元素的方式。

**【参考解决方案】**

(1) 在注册页面 RegistForm.html 中定义 JavaScript 函数 showMessage()，函数首先创建占满整个屏幕的半透明 DIV，代码如下：

```
function showMessage() {
        // 使用 DOM 方式创建占满整个屏幕的半透明 DIV
        var shadow = document.createElement("div");      // 创建 DIV 元素
        shadow.setAttribute("id", "shadow");      // 指定 id 属性值为 shadow
        // 指定这种样式
        shadow.style.position="absolute";
        shadow.style.left="0";
        shadow.style.top="0";
        shadow.style.width="100%";
        shadow.style.height="100%";
        shadow.style.zIndex="10";
        shadow.style.backgroundColor="#06C";
        // 根据浏览器不同，采用不同方式来实现半透明效果
        if (document.all)
                //使用滤镜
                shadow.style.filter = "alpha(opacity=30)"; // IE 浏览器滤镜
        else
                shadow.style.opacity = 0.3; // 非 IE 浏览器
...... //省略其他步骤
}
```

(2) 创建显示注册成功信息的 DIV，代码如下：

```
function showMessage() {
        ......省略
      // 使用 DOM 方式创建占满整个屏幕的半透明 DIV

        // 创建显示提示信息的 DIV
        var divWin = document.createElement("div");
        divWin.setAttribute("id", "window");
        divWin.style.zIndex="999"; // 显示在最上方
        // 标题部分
        var divTitle = document.createElement("div");
        divTitle.setAttribute("id", "win-tl");
        var H2 = document.createElement("h2"); // 标题左部
        var txtTitle = document.createTextNode("注册成功");
        H2.appendChild(txtTitle);
        var closeBar=document.createElement("div"); // 标题右部
        closeBar.setAttribute("id", "closebar");
        var A = document.createElement("a"); // 关闭的超级链接
        A.innerHTML="X";
        A.setAttribute("href", "#1");
```

```
        A.setAttribute("id", "btnClose");
        A.setAttribute("title", "关闭窗口");
        closeBar.appendChild(A);
        divTitle.appendChild(H2);
        divTitle.appendChild(closeBar);
        // 内容部分
        var Container = document.createElement("div");
        Container.setAttribute("id","msg-content");
        var INFO=document.createElement("div"); // 中部信息
        INFO.setAttribute("id","info");
        var H3 = document.createElement("h3");
        H3.innerHTML="恭喜您注册成功！";
        var P = document.createElement("p");
        P.innerHTML="您现在可以登陆网站";
        INFO.appendChild(H3);
        INFO.appendChild(P);
        var Btns=document.createElement("div"); // 下部按钮
        Btns.setAttribute("id","btns");
        var btnEnter=document.createElement("a");
        btnEnter.setAttribute("id","btnEnter");
        btnEnter.setAttribute("href","#1");
        var txtEnter=document.createTextNode("确　定");
        btnEnter.appendChild(txtEnter);
        Btns.appendChild(btnEnter);
        Container.appendChild(INFO);
        Container.appendChild(Btns);
        divWin.appendChild(divTitle);
        divWin.appendChild(Container);
        document.body.appendChild(shadow);
        document.body.appendChild(divWin);
// ......省略，其他步骤
}
```

(3) 给关闭和确认超级链接添加 onclick 事件，单击时移除整个 DIV，代码如下：

```
function showMessage() {
        var win = document.getElementById("window");
        var shadow = document.getElementById("shadow");
        var btnClose = document.getElementById("btnClose");
        var btnEnter = document.getElementById("btnEnter");

        btnEnter.onclick = btnClose.onclick = function() {
```

```
                document.body.removeChild(win);
                document.body.removeChild(shadow);
            }
        }
```

(4) 设置上述动态创建的 DIV 分别对应的样式，代码如下：

```
<style type="text/css">
#window{
    position:absolute;
    left:50%;
    top:50%;
    width:400px;
    height:180px;
    margin:-90px 0 0 -200px;
    border:1px solid #06B;
    background-color:white;
}
#win-tl{
    margin:0 auto;
    width:394px;
    padding-left:6px;
    color:#15428b;
    font:bold 12px tahoma,arial,verdana,sans-serif;
    zoom:1;
    height:24px;
    background-color:#6BD;
}
#win-tl h2{
    float:left;
    width:369px;
    height:16px;
    overflow:hidden;
    padding:4px 0 4px 0;
    font-size:12px;
    line-height:16px;
}
#closebar{
    float:left;
    width:15px;
    height:15px;
    text-align:right;
```

```
        padding:5px 4px 4px 0;
        overflow:hidden;
}
#info{
        margin:0 auto;
        width:294px;
        height:58px;
        padding:35px 10px 10px 82px;
        text-align:left;
        overflow:hidden;
}
#btns{
        margin:0 auto;
        width:230px;
        height:22px;
        text-align:center;
}
</style>
```

(5) 给注册页面的提交按钮添加 onclick 事件，单击时调用 showMessage()函数，代码如下：

```
<input type="button" name="submit" id="submit" class="btn" value="提交"
onclick="showMessage()"/>
```

(6) 在 IE 中运行源码网首页。单击“注册”按钮打开注册页面，然后单击“提交”按钮，运行效果如图 S6-2 所示。

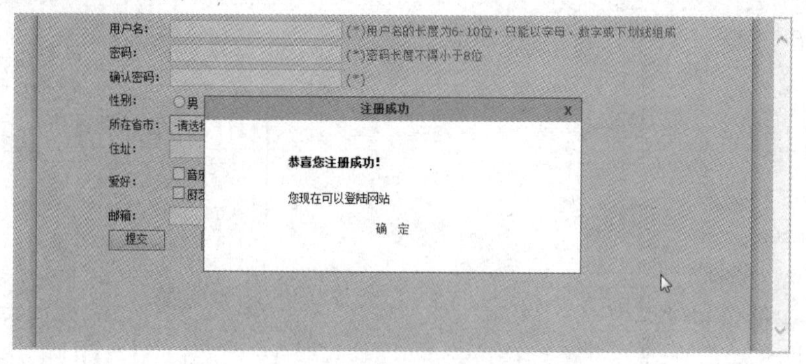


图 S6-2 半透明效果提示注册成功信息

## 知识拓展

### 1. 滤镜

CSS 的滤镜属性(Filter Properties)可以把可视化的滤镜和转换效果添加到一个标准的

HTML 元素上，例如图片、文本容器以及其他一些对象。CSS 滤镜可分为基本滤镜(直接作用于对象上，并立即生效)和高级滤镜(与 JavaScript 等脚本语言相结合，产生更多变幻效果)。常用的滤镜主要如下几种。

(1) alpha(通道)。alpha 滤镜用于设定透明度，其语法格式如下：

```
filter:alpha(opacity=opacity,finishopacity=finishopacity,style=style,startX=startX,startY=startY,finishX=finishX)
```

其中：

✧ opacity 表示透明度等级，取值为 0～100(0 代表完全透明；100 代表完全不透明)。

✧ finishopacity：设置渐变的透明效果时，用来指定结束时的透明度，取值范围为 0～100。

✧ style：设置渐变透明的样式，取值 0 代表统一形状；1 代表线性渐变；2 代表放射渐变；3 代表直角渐变。

✧ startX：渐变效果的开始横向坐标，取任意值。

✧ startY：渐变效果的开始纵向坐标，取任意值。

(2) blur(模糊)。模糊滤镜使对象产生模糊朦胧的效果，其语法格式如下：

```
filter:blur(Add=add;Direction=direction;Strength=strength)
```

其中：

✧ Add：取值为 0 或 1。

✧ Direction：角度，0～315 度，步长为 45 度。

✧ Strength：效果增长的数值。

(3) chroma(透明色)。chroma 滤镜给予图像一个特定的颜色透明，其语法格式如下：

```
filter:Chroma(Color=color)
```

其中：

✧ Color：使用十六进制格式。

### 2．全选特效

在网页上经常需要提供一次选中全部复选框的功能，因为同一组复选框 name 的属性一般相同，所以全部选中可以通过 getElementsByName()函数方便地实现。在源码网的注册页面中用户可以使用复选框勾选爱好，现在需要添加一个“全部选择”复选框，当单击时会选中全部爱好，再次单击时会取消所有选中的爱好，修改后的注册页面代码如下所示：

```
<tr>
    <td align="right">爱好：</td>
    <td>
        <input type="checkbox" name="interest" value="music"/>音乐
        <input type="checkbox" name="interest" value="basketball"/>篮球
        <input type="checkbox" name="interest" value="football"/>足球
        <input type="checkbox" name="interest" value="reading"/>阅读
         <input type="checkbox" name="interest" value="travel"/>旅游<br/>
```

```
            <input type="checkbox" name="interest" value="cuisine"/>厨艺
            <input type="checkbox" name="interest" value="swim"/>游泳
            <input type="checkbox" name="interest" value="mountaineer"/>登山
            <input type="checkbox" name="interest" value="walk"/>漫步
            <input type="checkbox" name="interest" value="ski"/>滑雪
            <input type="checkbox" id="allInterest" name="allInterest"
                    value="allInterest" onclick="checkAll()"/>全部选择
            <script>
                function checkAll() {
                    // 全部选择的复选框
                    var check =
                        document.getElementById("allInterest").checked;
                    // 所有的爱好复选框
                    var interests =
                        document.getElementsByName("interest");
                    for (var i = 0; i < interests.length; i++)
                        interests[i].checked = check; // 修改每个爱好复选框的选择状态
                }
            </script>
        </td>
</tr>
```

在上述代码中，定义一个 checkAll()函数，使用 document 对象的 getElementById()函数获得全部选择复选框当前的选择状态，通过 getElementsByName()函数获取所有的爱好复选框并封装为一个数组，然后遍历此数组，将每个爱好复选框的 checked 属性设置为与全部选择复选框一致。

在 IE 中运行注册页面，显示效果如图 S6-3 所示。

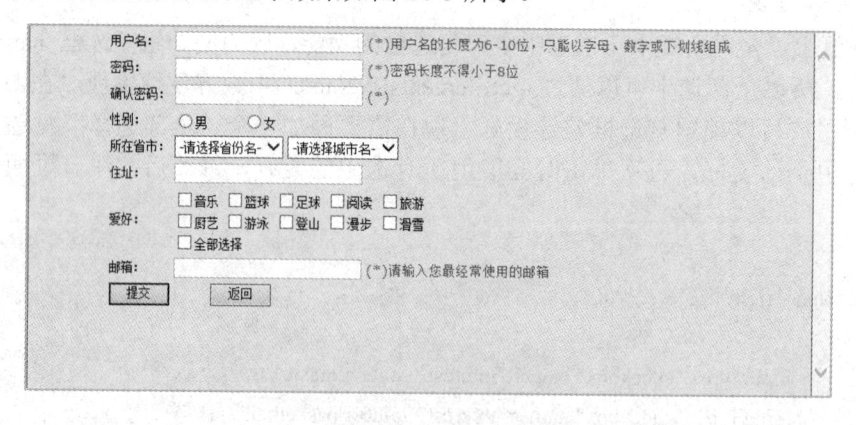


图 S6-3　注册页面

单击“全部选择”复选框，效果如图 S6-4 所示。

再次单击“全部选择”复选框，效果如图 S6-5 所示。

用户名：　(*)用户名的长度为6-10位，只能以字母、数字或下划线组成
密码：　(*)密码长度不得小于8位
确认密码：　(*)
性别：　○男　○女
所在省市：　-请选择省份名-　-请选择城市名-
住址：
爱好：　☑音乐　☑篮球　☑足球　☑阅读　☑旅游　☑厨艺　☑游泳　☑登山　☑漫步　☑滑雪　☑全部选择
邮箱：　(*)请输入您最经常使用的邮箱
提交　返回

图 S6-4　全部选中爱好效果图

用户名：　(*)用户名的长度为6-10位，只能以字母、数字或下划线组成
密码：　(*)密码长度不得小于8位
确认密码：　(*)
性别：　○男　○女
所在省市：　-请选择省份名-　-请选择城市名-
住址：
爱好：　□音乐　□篮球　□足球　□阅读　□旅游　□厨艺　□游泳　□登山　□漫步　□滑雪　□全部选择
邮箱：　(*)请输入您最经常使用的邮箱
提交　返回

图 S6-5　取消全部选择爱好效果图

### 3. 表格结构

网页上经常需要由用户来控制表格的结构，比如对表格的添加、删除行操作，这些功能可以通过 JavaScript 来完成。HTML 中的 table、tr 对象提供了很多方法和属性，可以用来修改结构，表 S6-1 列出了 table 和 tr 对象的常用方法。

**表 S6-1　table、tr 对象的常用方法**

| 对象 | 方法 | 说　明 |
|---|---|---|
| table | insertRow | 添加一行。如果有参数表示添加到参数所在行的前面，否则添加到最后 |
| | deleteRow | 删除一行。如果有参数表示删除参数所在行，否则删除最后一行 |
| tr | insertCell | 添加一个单元格。如果有参数表示添加到参数所在单元格的前面，否则添加到最后 |
| | deleteCell | 删除一个单元格。如果有参数表示删除参数所在单元格，否则删除最后一个单元格 |

表 S6-2 列出了 table、tr 对象的常用属性。

表 S6-2　table、tr 对象的常用属性

| 对象 | 属性 | 说　明 |
| --- | --- | --- |
| table | rows | 行的集合 |
| tr | cells | 单元格的集合 |
|  | rowIndex | 当前行的索引号(从 0 开始编号) |

下面示例利用表 S6-1 和表 S6-2 中的方法和属性实现了表格结构的动态修改功能，代码如下：

```
<html>
<head>
<style>
        table {background-color:black;}
        tr {background-color:white;}
        td {width:80px;height:20px;text-align:center}
</style>
</head>
<script>
        var CELL_NUMBER = 4; // 每行的单元格个数
        var selectedRows = new Array(); // 暂存选中的行

        // 添加行
        function addRow() {
                var table = document.getElementById("table");
                var existsRows = table.rows.length; // 已有的总行数
                var row = table.insertRow(); // 添加新行到最后
                row.onclick = function() { // 给新行注册单击事件
                        if (!selectedRows[this.rowIndex]) { // 如果没选中
                                selectedRows[this.rowIndex] = true; // 保存选中标志
                                this.style.backgroundColor = "#CFC"; // 修改背景色
                        } else { // 已被选中
                                // 取消选中标志
                                selectedRows[this.rowIndex] = undefined;
                                this.style.backgroundColor = "WHITE"; // 修改背景色
                        }
                }

                var cell0 = row.insertCell(); // 添加第 1 个单元格
                //在每行的第一个单元格内显示所在行的行号
                cell0.innerHTML = existsRows + 1;
                for (var i = 1; i < CELL_NUMBER; i++) // 添加其它单元格
```

```
                var cell = row.insertCell();
        }

        // 删除行
        function removeRow() {
            var table = document.getElementById("table");
            // 遍历选中的标志，删除对应的行
            for (var i = selectedRows.length - 1; i >= 0; i--)
                if (selectedRows[i])
                    table.deleteRow(i);
            selectedRows.length = 0; // 清空选中标志
            // 重新整理剩余行的信息
            for (var i = 0; i < table.rows.length; i++) {
                var row = table.rows[i];
                row.cells[0].innerHTML = i + 1; // 给第 1 个单元格重新编号
                row.onclick = function () { // 重新注册单击事件
                    if (!selectedRows[this.rowIndex]) {
                        selectedRows[this.rowIndex] = true;
                        this.style.backgroundColor = "#CFC";
                    } else {
                        selectedRows[this.rowIndex] = undefined;
                        this.style.backgroundColor = "WHITE";
                    }
                }
            }
        }
</script>
<body>
    <input type=button value=" + " onclick="addRow()"/>
    <input type=button value=" - " onclick="removeRow()"/>
    <table id="table" cellspacing="1" />
</body>
</html>
```

在 IE 中运行此页面，会显示“+”、“–”两个按钮。单击“+”按钮后，会添加新行到表格中，单击三次“+”按钮后，添加了三个新行，如图 S6-6 所示。

选中某些行，对应行的背景色会改变，如图 S6-7 所示。

单击“–”按钮，选中的行会消失，并且剩余的行会重新编号，如图 S6-8 所示。

可以继续单击按钮添加新行或删除选中的行。

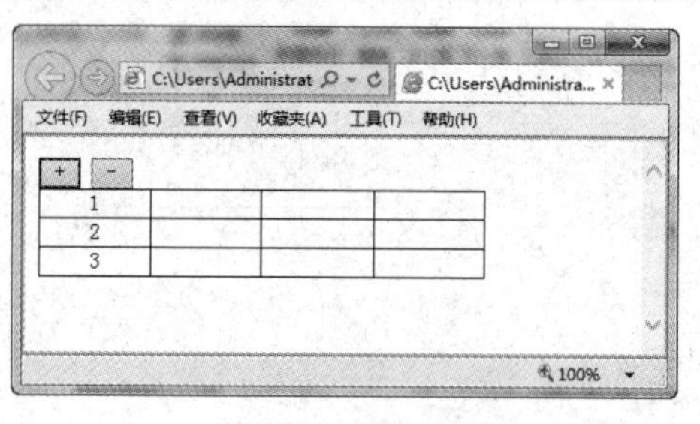


图 S6-6　添加三行图

图 S6-7　选中 1、3 行

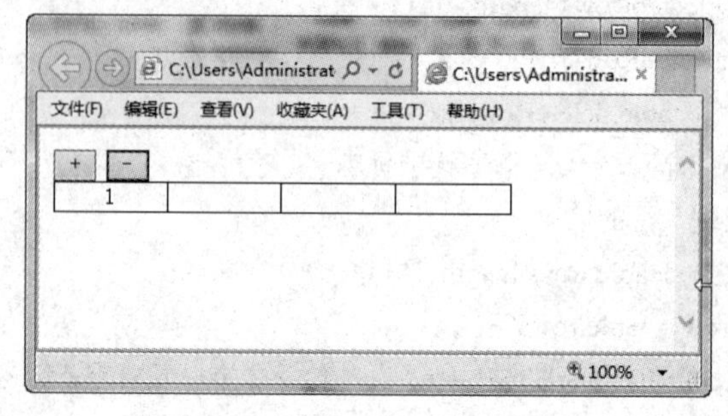


图 S6-8　删除 1、3 行后的效果图

## 拓展练习

实现动态修改下拉列表选择项的功能。在页面上添加两个下拉列表和两个按钮，运行效果如图 S6-9 所示。

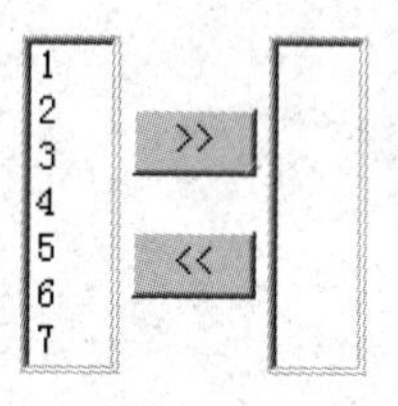


图 S6-9　练习图

要求通过单击“>>”和“<<”按钮将一个下拉列表中被选中的选项移到另一个下拉列表中。

# 实践 7　表单验证及特效

## 实践指导

### 实践 7.1

完成用户注册页面的输入数据验证。

【分析】

为了避免用户在注册时提交错误的信息，在注册页面 RegistForm.html 提交表单前需要对数据进行验证。分析注册页面中需要进行验证的内容如下：

(1) 必须输入用户名，并且长度在 6 至 10 位之间，只能由字母、数字或下划线组成。在验证的时候首先需要检查长度，其次是组成用户名的字符。

(2) 必须输入密码，并且长度不得小于 8 位，确认密码和密码必须保持一致。

(3) 必须输入邮箱，并且符合标准的邮箱格式。

【参考解决方案】

(1) 在注册页面 RegistForm.html 中创建函数 CheckData()用于检查数据，完成对用户名、密码、确认密码、邮箱的数据检查，代码如下：

```
function checkData() {
	var userName = document.regist.userName;
	if (userName.value.length == 0)		{
		alert("请输入用户名！ ");
		userName.focus();
		return false;
	}
	if (userName.value.length < 6 || userName.value.length > 10) {
		alert("用户名的长度为 6 至 10 位，请重新输入！ ");
		userName.focus();
		return false;
	}
	for (var i = 0; i < userName.value.length; i++)  {
		var c = userName.value.charAt(i);
		if (!(c >= '0' && c <= '9') // 不是数字
```

```
                && !(c >= 'a' && c <= 'z') // 不是小写字符
                && !(c >= 'A' && c <= 'Z') // 不是大写字符
                && c != '_')    { // 不是下划线
                    alert("用户名必须由数字、字母或下划线组成，请重新输入！");
                    userName.focus();
                    return false;
            }
        }
        var psd = document.regist.psd;
        var conPsd = document.regist.conPsd;
        if (psd.value.length == 0) {
            alert("请输入密码！");
            psd.focus();
            return false;
        }
        if (psd.value.length < 8)         {
            alert("密码的长度不能低于 8 位，请重新输入！");
            psd.focus();
            return false;
        }
        if (psd.value != conPsd.value) {
            alert("两次输入密码不一致，请重新输入！");
            conPsd.focus();
            return false;
        }

        var email = document.regist.email;
        if (email.value.length == 0) {
            alert("请输入邮箱！");
            email.focus();
            return false;
        }
        // 邮箱格式采用正则表达式来检查
        var reEmail = /^\w+((-\w+)|(\.\w+))*\@[A-Za-z0-9]
                    +((\.|-)[A-Za-z0-9]+)*\.[A-Za-z0-9]+$/;
        if (!reEmail.test(email.value))  {
            alert("您输入的邮箱格式不正确，请重新输入！");
            email.focus();
            return false;
        }
        return true;
}
```

上述代码在检查邮箱格式时使用了正则表达式，有关常用正则表达式的使用方法请参

见知识拓展 1。

(2) 在表单的 onsubmit 事件中调用 checkData()函数，代码如下：

```
<form  method="post" name="regist" onsubmit="return checkData()">
```

(3) 在 IE 中运行注册页面。如果输入的数据不符合要求，会提示相关的错误信息，如图 S7-1 所示。

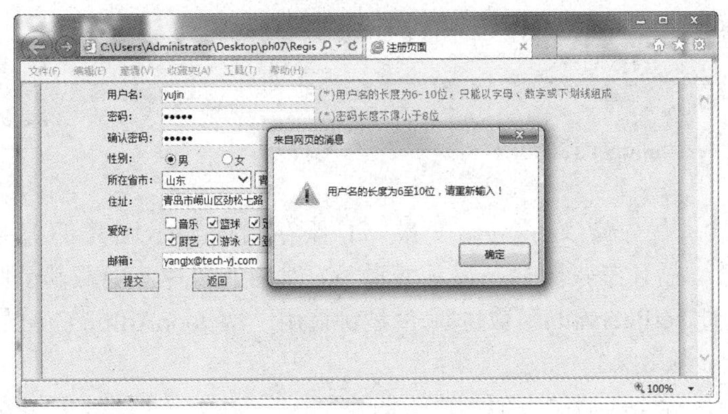


图 S7-1　用户名输入错误

## 实践 7.2

实现源码网首页上部广告图片的自动切换功能。

**【分析】**

(1) 设置<img>元素的 display 样式值为“block”或者“none”，可以实现图片的显示和隐藏。

(2) setInterval()函数可以实现定时执行某段代码的功能。

(3) 通过 setInterval()函数每隔一段时间轮换显示一张图片而隐藏其他图片，可实现图片的自动切换。

**【参考解决方案】**

(1) 修改源码网主页面 index.html，在上部广告图片位置放置三张图片，代码如下：

```
<img id="ad1" src="./images/1.png" style="display:none;">
<img id="ad2" src="./images/2.png" style="display:none;">
<img id="ad3" src="./images/3.png" style="display:block;">
```

上述代码中，三张图片分别指定了顺序编号的 id 值，并设置初始显示的图片 display 样式值为“block”，其余图片为“none”。

(2) 添加 JavaScript 代码，完成图片的轮换显示，代码如下：

```
<script>
    var ad = 1; // 当前要显示图片的编号
    function loopAdImg() {
        for (var i = 1; i <= 3; i++) {
            var adImg = document.getElementById("ad" + i);
            if (i == ad)
```

```
                    adImg.style.display = "block";
                else
                    adImg.style.display = "none";
            }
            ad++;
            if (ad == 4)
                ad = 1;
        }
        setInterval("loopAdImg()", 3000);
</script>
```

上述代码中，首先定义了全局变量 ad 保存当前显示图片的编号，然后定义了 loopAdImg()函数，循环三张图片，显示变量 ad 对应的图片，隐藏其余图片，并且使 ad 值加 1，最后通过 setInterval()函数每隔 3 秒钟调用一次 loopAdImg()函数，这样就实现了广告图片的轮换显示效果。

(3) 在 IE 中运行修改后的页面。广告图片每 3 秒切换一次，效果如图 S7-2 所示(动态切换效果请运行后查看)。

图 S7-2　广告图片自动切换

## 实践 7.3

实现源码网首页上部软件缩略图的横向滚动效果。

**【分析】**

图片的滚动效果需要多个 DIV 配合完成，步骤如下：

(1) 定义层 div1，设置 overflow 样式为“hidden”，并指定具体的显示宽度。

(2) 定义层 div2 位于 div1 的内部，并指定足够大的宽度。

(3) 定义两个层 div3 和 div4 位于 div2 的内部，其中 div3 中放置需要滚动的图片。

(4) 在 JavaScript 中，首先复制 div3 的内容到 div4 中，然后定义函数 f()。函数中需要通过设置 div1 的 scrollLeft 属性使其向右移动，当 div1 移动的距离大于所有图片的总宽度 w 时，使其一次性向左移动 w 距离。

(5) 最后通过 setInterval()函数定时调用 f()函数，实现图片向左滚动的效果。

**【参考解决方案】**

(1) 修改源码网主页 index.html，实现图片滚动效果的代码如下：

```
<div id="commend" style="overflow:hidden;width:740px;height:131px">
<div id="scrollSoft0" style="float:left;width:800%">
```

```
<div id="scrollSoft1" style="float:left">
<div class="box_xs">
        <ul>
        <li class="box_xs_t"> </li>
        <li class="box_xs_c"><a href="#">
<img src="./images/soft1.jpg" width="125" height="95" border="0" />
</a></li>
        <li class="box_xs_c2"><a href="#">某软件 1..</a></li>
        <li class="box_xs_b"> </li>
        </ul>
</div>
<div class="box_xs">
        <ul>
        <li class="box_xs_t"> </li>
        <li class="box_xs_c"><a href="#">
<img src="./images/soft2.jpg" width="125" height="95" border="0" />
</a></li>
        <li class="box_xs_c2"><a href="#">某软件 2..</a></li>
        <li class="box_xs_b"> </li>
        </ul>
</div>
...... 其他图片
</div>
<div id="scrollSoft2" style="float:left;"></div>
</div>
</div>
<script>
        var speed = 10;
        var tab = document.getElementById("commend");
        var tab1 = document.getElementById("scrollSoft1");
        var tab2 = document.getElementById("scrollSoft2");
        tab2.innerHTML = tab1.innerHTML;
        function Marquee() {
                if(tab2.offsetWidth - tab.scrollLeft<=0)
                        tab.scrollLeft -= tab1.offsetWidth; // 左移相当于所有图片宽度的距离
                else
                        tab.scrollLeft++; // 右移一个像素
        }
        var MyMar = setInterval(Marquee,speed);
        tab.onmouseover = function() {
```

```
            clearInterval(MyMar); // 鼠标经过时暂停滚动
        };
        tab.onmouseout = function() {
            MyMar = setInterval(Marquee, speed);
        };
</script>
```

(2) 在 IE 中运行主页，可以看到软件缩略图向左滚动的效果，如图 S7-3 所示(动态滚动效果请运行后查看)。

图 S7-3 横向滚动图片

## 知识拓展

### 1. 常用正则表达式

正则表达式是指使用某种模式匹配一类字符串的公式，由普通字符和元字符组成。普通字符包括大小写的字母和数字，而元字符则具有特殊的含义。正则表达式常被用于字符串处理、表单验证等场合，比较常用的正则表达式及其作用如表 S7-1 所示。

**表 S7-1 常用的正则表达式及其作用**

<table>
<tr><th>正则表达式</th><th>作 用</th></tr>
<tr><td>[\u4e00-\u9fa5]</td><td>匹配中文字符</td></tr>
<tr><td>[^\x00-\xff]</td><td>匹配双字节字符(包括汉字在内)</td></tr>
<tr><td>\n[\s|]*\r</td><td>匹配空行</td></tr>
<tr><td>(^\s*)|(\s*$)</td><td>匹配首尾空格</td></tr>
<tr><td>/(\d+)\.(\d+)\.(\d+)\.(\d+)/g</td><td>匹配 IP 地址</td></tr>
<tr><td>/^\w+((-\w+)|(\.\w+))*\@[A-Za-z0-9]+((\.|-)[A-Za-z0-9]+)*\.[A-Za-z0-9]</td><td>匹配邮箱地址</td></tr>
<tr><td>/^-?\\d+$/</td><td>匹配整数</td></tr>
<tr><td>/^\w+$/</td><td>匹配字母和下划线</td></tr>
</table>

下述代码演示了常见正则表达式的用法：

```
<!DOCTYPE html PUBLIC "-//W3C//DTD XHTML 1.0 Transitional//EN"
        "http://www.w3.org/TR/xhtml1/DTD/xhtml1-transitional.dtd">
<html xmlns="http://www.w3.org/1999/xhtml">
<head>
<meta http-equiv="Content-Type" content="text/html; charset=gb2312" />
<title>正则表达式</title>
</head>
<body>
        <h3>输入完按回车后即可验证！</h3>
        <table>
                <tr>
                        <td>正整数:</td>
                        <td><input onkeydown="if(event.keyCode == 13)
                                        alert(/^\d+$/.test(this.value));" />
                        </td>
                </tr>
                <tr>
                        <td>负整数:</td>
                        <td><input onkeydown="if(event.keyCode == 13)
                                        alert(/^-\d+$/.test(this.value));" />
                        </td>
                </tr>
                <tr>
                        <td>整　数:</td>
                        <td><input onkeydown="if(event.keyCode == 13)
                                        alert(/^-?\d+$/.test(this.value));" />
                        </td>
                </tr>
                <tr>
                        <td>正小数:</td>
                        <td><input onkeydown="if(event.keyCode == 13)
                                        alert(/^\d+\.\d+$/.test(this.value));" />
                        </td>
                </tr>
                <tr>
                        <td>负小数:</td>
                        <td><input onkeydown="if(event.keyCode == 13)
                                        alert(/^-\d+\.\d+$/.test(this.value));" />
                        </td>
                </tr>
```

```
            <tr>
                <td>小    数:</td>
                <td><input onkeydown="if(event.keyCode == 13)
                            alert(/^-?\d+\.\d+$/.test(this.value));" />
                </td>
            </tr>
            <tr>
                <td>保留 1 位小数:</td>
                <td><input onkeydown="if(event.keyCode == 13)
                            alert(/^-?\d+(\.\d{1,1})?$/.test(this.value));"/>
                </td>
            </tr>
            <tr>
                <td>保留 2 位小数:</td>
                <td><input onkeydown="if(event.keyCode == 13)
                            alert(/^-?\d+(\.\d{1,2})?$/.test(this.value));"/>
                </td>
            </tr>
            <tr>
                <td>保留 3 位小数:</td>
                <td><input onkeydown="if(event.keyCode == 13)
                            alert(/^-?\d+(\.\d{1,3})?$/.test(this.value));"/>
                </td>
            </tr>
        </table>
</body>
</html>
```

### 2. DIV 的拖动效果

在网页设计中经常需要通过拖动 DIV 来实现一些动态效果，这需要依赖于 DIV 的 onmousedown、onmouseup、onmousemove 三个事件。在 onmousedown 事件中记录鼠标按下时的初始位置，并设置拖动标志为 true；在 onmousemove 事件中判断拖动标志，如果为 true 则根据鼠标的移动距离修改 DIV 的位置；在 onmouseup 事件中设置拖动标志为 false。下述代码演示了一个简单的 DIV 拖动实例：

```
<HTML>
    <HEAD>
    <style>
        div {font-family:Arial;
                font-size:60pt;
                color:white;
                text-align:center;
```

```
                width:100px;
                height:100px;
                position:absolute;
        }
</style>
<script>
        var x;
        var y;
        var z;
        var draging;
        function down(e, popDiv) {
                popDiv.setCapture(); // 设置此 DIV 捕捉鼠标事件
                z = popDiv.style.zIndex; // 原来的 z-index
                popDiv.style.zIndex = 999; // 拖动时显示在最上层
                e = e || window.event; // 区分浏览器
                // 保存鼠标相对于 DIV 的位置
                x = e.clientX - parseInt(popDiv.style.left);
                y = e.clientY - parseInt(popDiv.style.top);
                draging = true; // 拖动标志置为 true
        }
        function move(e, popDiv) {
                if(draging == true) { // 如果是在拖动
                        e = e || window.event; // 区分浏览器
                        // 修改 DIV 的位置
                        popDiv.style.left = (e.clientX - x) + "px";
                        popDiv.style.top = (e.clientY - y) + "px";
                }
        }
        function up(popDiv) {
                popDiv.releaseCapture(); // 取消鼠标捕捉
                popDiv.style.zIndex = z; // 拖动完成后改回原来的 z-index
                draging = false; // 拖动标志置 false
        }
</script>
</HEAD>
<BODY>
        <div style='left:0;top:0;background-color:#FF9999'
                onmousedown='down(event, this)'
                onmouseup='up(this)'
                onmousemove='move(event, this)' >A
```

```
            </div>
            <div style='left:100px;top:0;background-color:#77DD77'
                    onmousedown='down(event, this)'
                    onmouseup='up(this)'
                    onmousemove='move(event, this)' >B
            </div>
            <div style='left:0;top:100px;background-color:#9999FF'
                    onmousedown='down(event, this)'
                    onmouseup='up(this)'
                    onmousemove='move(event, this)' >C
            </div>
            <div style='left:100px;top:100px;background-color:#999999'
                    onmousedown='down(event, this)'
                    onmouseup='up(this)'
                    onmousemove='move(event, this)' >D
            </div>
    </BODY>
</HTML>
```

上述代码中定义了 4 个 DIV，并且指定了 DIV 的 position 样式为 absolute，也指定了 left 和 top 样式的值，这样可以对 DIV 进行绝对定位。给 DIV 注册了 onmousedown、onmouseup、onmousemove 三个事件，分别调用对应的 JavaScript 函数。在 IE 中运行上述代码，效果如图 S7-4 所示。

可以使用鼠标拖动 4 个 DIV，拖动后效果如图 S7-5 所示。

图 S7-4　初始状态

图 S7-5　拖动之后的状态

## 拓展练习

在源码网首页的左侧有一个浮动的广告图片，当用户滚动页面时，图片会跟随移动从而保持其在可见区域的位置不变。请修改首页代码，将此广告图片做成四处飘动的效果，即图片从初始位置向某个方向移动，当移动到页面边缘时反弹，转而向新的方向移动。